智能制造系列丛书

机械设备数字化解决方案：
实现智能工厂的基础

西门子（中国）有限公司　数字化工业集团　工厂自动化部　**组编**

金　鑫　黄　巍　柴尔曼　**编著**

机械工业出版社

本书的主题为机械设备的数字化解决方案，共分为 5 章进行介绍：第 1 章为概述，概括介绍数字化工厂的构成及各部分的功能；第 2 章针对机械设备制造环节的数字化展开介绍，内容包含机械概念设计中的数字化应用、西门子机电一体化咨询服务、电气设计中的数字化应用、自动化工程、机械设备虚拟调试、工艺性能虚拟调试；第 3 章针对机械设备使用环节的数字化展开介绍，内容包括生产线数字化生产管理系统、人工智能和工业边缘、工厂及物流系统虚拟调试、扩展现实；第 4 章概括介绍机械设备全生命周期中各阶段的数据共享和操作协同；第 5 章对企业数字化转型提出参考建议，并对西门子生产机械工艺与应用技术中心进行介绍。

本书可供从事机械设备制造及相关行业的企业管理者、技术部门负责人了解机械设备数字化解决方案的要点，或供工程技术人员了解数字化解决方案的组成内容和应用场景，也可以作为西门子公司业务推广经理和销售人员的参考用书。

图书在版编目（CIP）数据

机械设备数字化解决方案：实现智能工厂的基础/西门子
（中国）有限公司，数字化工业集团，工厂自动化部组编；
金鑫，黄巍，柴尔曼编著 . —北京：机械工业出版社，2024.6
（智能制造系列丛书）
ISBN 978-7-111-75637-8

Ⅰ．①机…　Ⅱ．①西…　②数…　③工…　④金…　⑤黄…　⑥柴…
Ⅲ．①机械设备-数字化　Ⅳ．①TB4-39

中国国家版本馆CIP数据核字（2024）第076083号

机械工业出版社（北京市百万庄大街22号　邮政编码100037）
策划编辑：周国萍　　　　　责任编辑：周国萍　刘本明
责任校对：马荣华　李　杉　封面设计：马精明
责任印制：李　昂

北京新华印刷有限公司印刷

2024 年 6 月第 1 版第 1 次印刷
184mm×260mm · 14.5 印张 · 301 千字
标准书号：ISBN 978-7-111-75637-8
定价：69.00元

电话服务　　　　　　　　网络服务
客服电话：010-88361066　　机　工　官　网：www.cmpbook.com
　　　　　010-88379833　　机　工　官　博：weibo.com/cmp1952
　　　　　010-68326294　　金　书　网：www.golden-book.com
封底无防伪标均为盗版　　机工教育服务网：www.cmpedu.com

序

当前，世界处于百年未有之大变局，国际环境日趋复杂，全球科技和产业竞争更趋激烈，大国战略博弈进一步聚焦制造业，美国、德国、日本等国家都提出了以重振制造业为核心、以智能制造为主要抓手的发展战略。我国已转向高质量发展阶段，制造业正处于由"大"到"强"的转变过程中。国家提出制造强国战略，强调"制造业特别是装备制造业高质量发展是我国经济高质量发展的重中之重"。"十四五"规划提出深入实施制造强国战略，推动制造业优化升级，深入实施智能制造和绿色制造工程，推动制造业高端化、智能化、绿色化。《"十四五"智能制造发展规划》指出，要以新一代信息技术与先进制造技术深度融合为主线，深入实施智能制造工程，在"十四五"及未来相当长一段时期，推进智能制造，要立足制造本质，紧扣智能特征，以工艺、装备为核心，以数据为基础，依托制造单元、车间、工厂、供应链等载体，构建虚实融合、知识驱动、动态优化、安全高效、绿色低碳的智能制造系统，推动制造业实现数字化转型、网络化协同、智能化变革。

西门子在中国已经走过 150 年的历程。150 年来，西门子深度参与到中国不同阶段的发展，在受益于中国市场开放的同时，也将先进的理念、技术与经验同中国的合作伙伴分享，为工业领域，尤其是机械设备制造领域的发展做出了贡献。近年来，西门子在数字化方面持续发力，2022 年西门子全球首家原生数字化工厂在南京开业；西门子成都数字化工厂被世界经济论坛评为"全球 9 家最先进工厂"之一，其制程质量高达 99.999%；西门子在全国与合作伙伴共建了超过 20 家数字化创新与赋能中心。

可以说，西门子在中国的发展战略和制造强国战略是高度契合的，西门子提出以数字化和低碳化"双轮驱动"，与智能制造及绿色制造紧密对应，为中国制造业的转型升级和经济的高质量发展贡献力量。

智能制造的基础是机械设备的自动化和数字化。西门子近期专门针对机械设备的全生命周期提出了数字化解决方案，它涵盖了机械设备的概念、工程、调试、运行和服务阶段。该方案不是简单的方案集合打包，而是针对机械设备量身定制的，包含了机械设备制造商当前面临的挑战和应对方案。

西门子致力于为国内的中高端机械设备制造商提供完整的自动化和数字化解决方案，为传统制造过程引入数字化技术和自动化技术，以提高生产率、降低成本和增加生产灵活性。西门子生产机械部门在印刷、包装、连续物料加工、新能源、木工、玻璃、金属成型、轮胎、橡胶和机械手等行业积累了大量实际应用案例，在此基础上创建了丰富的适用于以上行业的标准应用软件库，结合数字化的解决方案，可以为机械设备制造商提供独特的附加值，助力中国装备制造业企业由"大"到"强"。

本书名为《机械设备数字化解决方案：实现智能工厂的基础》，重点在于机械设备数字化解决方案的介绍。智能工厂是一个非常大的话题，涉及制造执行、生产排程、能源管理、质量管理等诸多方面，而机械设备作为智能工厂中车间和生产线的基本组成部分，是实现智能工厂的基础，只有在机械设备的制造和使用环节实现了数字化，才能进一步实现智能工厂。

本书结合中国机械设备制造商的实际情况和本部门的行业应用经验，对西门子总部面向全球提出的数字化方案进行了本地化创新，例如生产线数字化生产管理系统生产管家、设备智慧运维套件 SIMICAS® 智维宝，还增加了西门子机电一体化咨询服务、生产机械工艺与应用技术中心等特色内容及若干应用案例，呈现了一版适合中国机械设备制造商的数字化方案。

本书的作者主要是来自西门子数字化工业集团工厂自动化部的工程师。他们在撰写本书过程中，结合自身在相关行业的数字化应用经验和体会，对机械设备数字化解决方案进行了深度的解读。

在此也要特别感谢曾在西门子长期工作过的张春林先生对本书做出的贡献。张春林先生从事生产机械业务多年，对数字化方案有着独到的见解和认识，他为本书的撰写提供了宝贵的指导意见。

本书侧重对机械设备数字化方案的介绍，包括机械设备制造商面临哪些挑战、如何解决，以及数字化方案的收益，其中并不包括各种软件细节的操作步骤，因此阅读门槛不高，不要求读者有很深的专业技术知识或软件技能。

本书适用于从事机械设备制造及相关行业的企业管理者和技术部门负责人，他们可以通过本书了解机械设备数字化解决方案的要点并做出相关决策。本书也适用于西门子公司的业务推广经理和销售人员，他们可以把本书当作业务推广的参考资料，便于更深入地了解机械设备制造行业的客户需求，并更专业地向客户介绍数字化方案。

书中绝大多数的数字化方案在位于北京的西门子生产机械工艺与应用技术中心都有实际的应用展示，欢迎广大机械设备制造商前来参观考察。

西门子（中国）有限公司　数字化工业集团　工厂自动化生产机械事业部

段诚

前　言

　　本书的作者主要是来自西门子数字化工业集团工厂自动化部的工程师。我们第一时间接触了西门子针对机械设备提出的数字化解决方案，在工作的过程中，也应用了数字化解决方案。结合自身的应用经验和体会，我们对机械设备数字化解决方案进行解读，形成了本书的主要内容。希望本书能够帮助读者更好地理解机械设备数字化解决方案，并探讨如何将这些技术应用到实际工作中，为中国制造由"大"到"强"贡献一份力量。

　　本书的内容围绕机械设备的数字化解决方案展开，机械设备的生命周期是本书的主线。机械设备的生命周期包含五个阶段，即概念阶段、工程阶段、调试阶段、运行阶段和服务阶段。这五个阶段可以进一步归纳为两个环节，即机械设备的制造环节和使用环节。其中，概念阶段、工程阶段和调试阶段处于机械设备的制造环节，运行阶段和服务阶段则处于机械设备的使用环节。

　　本书第 1、4、5 章是针对机械设备全生命周期的介绍，不针对某个特定环节或阶段。第 1 章为概述，概括介绍数字化工厂的构成及各部分的功能。第 4 章概括介绍机械设备全生命周期中各阶段的数据共享和操作协同。第 5 章对企业数字化转型提出参考建议，并对西门子生产机械工艺与应用技术中心进行介绍。

　　第 2 章和第 3 章分别针对机械设备制造环节和使用环节介绍具体的方案内容及应用场景。第 2 章针对机械设备制造环节的数字化展开介绍，内容包含机械概念设计中的数字化应用、西门子机电一体化咨询服务、电气设计中的数字化应用、自动化工程、机械设备虚拟调试、工艺性能虚拟调试。第 3 章针对机械设备使用环节的数字化展开介绍，内容包括生产线数字化生产管理系统、人工智能和工业边缘、工厂及物流系统虚拟调试、扩展现实。

　　本书没有照搬西门子总部面向全球提出的数字化方案，而是结合中国机械设备制造商的实际情况和本书作者所在部门的行业应用经验，对方案进行了本地化创新，并增加了若干特色内容及应用案例，使方案更加适合在中国落地应用。方案中的生产线数字化生产管理系统生产管家，以及设备智慧运维套件 SIMICAS® 智维宝，都是中国本地研发的数字化方案；西门子机电一体化咨询服务可以针对机械设备整体提出改进建议，其目标在于帮助机械设备制造商提升机械设备的性能，让机械设备运行得更快、更稳；生产机械工艺与应用技术中心是集机械设备创新研发、解决方案验证、数字化场景融合和人才培养为一体的一站式平台，该中心不仅是技术开发与能力提升的实验室，也是西门子创新产品及前沿应用技术的展示平台。

　　特别感谢张春林工程师对我们的帮助，张工从筹划阶段就参与到本书的编写中，并将自己的写作经验倾囊相授，对书稿内容提出了很多宝贵的建议，感谢张工一路帮扶，让我们几个写作新手得以完成这部书稿。

感谢西门子公司各级领导对本书出版的大力支持。感谢西门子公司的商务、法务、传播部及知识产权部的同事们，是你们的耐心帮助，使本书得以顺利合规出版。

感谢我们的家人，是你们的默默支持与包容，让我们可以安心写作。

感谢为本书出版付出辛勤劳动的所有人。

由于机械设备数字化解决方案涉及内容较广，对应的数字化技术也在不断发展和创新，加上作者经验有限，书中内容难免会出现错误或不足之处，我们诚挚地欢迎读者提出宝贵的意见。

金鑫　黄巍　柴尔曼

2024 年 6 月

目　录

第1章

概述

工业4.0、数字化转型、数字化或智能化工厂已成为当今的热门话题。这些热门词汇的流行和各种会议、论坛等推广活动足以使许多企业的决策者心动并且跃跃欲试。然而在现实的数字化转型过程中，并不是所有企业都得到了理想的转型效果。为什么有的企业做了适当的投资就获得了理想的回报，而有的企业虽然投入了大量的人力、物力、时间和金钱却没有得到理想的回报呢？我们认为一个重要的原因是：有些企业的决策者在对工业4.0、数字化或智能化企业的理解不深，企业的工程技术人员对数字化转型的有关实施步骤尚未完全掌握的情况下，就盲目跟风或为了赶时髦而匆忙决定建设数字化项目。工业4.0、数字化转型、数字化或智能化企业这些新理念的出现绝非空穴来风，一定有它们出现的背景和原因。事实上，数字化转型已经为许多企业带来了实实在在的好处。

下面我们就沿着世界工业领域的变革和发展脉络，对工业4.0、数字化或智能化企业等概念做些探讨，并给出深入浅出的解释，使读者能够透过各种时髦词汇和晦涩难懂的技术语言描述屏障，掌握工业4.0、数字化或智能化企业的核心内容，帮助企业在向数字化转型的过程中少走弯路，达到事半功倍的效果。

1.1 市场需求推动工业向数字化转型

回顾世界工业领域的发展史，我们会发现推动工业革命的动力来自不断变化和扩大的市场需求以及科学技术的进步。当生产力不能适应社会发展和不断变化的市场需求时，工业革命就应运而生，而工业革命的发生又离不开科学技术的进步及其与生产技术的紧密结合。

1.1.1 前三次工业革命的产生背景和主要标志

18世纪60年代之前，大规模的工业生产主要以人力或畜力作为动力源，产品则依靠手工制造。在这种生产方式下，不仅工人要十分辛苦地工作，且劳动生产率非常低下。为改善工人的工作条件并提高劳动生产率，需要用新的能源来替代人力和畜力。英国人瓦特对原用于矿山抽水的蒸汽机进行改良，提高了机器的热效率，制造出了更具实用价值的蒸汽机，使其能适用于各种机械的运动，并逐步将其应用于纺织、采矿、冶金、造纸、轮船、火车等制造和运输行业。蒸汽机的广泛应用使人类可利用煤炭来产生水蒸气，并以水蒸气为动力驱动机器运转，用于产品的生产和运输，开辟了利用非人畜能源的新时代。这一革命性的变革被称为第一次工业革命或工业1.0。从这里可以看出，找出替代人力或畜力的动力源，提高劳动生产率是市场需求，而具有实用价值的蒸汽机这项技术的进步，为第一次工业革命的实现创造了条件，使市场需求得以满足。我们还应注意到，蒸汽机的出现和实际应用并非一蹴而就，而是经历了人们长时间的共同努力，在一次次技术迭代后，最终才形成了能够被普遍推广应用、具有市场价值的蒸汽机。

19世纪60年代前后，随着美国、德国、意大利和日本等国开辟统一的国内市场和世界资本主义市场的初步形成，世界市场上对各种商品的需求量逐步扩大，社会需要更强的生产力和更轻便快捷的运输工具来满足资本主义的发展需要，因此产生了对使用更方便、效率更高的动力机械的需求。蒸汽机虽然在第一次工业革命后得到了广泛的应用，但也逐步暴露出体积大、效率低（10%以下）、操作不便和不安全等诸多缺点，难以满足使用方便和高效率的需求。1886年德国工程师西门子发明了大功率的发电机，使电力成为补充和替代蒸汽机的新能源，且电磁学理论（如法拉第的电磁感应）的巨大成就又为电能的广泛应用提供了理论基础。内燃机也是在这一阶段发明和投入应用的，使得石油和燃气也成为替代煤炭的新能源。发电机和内燃机的应用给人类的生产和生活带来了巨大进步，如工业生产中的组装生产线，通信中使用的电话和电报，运输中使用的汽车、飞机等。这是工业界的又一次革命性变革，即第二次工业革命或工业2.0。我们再次看到，市场需求和有关领域的技术进步，使第二次工业革命得以实现。

20世纪四五十年代，第二次世界大战进入尾声，世界各国亟须发展经济和改善民生。战争期间用于武器装备（如原子弹）研发的成果被广泛地用于民用市场。第二次世界大战结束后，超级大国间的冷战依然持续，又产生了进一步发展核武器和人造卫星等空间技术的需求。在计算机信息技术方面，晶体管技术被用于电子计算机，使计算机的体积更小，运算速度更快。高性能计算机的运用又进一步推动了原子能技术和空间技术的发展。这就是第三次工业革命，即工业3.0。第三次工业革命是在改善民生、军事技术竞赛的市场需求下，伴随着原子能、人造卫星和计算机等新技术的发展和应用而出现的。在工业领域，计算机技术、先进的通信技术和数据分析技术被用于产品制造过程，例如在机器内配备可编程逻辑控制器（PLC）来实现机器的自动化并采集和分享机器状态数据。与前两次工业革命相比，第三次工业革命是多领域、多专业之间相互渗透的综合性变革，不仅提高了劳动生产率，还影响了人类的生活和思维方式，极大地提高了人类社会的整体生产和生活水平，使人类社会经济、科技和军事等诸方面向更高层次发展。

1.1.2　市场需求和相关技术的发展触发第四次工业革命

上面我们简单地回顾和归纳了前三次工业革命产生的背景和原因，每一次工业革命都是在市场需求的推动下，借助彼时科学技术和应用水平的创新而实现的。虽然历史上有许多对科技发展做出了巨大贡献的杰出人物，但是绝大多数重大技术突破并非某个人瞬间的灵感使然，而是经过众多人长时间的不断追求和持续努力、长时间的持续积累和迭代而产生的结果。当前我们面对的第四次工业革命即工业 4.0，也同样遵循这样的发展规律，这也是我们要讨论的重点内容。

1. 第四次工业革命产生的市场背景

前三次工业革命使人类发展到了非常繁荣的时代，但也造成了巨大的能源和资源消耗，使人类为此付出了巨大的环境和生态代价，使人与自然之间的矛盾急剧加大。进入 21 世纪以来，我们更是面临全球能源与资源短缺、生态与环境恶化、气候变化等多重危机和重大挑战。随着人民生活水平的提高，消费者的需求变得多种多样，个性化的需求越来越强烈，如人们既需要适合随身携带的小瓶装矿泉水，也需要适合家庭聚会或在餐厅使用的大瓶装矿泉水等。生产商为了获得更大的市场份额，就需要使其产品满足个性化、多品种的市场需求，极限的情况是一个生产批次的产品数量仅有一个。另一方面，产品生产厂不能因批量小而降低生产率，增加产品制造的成本，增加资源和能源的消耗。上述市场环境不仅促使工业生产更多地以可再生能源和绿色能源为动力，还促使工业生产向更高效、更灵活、更节能和更环保的方向发展，在这一大背景下，第四次工业革命的需求便应运而生。

我们目前正处在第四次工业革命的前期。德国于 2013 年提出了"工业 4.0"，中国于 2015 年提出"中国制造 2025"，美、英、日等国也出台了相关的工业发展策略。虽然各国的策略具有不同的内容特色和名称，但其根本目的都是要应对新一轮工业革命所带来的挑战，建立高度灵活、个性化、数字化或智能化（数字化和智能化的概念在本节的后面介绍）的工业生产模式。为达到上述目的，就需要采用更加自动化和智能化的机器、工厂和企业，需要更好地获取和利用工业生产和企业运营中产生的大量数据，从而提高企业生产和运营的透明度并做出更好的决策，改善生产率，降低能耗和二氧化碳排放，提高产品质量，更好地满足用户小批量、多品种等市场需求。

2. 第四次工业革命所需的技术支撑

工业 4.0 是一个需要长期奋斗才能达到的目标，需要一步一个脚印地向这个目标前进。在工业领域自动化、信息化逐步完善（我们必须承认，现在仍有许多工业企业需要首先进一步完善自动化和信息化）的基础上，我们下一步要做的是数字化和智能化，也就是说数字化是走向工业 4.0 和智能制造的必由之路。随着智能传感器、数字通信、物联网、云计算、人工智能、边缘计算、建模、仿真、三维软件等新技术的出现，数字化或智能化工厂的实现成为可能。下面对上述新技术进行简要介绍，以便大家更好地理解数字化和智能化工厂。

智能传感器（Intelligent Sensor）不仅具有传感器的功能，自身还带有微处理器，它不仅可感知外界的物理环境信息，还具有处理和交换信息的能力。

物联网（Internet of Things，IoT）可将任何设备或物品与互联网连接起来并进行信息交换和通信，实现识别、定位、跟踪、监控、管理等多种功能。智能传感器作为物联网感知外界信息的重要组成部分，将现实世界中的物理量、化学量、生物量等转化成可供处理的数字信号，使物联网能够与网内的其他设备进行通信和交换数据。

数字通信（Digital Communication）是用数字信号作为载体来传输消息，或用数字信号对载波进行数字调制后再传输的通信方式。它可传输电报、数字数据等数字信号，也可传输经过数字化处理的语音和图像等模拟信号。数字通信不仅具有较强的抗干扰能力，更重要的是它可将计算机网络与传统通信网络技术融合在一个网络平台上，实现电话、传真、数据传输、音视频会议等众多应用服务，也为物联网技术的实现提供有利条件。

云计算（Cloud Computing）是一种基于互联网的计算方式，即将计算机和应用程序等资源集中起来，放到网上供广大用户使用，通过这种方式共享软硬件资源。

边缘计算（Edge Computing）是相对于云计算而言的，其特点是将必要的计算和处理能力部署在数据源处以完成对数据的快速运算和处理，而无须将这些数据上传到云端。云计算可以作为物联网的"计算中心"，主要负责业务所需的非实时、长周期的数据分析；边缘计算则用于实时性强、周期短的数据分析，以实现业务所需的实时处理与快速执行，也能缓解云计算中心的压力。因此边缘计算和云计算之间是互相补充和取长补短的关系。

人工智能（Artificial Intelligence）使机器具有在结构上、功能上和行为上模仿人类智能行为的能力。人工智能利用专门设计的算法使机器能理解、分析和学习数据，常用于机器人、语音识别、图像识别、自然语言处理和多种行业的专家系统等应用，其主要目标是使机器能够胜任某些通常需要人类智能方可完成的复杂任务。

模型（Model）是对客观事物的一种表示和体现，可以是文字、图表、公式、计算机程序或其他实体形式。为分析和解决与客观事物有关的某些实际问题，可对该事物进行模仿和抽象，且只需考虑那些与我们所需研究事项有关的因素和这些因素之间的关系。例如，有一个用绳子悬挂在屋顶的石块，要研究当绳子断裂后石块在重力的作用下自由降落到地面过程中在某一时间点 t 的速度 v_t，可以建立一个以数学公式表示的模型，即 $v_t=gt$，其中 g 为常数 9.8m/s^2。这里我们只需考虑时间 t 和重力加速度 g，而无须考虑石块的形状、重量等因素。由此可以看出，模型具有简单、经济、便于操作和测试等优点，利用模型可对客观事物做出有效的分析。

建模（Modeling）就是建立模型的过程。我们上面提到的为自由下落石块建立瞬时速度公式的过程就是建模。建模的本质在于抽象，即把我们所关注的客观事物的特征或运动等规律性的东西用简单且准确的形式表达出来，用来解释或者预测客观事物的状态或运动。需要注意的是，由于某些因素的变化，客观事物的特征或运动状况等会随之变化。仍以上述石块自由下落为例，如果下落过程中水平方向的风速加大，会足以影响石块下落过程中的瞬时速度。在这种情况下，要准确地描述石块的瞬时速度，就需在模型中加入风速这一因素，且该因素应根据风速的大小进行调整。换句话说，模型可以是动态变化的，要根据客观事物的变化来调整模型参数，使模型动态地跟随客观事物的变化而变化，以更准确地表达和预测客观事物的状况。这个动态变化过程被称为迭代（iteration）。

仿真（Simulation）指利用模型来表现客观事物或系统中发生的行为或过程。模型可以是静态或动态的，其所对应的客观事物或系统可以是电气、机械、运动行为、经济、生态、管理等系统。当客观事物或系统造价昂贵、实验危险性大或需长时间才能知道系统参数变化所带来的结果时，仿真是一种特别经济和有效的手段。图 1-1 简要概括了客观事物与模型和仿真的关系。

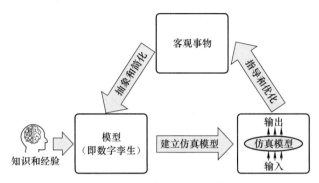

图 1-1　客观事物与模型和仿真的关系

建模是在对客观事物或系统进行分析的基础上，结合客观事物或系统有关的知识和经验，通过必要的简化与抽象，建立客观事物或系统模型的过程。模型应能够描述或模仿客观事物或系统的结构或行为过程，且与客观事物或系统有一定逻辑关系或数量关系。仿真就是利用模型进行实验，没有模型就谈不上仿真。仿真是分析和研究客观事物，揭示其内在规律，预测其行为的一种重要方法。

三维软件（Three Dimensional Software，3D Software）是用于三维设计和显示的软件。计算机屏幕是二维平面，但我们却可利用其欣赏到实物般的三维图像，这是因为软件可使屏幕上色彩灰度不同，使人眼产生视觉上的错觉，将二维图像感知为三维图像。三维设计是使设计目标立体化、形象化的方法，可用其快捷、高效地制作出客观事物三维模型。

上述新技术的支持，使得建设数字化和智能化工厂成为可能。企业可利用工业生产和企业运营中产生的大量数据，提高工业生产和运营的透明度，并在不断迭代的基础上，设计出更好满足市场需求的产品、更加柔性化的设备和生产线，优化生产过程并减少库存，对机械设备进行预测性维护，减少停机时间并降低废品率，使生产过程更安全、能耗更低、排放更少、对环境更友好等。

3. 关于数字化与智能化

前文中我们已多次提及了数字化和智能化，但还未对其含义做出解释。事实上，相信大家对数字化（Digitalization）和智能化（Intelligentization）这两个词汇并不陌生，因为它们经常出现在网络、会议、展览或新闻报道中。为使读者更好地理解本书的后续内容，现对其含义进行简要介绍。

什么是数字化？它有两层含义。数字化的传统含义是相对模拟量来说的，数字化就是将模拟信号转换为数字信号（0 与 1 的组合）后进行处理。常用的模拟 - 数字转换装置包括模 - 数转换器、调制解调器等。数字化的好处是便于用计算机对信号进行保存、传输与处理。

数字化的现代含义是，将客观事物的各种不同信息转变为可度量的数据，并利用这些数据建立起与客观事物相对应的数字化模型，再利用计算机进行处理。利用模型可对客观事物做出有效的分析，且具有简单、高效、经济、安全等优点。根据以上介绍可以看出，没有传统意义上的数字化，就不可能实现现代意义上的数字化。

什么是智能化？智能化指利用计算机网络、大数据、物联网和人工智能等技术，使客观事物（如一台机器）逐步具备类似于人类的感知能力、记忆和思维能力、学习能力、自适应能力和行为决策能力。如无人驾驶汽车就是智能化的汽车，它集传感器、物联网、移动互联网、大数据分析、人工智能等技术于一身，用以满足人们的出行需求。由此可知，智能化是建立在数字化基础之上的。

需要注意的是，当前关于数字化和智能化的概念和定义，尤其是数字化工厂和智能化工厂的概念和定义并不十分清晰，有不少人将其混用，也有人将它们明确地分割为两个不同的概念。我们认为：如果严格地说，只有实现了数字化之后才可能实现智能化，但任何事物的发展都不是孤立进行的，常常是你中有我、我中有你。就工业生产而言，目前的实际情况是，工厂或企业在实施数字化的过程中，根据实际需要和可行性，会在某些局部应用中引入一些智能化的方案。这也许就是不将数字化和智能化严格区分的原因之一。本书将重点讨论数字化工厂的概念和特征、实施数字化工厂的具体操作方法等内容，其中也含有某些智能化的方案和应用，目的是帮助企业更好地实现数字化转型。

1.2 数字化工厂的概念和基本架构

数字化工厂是走向工业 4.0 和智能制造的必由之路。为了让读者清楚地了解什么是数字化工厂，我们先简单介绍一下离散型和流程型两种工业生产类型，然后重点介绍数字孪生的概念，并在此基础上进一步介绍数字化工厂的概念、构成、各部分的功能，以及能给工业生产带来的好处。

1.2.1 离散型和流程型工业生产

工业生产可分为离散型和流程型。离散型生产对多个零件进行一系列不连续工序的加工，最终将这些加工后的零件装配成产品。典型的离散制造行业包括机械设备制造、电子电器制造、航空制造、汽车制造等。流程型生产让原材料不间断地通过机械设备或加工装置，使其发生化学或物理变化后成为最终产品。典型的流程型生产行业有水处理、石油化工、电力、钢铁、水泥等。图 1-2 给出了典型的离散工业和流程工业示意图。

离散型工业生产又可分为最终产品生产和机械设备生产两大类。最终产品生产指的是，工厂生产出的产品供给消费者直接或间接使用，例如瓶装矿泉水、方便面、印刷好的报纸或杂志、布匹或服装、电视机、汽车等；机械设备生产指的是，工厂生产出的产品是用于生产目的的机械设备，例如饮料灌装机、方便面包装机、报纸印刷机、纺织机、机械手或机器人等，如图 1-3 所示。

汽车制造

a）

化工品生产

b）

图 1-2　离散工业和流程工业

a）离散工业　b）流程工业

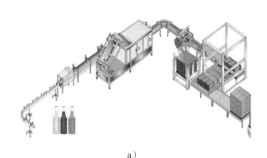

a）

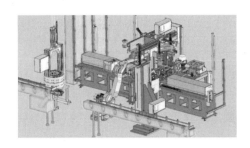

b）

图 1-3　离散型工业中的最终产品生产和机械设备生产

a）最终产品生产　b）机械设备生产

1.2.2　数字孪生及其优势

我们在 1.1.2 节中已经简要介绍了模型、建模、仿真等概念，并提到了"数字孪生"（Digital Twin）这个当前非常热门的词汇，因此有必要对其进行简要介绍。

1. 什么是数字孪生

目前关于数字孪生的定义虽然多种多样，但本质上并无不同。数字孪生是以软件形式表示的数字虚体，它与客观世界中的物理实体及其变化规律相对应；当物理实体的实时数据发生变化时，与其对应的数字虚体会随之更新；借助数字孪生，人们可运用仿真、人工智能、推理等手段，以更高的效率和更低的成本做出判断和决策。数字孪生所表示的这对实体和虚体具有相同的外形、运动和变化规律等特征，它们就像一对孪生体并因此而得名。随着三维显示技术和 VR/AR（虚拟现实 / 增强现实）技术的发展，由数字及计算机软件构建的数字孪生和虚拟场景变得越来越逼真且栩栩如生，如图 1-4 所示。

在由数字构成的虚拟世界中，人们可以轻松地实现在物理世界中需要花费大量人力、物力、时间和金钱才能制作出的模型或场景，从而可极大地提升劳动生产率，降低产品开发和实验成本，减少在物理世界中进行实验时可能出现的人身伤害、机器损坏和环境破坏等风险。

根据上述介绍，数字孪生一词可以指物理实体及其对应的数字虚体两部分，但在通常情况下，数字孪生指的是数字虚体。这就是为什么数字孪生一词所对应的英文是 Digital Twin，而非 Digital Twins。

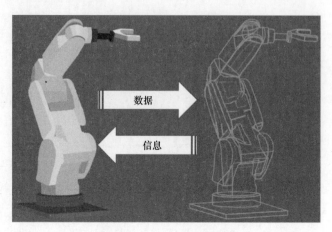

图 1-4　数字孪生示意图

2. 数字孪生包含一个或多个模型（Model），它既可以很简单，也可以很复杂

数字孪生并非一个全新的概念，事实上我们早已利用数字孪生解决实际问题了，只不过那时并没有用到数字孪生这个名称而已。例如，设计师在计算机上用 CAD 软件绘制出一个螺栓的结构与外观图，还可用三维软件显示其立体图像，且该数字化的图形文件可由计算机处理和存储。这个螺栓的数字图形文件，就是该实体螺栓的一个比较简单的数字孪生。人们不仅可以根据一个已经存在的实体螺栓，用 CAD 软件绘制出其数字形式的结构和外观图形，即根据客观事物做出对应的虚体；还可以根据自己的知识和经验，创造性地设计并绘制出一个想象中的数字虚体螺栓，再根据该虚体的结构和外观图来制造出与其对应的物理实体螺栓。这就是说，并非要先有物理实体，才能有对应的数字虚体；也可以先有数字虚体，再按照数字虚体制造或修正物理实体。

有的读者可能会说，螺栓结构和外观的数字化图形并不能反映物理实体螺栓的所有特征，如材质、重量、强度等。是的，螺栓的数字图形文件的确不能反映出物理实体螺栓的全部，只能反映其外观和结构。如果还需用数字虚体表现实体螺栓的材质、重量、强度等特征，就要另外再建立与实体螺栓相对应的数字文件，如包括螺栓的材质、强度和重量的列表文件。上述数字图形和数字列表文件，是构成实体螺栓所对应数字孪生的两个不同的模型。数字孪生的不同模型之间，往往还相互联系，例如螺栓的结构和外观会影响螺栓的重量和强度。由此可知，与物理实体相对应的数字孪生可以包含多个反映物理实体不同方面特征的模型，这些具有相互关系的模型分别表达物理实体不同方面的多种特征。例如根据实际需要，可为一个实物零件建立设计模型、工艺模型、仿真模型、生产模型、装配模型、维护维修模型等。数字孪生含有的模型越多，就越能反映出物理实体更多方面的特征。理想情况下的数字孪生和物理实体之间具有全面的精准对应关系，对应关系越全面、越精准，需要的模型就越多，数字孪生的构成就越复杂。

实际情况是，我们完全没有必要建立能够百分之百地反映物理实体各方面特征的数字孪生。如果某些应用只涉及螺栓的外形尺寸，我们就只需建立其数字外观和结构的模型。下面的例子更易于理解。为了给某人做一套服装，只需知道此人的身高、胸围、臂长、腰围、臀围、腿长等信息，因此我们只需为该人建立一个数字孪生模型，该模型就是一个包括上述信息的数字列表。有了这个数字列表（数字孪生），裁缝无须见到客户本人，就可为其做出合体的服装。除了做服装外，若还要了解该人的健康状况，可以为其建立另外一个数字孪生模型，该模型是包括体重、血压、血脂、总胆固醇、低密度胆固醇、高密度胆固醇等信息的数字列表。根据健康常识，这两个模型之间存在某种联系，如身高、腰围与体重有关，腰围与血压有关等。若还需要研究该人其他方面的情况，可以再建立另外的有关模型。为满足实际应用需要，若需加深对物理实体某方面问题的研究，对应的数字孪生模型则要能够随着研究的深入进行升级，即通过不断改善和优化，使模型能更详尽地反映出客观实体的特征。数字孪生模型还要做到可扩充，即可根据欲研究内容的增加而增加模型的数量。

如上所述，数字孪生包括反映其所对应物理实体不同特征的一个或多个数字模型。这些数字模型可接收来自物理实体的数据并根据这些数据的变化进行实时演化，从而与物理实体在全生命周期内保持一致。数字孪生还能对来自物理实体的数据进行分析和评估，给出对物理实体的优化或修正信息。因此，数字孪生的一个重要特征是，利用数据和信息将物理世界和虚拟世界联系起来，在两者之间建立起闭环连接，以实现物理世界和虚拟世界的统一。仍以上述研究某人的数字孪生为例，为其建立的模型越多，就越能全面地反映该人的状况。如该人通过体育运动，使身体状况得到改善，并且该人的最新健康数据（如腰围、体重、血压等）可在该人的数字孪生模型中如实反映出来；数字孪生模型对其当前的实际健康数据进行分析和评估，并给出优化或更新的生活和运动建议。由此可以看出，能够根据物理实体的变化而变化，对来自物理实体的当前数据进行评估和分析并对物理实体给出优化信息的数字孪生才更有价值。

3. 数字孪生的不同类型及划分方法

（1）**按照数字孪生所对应物理实体的规模划分** 数字孪生类型的一种划分方法是根据其所对应物理实体规模的大小分为几种类型，用于不同的场合。

1）部件数字孪生（Component Digital Twin）是数字孪生的基本单元，是数字孪生最小的功能部件。例如，它可以是与饼干生产厂某台包装机中伺服电机上的一个编码器相对应的数字虚体。

2）资产数字孪生（Asset Digital Twin）由两个或两个以上部件数字孪生组成，这些部件数字孪生之间能够协同工作。例如，它可以是与饼干生产厂某台包装机上的一台伺服电机相对应的数字虚体。利用资产数字孪生可研究这些部件间的相互作用及其产生出的大量性能数据，对这些数据进行处理分析并将其转化为可执行的洞察（Insight）。目前关于数字化转型的文章中经常出现"洞察"一词，它的意思是根据表面现象，对事物进行深入思考和剖析，将表面现象与其背后的原因厘清的过程。只有厘清了表象背后的原因，才能做出正确的决策并采取有效的措施让表面现象继续、改变或防止其发生。

3）系统数字孪生（System Digital Twin）是由两个或两个以上资产数字孪生形成的功能系统。例如，它可以是与饼干生产厂的某台包装机相对应的数字虚体。系统数字孪生可反映不同资产数字孪生间的相互作用，并可利用它们来改善系统性能。

4）过程数字孪生（Process Digital Twin）是多个系统数字孪生相互配合产生出的，与一个完整生产设施所对应的数字虚体。例如，它可以是与饼干生产厂一条完整生产线、生产车间，甚至整个生产厂相对应的数字虚体。过程数字孪生可以帮助我们制订影响整体工作效果的准确时序规划，实现多个系统之间的同步以实现最高工作效率。

读者可能感觉上述几种数字孪生类型的名称并不能准确地表达其所对应数字孪生类型的内涵。事实上，现阶段对于这些数字孪生类型并没有统一的命名规定，在不同的资料中可能还会用到另外的名称。我们不必纠结这些具体的名称，只需要理解它们的含义，即按照功能将一个物理实体划分成多个相对独立的部分，且划分后的部分还可以根据需要做进一步的划分。例如一条饮料灌装生产线可划分为吹瓶机、灌装机、贴标机、装箱机等多台机器；吹瓶机又可分为供胚部、胚加热部、吹瓶部等部分；供胚部还可进一步划分成料斗、提升、传送、理胚等部分……上述这些不同层次的物理实体所对应的虚体就是我们上面所说的数字孪生的不同类型。

（2）**按照数字孪生在产品生命周期中不同阶段的应用来划分**　如果按照数字孪生在产品生命周期中不同阶段的应用来划分，可将数字孪生分为产品数字孪生（Product Digital Twin）、生产数字孪生（Production Digital Twin）和性能数字孪生（Performance Digital Twin）三种类型，如图 1-5 所示。

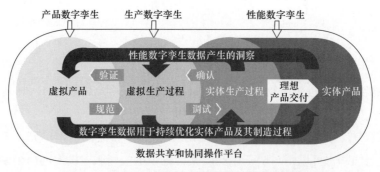

图 1-5　产品生命周期中不同阶段的三种数字孪生

1）产品数字孪生主要用于高效地设计新产品，在虚拟世界中分析产品在各种条件下的性能，显示产品的行为方式，并可对其进行调整和优化，以确保下一代物理产品完全按计划实现。借助于产品数字孪生，我们无须建造产品的物理原型，就可以针对各种可能出现的情况做出产品的最佳设计，并可根据客户对物理产品的反馈更快地实现产品迭代，缩短产品开发时间，降低产品开发成本，提高产品质量。

2）生产数字孪生主要应用于生产规划和产品制造阶段。生产数字孪生可以帮助我们在实际投入物理生产设施之前，确认制造流程运行状况的好坏。通过使用生产数字孪生仿真制造流程，可分析状况发生的原因，并创建在各种条件下实现高效生产的方法。

3）性能数字孪生主要用于采集、分析和处理运营数据。物理世界中所使用的产品（如啤酒灌装机）和运行中的工厂（啤酒制造厂）会产生大量有关其利用率和有效性的数据。性能数字孪生从运行中的产品和工厂中捕获这些数据并进行分析处理，得出具有可操作性的洞察，用于进一步改进和优化产品数字孪生和生产数字孪生，帮助企业制定正确的决策，提高产品和生产系统效率，并可以创造有关数据应用的业务机会。

4. 机械设备制造和使用环节的数字孪生及其与物理实体间的相互作用

（1）**机械设备制造环节的数字孪生应用** 对于机械设备的生产企业而言，其产品就是机器，因此与图 1-5 相对应，机械设备全生命周期中会涉及机器数字孪生、机器制造数字孪生和性能数字孪生，如图 1-6 所示。

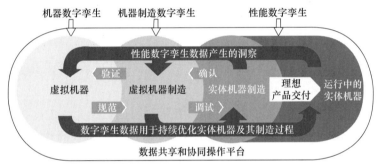

图 1-6 机械设备全生命周期中的机器数字孪生、机器制造数字孪生和性能数字孪生

图 1-6 中的虚拟机器即机器数字孪生，虚拟机器制造即机器制造数字孪生，它们分别对应实体机器的设计（包括概念、工程）和制造阶段，而性能数字孪生对应实体机器的制造和使用环节。性能数字孪生采集的数据虽然来自实体机器制造和使用环节（包括运营和维护）的物理机器，但这些数据经分析处理后可被用于机器设计和制造阶段的数字孪生，也就是说，这三种用于不同阶段的数字孪生之间有着不可分割的紧密联系。

机器制造数字孪生的构建过程中会用到机器数字孪生的规格数据。机器数字孪生的构建过程也会用到机器制造数字孪生的相关数据，使机器数字孪生的规格数据得到验证（Verification）。

工程师可利用机器数字孪生和机器制造数字孪生这两个虚体，对物理世界中的机器和机器制造过程进行虚拟调试；也可以利用来自物理世界的机器和机器制造过程中产生的数据，对虚拟世界中的机器数字孪生和机器制造数字孪生的正确性进行确认（Validation）。

性能数字孪生的数据通常被送到工业云。这些数据在工业云中经过分析和处理，生成对这两个运行实体的洞察，并将其发送给它们所对应的两个虚体，即机器数字孪生和机器制造数字孪生。这两个虚体根据上述洞察，对其自身进行必要的修正或优化。利用这些被优化后的数字孪生模型进行仿真，产生的数据又返回到两个运行的实体并对其进行物理的修正或优化，以实现提高产品质量、提高生产率、降低成本、减少能耗或环境污染等目标。

图 1-6 所示数据共享和协同操作平台的作用是在整个机器生命周期的各个环节中，包括与企业相关的供货商和物流企业的合作过程中，实现数据共享和操作协同。

（2）**机械设备使用环节的数字孪生应用**　机械制造企业所生产的机器（如啤酒灌装机）会销售到产品（瓶装啤酒）生产厂。生产厂或生产车间由多条生产线组成，每条生产线由多台单机和辅助设施组成。机械设备生产企业通常只提供生产线中的一台或数台机器。生产线的整体运行受到各台单机及辅助设施的影响和牵制，单机本身的性能并不能确保整条生产线的性能。为提高生产厂或车间的生产能力，生产线上所有单机设备及各种辅助设施间要很好地协同配合，才能达到最佳的生产效果。

在建造物理生产线、车间或生产厂之前，可利用软件工具（如西门子公司的 Plant Simulation）建立生产线、车间或生产厂的数字孪生，在虚拟的环境下对生产线、车间或生产厂的布局、生产物流设计、产能等系统进行仿真、验证和优化，直到满足设计要求后，再开始物理实体的建造和布局。

当物理实体建成并投入运行后，在日常的生产和维护过程中，生产厂的物理实体与其对应的性能数字孪生之间仍需不断地进行数据和信息的交互，以实现生产过程的持续迭代和优化。

（3）**数字孪生与物理实体间的相互作用**　我们在前面已经介绍过，数字孪生包括一个或多个用于反映物理实体不同方面特征的数字模型。如果能在当前的数字孪生中不断地根据业务需要添加更多的模型，就可以利用数字孪生的处理、分析和评估等功能，快速且低成本地将随时出现的技术突破、需求起伏、供应链波动、资源变动等因素转化为虚实结合的可预测、可执行的机器定义、设计和制造过程。引入数字孪生的目标是建立一个完整的闭环连接，使机器设计、制造和运行的虚拟世界与其对应的物理世界连接起来。人们利用该闭环连接，使来自物理世界的信息经过分析和处理形成可行的洞察，从而对机器生命周期内各个环节的工作和流程做出明智的迭代和优化决策。

模型的一个重要应用是仿真。仿真就是在模型上进行系统实验，以达到揭示客观事物规律、预测客观事物或系统行为的目的。现有的大量工业技术和知识、工业软件、生产数据等素材为创建模型和仿真提供了良好的基础。为研究客观事物的不同行为或过程，可在数字孪生中建立多种不同的模型以进行多种不同的仿真。人们可在模型上完成运动、人机交互、机械操作等仿真功能，让数字孪生模仿出机器的各种性能。客观事物与其数字孪生之间具有用于相互传输数据和信息的数据通道。数字孪生接收来自客观事物传感器的数据，对这些数据进行分析处理后得到对客观事物的洞察信息，再将其发送到客观事物，使数字虚体赋能于客观实体。事实上，没有物理实体，工业生产所必需的物理过程就无法进行，也就无法满足人类生产和生活的需要；没有数字虚体，就难以对物理实体进行赋能，难以实现旨在满足当代市场需求的工业数字化转型。

1.2.3　数字化工厂中 IT 和 OT 的融合

在 1.2.2 节中我们提到数字孪生是数字化工厂的一个重要特征。数字化工厂的另一个重要特征是信息技术（Information Technology，IT）和运营技术（Operational Technology，OT）的融合。信息技术是主要用于收集、操作、分析数据并从中产生洞察力的技术，例如某公司员工可以使用 IT 系统来管理库存、计费、供应链等业务流程。IT 网络一般需要满足性能稳定、流量管理精细、故障修复快、网络安全、可回溯等要求。而运营技术主要用于采集、处理或交换与物理生产过程相关的信息，如冷却水的温度、水泵的抽水量、二氧化碳的消耗量、电机的转速和转矩等。一般来说，OT 网络对数据传输的实时性和可靠性要求更高，例如 OT 网络需满足数据传输具有确定性的延迟时间、快速修复网络故障等要求。

如今许多机器生产企业都部署了多种类型的 OT 系统来控制和管理物理生产过程，如将可编程逻辑控制器集成到机械设备中，利用 SCADA 系统采集生产线的实时数据等。不同工业场景的 OT 系统可能会相差很大，它可以是跟踪某刀具位置的传感器，也可以是监测和控制某条机器生产线的复杂系统。过去许多企业的 OT 系统与 IT 系统是相互分离的，这种情况甚至现在仍然存在，如图 1-7 所示。造成这种情况的原因之一是传统的 OT 系统所使用的通信协议和标准，如 DNP3 或 Modbus，与 IT 系统所使用的协议和标准不同，因此造成了IT/OT 的融合困难、成本高、安全不易保障等问题。在 IT 与 OT 系统相互分离的情况下，即使企业已经配备了 ERP 等 IT 系统，但仍无法及时自动获取机械设备的运行数据，而需要以人工填写的方式将这些数据传递给 IT 系统。这样的工作方式不仅效率低、准确性差，甚至可能会因为数据的缺失或不足而无法完成基于数据驱动的业务流程，更难以实现高效和精益化的企业管理目标。

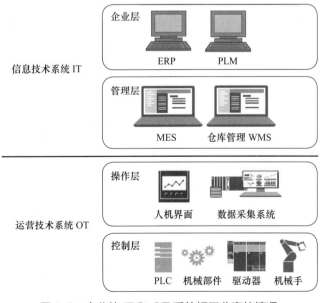

图 1-7　企业的 IT 和 OT 系统相互分离的情况

我们已经知道，数字化工厂需要建立一个完整的闭环连接，使机器设计和制造的虚拟世界与机器制造和运行的物理世界连接起来。因为虚拟世界存在于 IT 系统当中，而物理世界存在于 OT 系统当中，所以只有将 IT 与 OT 真正融合，才能充分挖掘出数据的价值，将先进的信息技术带到工业制造领域，更好地实现制造业的可持续发展。

随着 PROFINET、OPC UA、MQTT 等开放型通信协议以及物联网、边缘计算（Edge Computing）和低代码（Low Code）等技术的不断发展，OT 系统使用了越来越多的与 IT 系统相同或相兼容的网络通信和编程等技术手段，对 OT 与 IT 的融合发展起到技术支撑的作用，从而提高了企业网络的自动化层和业务层之间的互操作性，如图 1-8 所示。在数字化制造企业中，从设备层的现场装置、传感器、电机和驱动器到控制器、边缘计算设备和制造执行系统，再到工业云、工业应用的开发和使用，全部都可以接入企业的 OT 和 IT 系统。例如当数字化企业某一款产品的零部件或原材料发生变化时，这些变化会使 MES 中的相关数据同步变化。MES 则能够根据这些变化自动地调整制造解决方案，还能够借助无线射频识别（RFID）技术，自动识别生产线上的零部件并调整路径规划，实现产品高效率的柔性化生产。

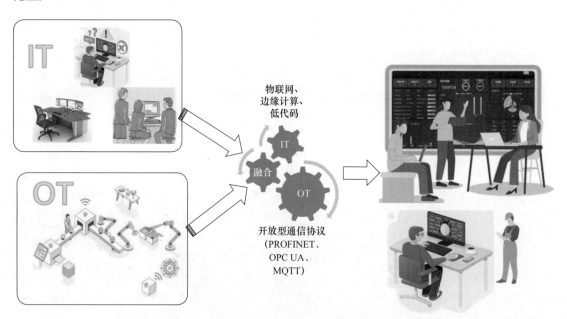

图 1-8　数字化工厂中 OT 和 IT 系统的融合

OT 和 IT 的融合还能够促进边缘计算和工业物联网的实施，并且有利于将人工智能（AI）技术应用于工业生产和管理，帮助企业管理者利用来自物理世界机器或生产线的大量数据及其产生的洞察做出正确的决策。企业不仅能够利用 OT 和 IT 系统来采集、处理和分析数据，利用 IT 系统来优化企业的业务流程，还可以建立全新的业务模式或服务，如根据数据处理和分析应用程序的使用次数来收取服务费。使用企业 IT 系统的数据可以增强、更新或优化企业的 OT 系统，从而更好地管理和执行机器的物理操作。例如实现了 OT 和 IT 融合的企业可利用网络获取与设备维护有关的数据，并据此制定预测性维护计划，并对设备实施远程或现场维护，避免机械设备的非计划停机，减少机械设备制造企业派技术人员到现场维修设备的次数，降低企业的运营成本。

1.2.4　数字化工厂的构成和各部分的功能

本书将以离散工业的机械设备制造企业为例，讨论数字化工厂的概念和基本架构。图1-9给出了机械设备（即机器）全生命周期的完整价值链组成，包含了概念、工程、调试、运行和服务五个阶段。

图 1-9　机械设备全生命周期的完整价值链组成

在当前竞争激烈的市场环境下，企业若想保持其在市场中的领先地位，绝非只是对其产品生产的某个环节进行改造或优化那样简单。企业需要一个完整的解决方案，该方案应提供对企业产品完整价值链内的各个环节（包括供应商和物流伙伴）进行优化的完整方法。数字化工厂的目标是对企业产品完整价值链的各个环节进行数字化，更好地获取和利用企业生产和运营中产生的大量数据，做出明智的企业决策，改善生产率，提高机器的灵活性，降低能耗和二氧化碳排放，提高产品质量，更好地满足当今的市场需求。为实现上述目标，数字化工厂将综合运用数字孪生、数据共享和操作协同、工业云、人工智能等新技术，如图 1-10 所示。

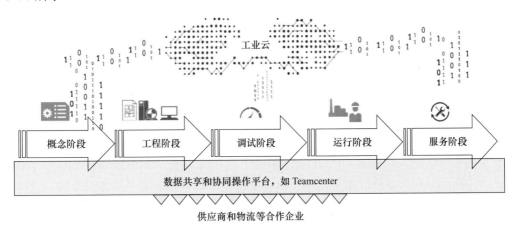

图 1-10　数字化工厂运用数字孪生、数据共享、操作协同、工业云等新技术

图中的上部表示工业云服务平台（以西门子公司的云平台为例）及其可提供的丰富应用程序，如设备状态分析、能耗及供应链分析、产品设计、生产和企业管理、对外服务等。云服务平台还可以提供多种微服务组件和应用程序接口（API），以支持开发者

开发出更多、更符合企业实际需求的应用程序。什么是微服务组件呢？在这里简要说明一下。一个应用程序的整体功能可以由多个简单的功能组成。一个简单的功能可通过一个功能单一的较小软件模块来实现，该模块通过明确定义的应用程序接口与外界通信。这样的软件模块就是一个微服务或微服务组件。以上只是对微服务的简要介绍，有兴趣的读者可参考相关专业书籍来进一步深入了解微服务。图中的中间部分表示机械设备生产企业的完整产品价值链组成。图中底部是一个数据共享和操作协同软件平台（如西门子公司的 Teamcenter）。企业可以利用该平台在其产品生命周期范围内实现数据共享和操作协同。从图中可以看出，与企业相关的供货商和物流企业的工作流程也可借助该平台与企业产品完整价值链的各个阶段相协调。基于上述架构，数字化机器制造工厂具有如下特点：

1）针对机械设备生命周期的各个阶段建立数字孪生，数字孪生利用仿真和测试的方法找出对各个阶段进行改进所需的数据，利用这些数据持续地对价值链的各个环节进行优化。相比于传统方法，利用数字孪生可以降低仿真和测试的成本，快速找出问题原因并对相应的实体进行优化。

2）利用基于企业产品全生命周期内的数据共享和操作协同软件平台 Teamcenter，确保从概念、工程、调试、运行到服务的全流程范围内实现更加高效和灵活的操作。不论您正在做生产线规划、自动化工程或任何其他工作，都可以将有关的数据和文档与该软件平台 Teamcenter 相连接，并进行保存和管理，使企业不同领域或部门的人员共享这些数据和文档，极大地提高劳动生产率。关于数据共享和操作协同的概念和应用将在本书第 4 章中进一步介绍。

3）利用工业云采集来自物理世界的机械设备制造和运行过程中的数据，将统计数据添加到数字孪生中的数据分析模型，分析机械设备制造及运行过程中的性能表现，并将分析结果运用到机械设备完整价值链中的各个阶段，对其实现连续的优化，以实现消除生产瓶颈、提升产品质量、提高生产率和灵活性、延长设备寿命、降低运营成本等目的。关于工业云的概念和应用将在本书第 4 章中进一步介绍。

通过上面的介绍我们可以得知，就机械设备制造企业而言，数字化工厂（Digital Factory）是一种新型的生产组织方式，它以机械设备全生命周期的有关数据为基础，利用计算机和各种先进的软件技术，在数字构成的虚拟世界中对整个机械设备制造和运行过程进行仿真、评估和分析，并将其结果用于优化整个机械设备生命周期中的各个阶段。这种方式将数字技术与仿真技术相结合，不仅联通了设计、制造、运行和服务等各个阶段，而且在企业及相关供货商、物流服务商之间构建了相互沟通的桥梁。

我们在前面已经介绍了机械设备全生命周期中的五个阶段，即概念阶段、工程阶段、调试阶段、运行阶段、服务阶段。这五个阶段可以进一步归纳为两个环节，即机械设备的制造环节和使用环节，如图 1-11 所示，概念阶段、工程阶段和调试阶段处于机械设备的制造环节，运行阶段和服务阶段处于机械设备的使用环节。

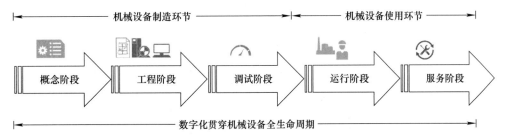

图 1-11　机械设备全生命周期的五个阶段可以归纳为两个环节

本书将在第 2 章中介绍机械设备制造环节的数字化应用，在第 3 章中介绍机械设备使用环节的数字化应用，在第 4 章中介绍涉及上述五个阶段中的数据共享和操作协同，在第 5 章中对企业数字化转型给出一些参考建议。表 1-1 展示了本书各章内容与机械设备全生命周期各阶段的联系。

表 1-1　本书各章内容与机械设备全生命周期各阶段的联系

章号	机械设备全生命周期中的阶段	主要数字化方案内容
第 1 章	概念阶段、工程阶段、调试阶段、运行阶段、服务阶段	概括介绍数字化工厂的构成及各部分的功能
第 2 章	概念阶段、工程阶段、调试阶段	机械概念设计中的数字化应用、西门子机电一体化咨询服务、电气设计中的数字化应用、自动化工程、机械设备虚拟调试、工艺性能虚拟调试
第 3 章	运行阶段、服务阶段	生产线集成和生产线数据透明化、工业人工智能和工业边缘、工厂及物流系统虚拟调试、工业云、扩展现实
第 4 章	概念阶段、工程阶段、调试阶段、运行阶段、服务阶段	概括介绍机械设备全生命周期中各阶段的数据共享和操作协同
第 5 章	概念阶段、工程阶段、调试阶段、运行阶段、服务阶段	对企业数字化转型的参考建议

第 2 章
机械设备制造环节的数字化

2.1 机械设备制造环节的数字化概览

图 2-1 为机械设备全生命周期中的数字化方案概览。本章将针对机械设备制造环节的数字化展开介绍，而机械设备使用环节的数字化将在第 3 章中重点介绍。

机械设备制造环节对应机械设备生命周期中的概念阶段、工程阶段和调试阶段，对应的数字化方案内容主要有机械概念设计的数字化应用、西门子机电一体化咨询服务、电气设计中的数字化应用、自动化工程、机械设备虚拟调试和工艺性能虚拟调试。

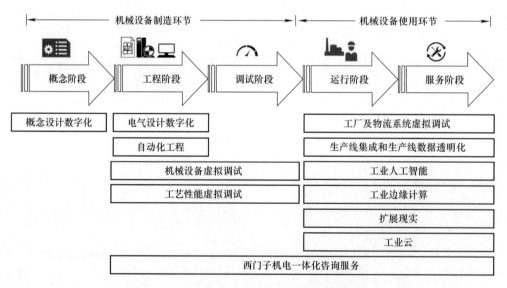

图 2-1 机械设备全生命周期中的数字化方案概览

为方便读者建立整体的概念，下面对机械设备制造环节的数字化方案进行简单介绍。

1. 机械概念设计的数字化应用

由于市场需求多变，消费者对产品的定制化需求逐步增长，机械设备制造商面临着诸多机械概念设计相关的挑战，例如如何快速地对机械设备进行迭代升级、如何将概念创新转化为可行的设计、如何加速新产品的开发、如何降低自动化工程师和机械工程师之间的沟通成本、如何将各种仿真功能集成到一个软件环境中。

机械概念设计阶段的数字化应用可以从以下几个方面，帮助机械设备制造商应对上述挑战：

1）高效的机械建模设计：使用计算机辅助设计（CAD）技术，提高制造精度和设计效率，降低设计成本，并提高产品质量和可靠性。西门子提供了先进的软件解决方案，如 NX 工程解决方案、Solid Edge 产品设计平台等。

2）设备概念设计：在正式进入工程设计前，通过数字化软件进行概念验证设计，提前验证设备的可行性，加速产品研发，降低风险。这有助于在提出机械设备的开发需求后对关键结构、产品结构等进行提前设计。

3）多学科设计：针对复杂系统，需要集成液压和气动系统、传感器、电机等不同学科的系统。西门子的 NX MCD（Mechatronics Concept Designer，机电一体化概念设计）软件可以有效解决多学科设计中的沟通和协作问题。

4）协同和并行设计：利用西门子的软件平台，实现协同设计和并行设计，提高信息沟通效率，缩短设备开发周期。Teamcenter 等软件平台支持不同成员之间的高效信息沟通和数据共享。

5）集成的仿真分析：在 NX 等软件中，可以在三维模型的基础上进行多学科（如结构、运动、热、流体仿真等）仿真分析，有助于工程师在一个统一的软件环境中获得准确可靠的分析结果，进而优化设计方案。

这些数字化技术的应用有助于提高机械设备概念设计的效率，降低成本，从而增强企业的竞争力。

2. 西门子机电一体化咨询服务

在对机械设备的性能要求较高的行业，如何提高机械设备运行的速度、精度，如何降低振动和噪声，是机械设备制造商面临的挑战。

西门子机电一体化咨询服务是应对性能挑战的良好帮手，它是由西门子工厂自动化部门提供的一种咨询服务，其工作内容贯穿机械设备生命周期的大部分阶段，其目标是帮助机械设备制造商提升机械设备的性能。

在工程阶段，西门子机电一体化咨询服务通过复杂的电机选型、机械系统仿真、控制系统仿真和复杂凸轮曲线的计算，能够最大化地优化设计，发现隐藏在控制、电气、机械中的性能问题，找出系统的短板，并加以改进。其中电机选型可以从整体的角度，综合考虑惯量、节拍、张力等变化因素，应用计算工具完成复杂的电机选型任务，同时选择整体成本最优的方案；机械系统仿真可以考察机械系统工作的最大带宽、机械系统工作在不同频率下设备的振动情况，以及限制机械系统运动节拍的瓶颈；控制系统仿真则在设计阶段优化命令信号、控制策略和参数设置；而复杂凸轮曲线的计算可以优化电机和驱动器的选型，减小设备运行中的振动和噪声。

在调试和运行阶段，西门子机电一体化咨询服务的优势体现在控制系统优化、振动诊断和机械结构分析。控制系统优化可以避免更改机械部分所产生的成本；振动诊断则需要统筹考虑机械、电气和控制部分，正确分析振动信号，最终减小振动带来的影响；机械结构分析通过测量和建模相互印证，为解决振动问题提供依据。

在维护阶段，西门子机电一体化咨询服务的优势主要体现在状态监控和预测性维护。通过频谱分析和频率响应分析，可以记录机械设备信号的频谱特征，提前发现状态变化或故障迹象，实现更智能的维护策略。

综合而言，在机械设备生命周期的不同阶段，西门子机电一体化咨询服务可以通过不同的工作内容，解决各阶段的性能挑战，为机械设备提供全面的性能提升和优化解决方案。

3. 电气设计中的数字化应用

在电气设计环节，机械制造商也面临诸多挑战，例如电气设计各环节中存在重复工作，电气元件选型效率低、易出错，出口设备不会做安全评估，控制柜发热导致设备运行不稳定等。

针对以上挑战，可以采用多种数字化的应用来应对，例如采用 AML 文件来存储和交换项目规划数据，可以帮助打通电气设计的电气元件选型、电气原理图的绘制和控制器的组态三个环节，消除重复工作，从而提升效率；采用全集成的选型软件，来代替传统纸质样本和独立的选型软件，也可以帮助电气设计提升效率，减少错误发生；数字化的选型软件中对安全评估的集成，可以帮助机械设备制造商更高效地进行机械故障安全设计；数字化的工具还可以帮助计算控制柜内的温升，使机械设备的运行更加稳定可靠。

在 2.4 节中，会对以上电气设计中的数字化应用做详细介绍；在对选型软件的介绍中，还会对运动控制器、输入输出模块和伺服电机的选型要点做介绍；在对故障安全设计的介绍中，还会介绍故障安全设计的基本概念和流程。

4. 自动化工程

随着机械设备研发技术的不断发展，最终用户和设备制造商纷纷提出了对工程组态和程序开发过程更高效、灵活、稳定的需求。用户希望缩短开发周期，提高工程开发效率，更快速地将产品推向市场以应对竞争压力。为实现这一目标，他们提出了缩短工程组态和程序开发时间，减少人工手动执行的重复性任务，降低错误率以提高控制系统可靠性，以及节省常规任务时间以便更专注于创新研究的要求。

为满足这些需求，西门子提出了相应的自动化工程解决方案。

首先，通过西门子 TIA Portal Openness（开放式 API），实现了高效的自动化工程工作流；通过脚本或应用程序开发，批量执行原本需要大量手动操作的任务，提高了工程效率。

其次，在 PLC 程序开发方面，通过调用西门子 TIA Portal 的 API，实现高级语言编程，自动创建项目，进行批量组态调整和程序生成。此外，使用 Modular Application Creator 软件，通过设备模块的定义，实现符合客户设备要求的模块化应用程序的自动生成。

另外，在人机界面生成方面，通过 SiVArc 选件功能包，实现 HMI 画面、组件和变量等可视化界面的自动生成。

这一系列的自动化工程解决方案以西门子 TIA Portal 的开放接口为基础，提供了不同层级的解决方案，从执行重复任务到自动生成完整的设备项目，满足了客户在自动化程序开发不同阶段的需求，使工程师更专注于核心功能的研发，提高了整体工程效率。

5. 机械设备虚拟调试

随着机械设备生产工艺和控制系统的复杂性不断增加，其调试难度以及工作量也越来越大，特别是在脱离现场环境时，设备中的许多组件无法提前进行有效的测试，往往只能到实际的硬件上进行验证，从而增加现场调试的时间。同时调试阶段可能因为在设计阶段未发现的问题而耽误进度，甚至导致设备损坏。

为了解决上述问题，西门子提供了机械设备虚拟调试解决方案，这也是数字孪生的典型应用之一。通过创建设备的仿真模型，并建立模型与控制系统仿真之间的数据通信，可以实现虚拟环境下设备各个组件的仿真运行，测试控制程序的功能，可以提前发现问题，优化设计，从而缩短项目的设计和实施时间。

机械设备的数字孪生包括物理和运动学模型、电气和行为模型，以及自动化模型。西门子提供了对应的仿真软件解决方案，包括 NX MCD、SIMIT、PLCSIM Advanced 等，实现了这三个部分的仿真功能。这些软件通过 API、共享内存或 OPC UA 等方式进行数据交换，配合 TIA Portal 工程软件，形成完整的虚拟调试解决方案。

综合而言，机械设备虚拟调试能解决研发流程中的一系列挑战，提高效率，缩短周期，并降低成本和风险。

6. 工艺性能虚拟调试

工艺性能虚拟调试方案与机械设备虚拟调试方案在仿真目标、仿真对象范围和呈现方式等方面存在明显差异。工艺性能虚拟调试方案的目标是通过分析和优化设计，提升机械性能，找到控制系统的最佳参数；工艺性能虚拟调试方案可以仿真柔性材料，包括纸张和塑料薄膜的张力和拉伸变形，不需要获得三维数据；工艺性能虚拟调试方案采用一维模型进行仿真，结果以曲线为主，例如张力随时间的曲线，可以将数据映射到三维模型上作为辅助显示。

工艺性能虚拟调试方案包含三个主要部分：多物理场模型、通信部分和自动化部分。

1）多物理场模型涵盖多个物理领域，如液压、气动、机械、电气等，可以对机械设备中各个物理场之间的相互连接和相互作用进行仿真。Simcenter Amesim 是进行多物理场仿真的主要软件。

2）通信部分是将多物理场模型和自动化部分进行连接的接口。Simcenter Automation Connect 组件可以将 Simcenter Amesim 和 PLCSIM Advanced 等仿真部分连接起来，实现多物理场仿真和自动化部分仿真的连接与同时运行。

3）自动化部分指的是自动化控制器，可以是仿真的软件控制器（如 PLCSIM Advanced）或真实的硬件控制器（如 SIMATIC PLC 控制器等）。

整体上，工艺性能虚拟调试方案以提升机械的性能为仿真目标，可以从系统的角度，将控制部分、电气部分和机械部分连接在一起进行多物理场仿真；可以进行机械传动链的设计改进，也可以优化控制方案和控制参数；特别是对于收放卷设备，除了机械传动链、控制方案、控制参数的改进，工艺性能虚拟调试方案还可以帮助优化机械布局。

以上内容是机械设备制造环节的数字化方案概览，本章接下来的章节将展开介绍各个方案的具体内容。

2.2　机械概念设计的数字化应用

机械设备制造的第一步就是根据需求进行机械概念设计，来完成设备关键技术和机械结构的设计工作。而随着社会的不断发展，消费者对产品的需求也在不断变化，尤其是定制化的需求逐步增长。在激烈的全球化竞争中，为了应对多变的市场需求，生产这些产品的机械设备也需要不断进行迭代升级。机械设备制造商逐渐发现需要整合设备的概念设计、工程设计、制造和调试、生产运行和维护等全生命周期的工作流程，并进行数字化转型升级，才能适应快速多变的市场需求，在提高效率的同时降低成本，进而增加自身的竞争力。机械概念设计的数字化是其中较为关键的环节，使用可定制的数字化解决方案，可以帮助企业开发更加复杂和智能的设备，在多学科设计中实现高效的协同开发，在实际设备生产出来之前，利用虚拟软件环境中的各种数字化功能和技术对设计进行不断改进，测试关键的工艺过程。下面我们简要介绍机械概念设计阶段的一些关键数字化技术。

1. 高效的机械建模设计

随着设备研发技术的不断进步，数字化技术已经在设备的机械设计中得到了广泛应用，例如计算机辅助设计（CAD）、计算机辅助制造（CAM）、计算机辅助工程（CAE）等，这些结合计算机软硬件和数字化应用的技术可以为机械设计提供更高效、更准确、更智能的解决方案。其中计算机辅助设计可以对设备进行前期的设计、装配和分析，已经逐渐成为机械设计中的主流，相对于传统的手工制图和分析，它具有以下优势：

1）提高制造精度：机械设备在设计和制造环节，需要通过精准的图样才能够保证加工和装配的精度。但是传统的手工制图方式工作量比较大，出错率较高，在CAD软件的加持下，可以全面地提升图样绘制的质量和效率，确保机械加工的精确性。

2）提升设计效率：利用软件中丰富的设计工具和直观的可视化窗口设计设备零件的三维模型，可以高效地进行修改和装配测试。这些数据伴随设备生产的整个周期，并可以实现模型数据的循环使用和优化，极大地提升了机械设计的效率。

3）降低设计成本：CAD软件可以对设备部件进行丰富的模拟和分析，以避免设计人员在实际设备上的试错；还可以在软件中对错误进行及时的修改，有效降低设计成本。

4）提高质量和可靠性：基于CAD软件设计的模型数据，设计人员和生产制造人员能够快速掌握内部结构以及尺寸参数，对于可能存在的内部缺陷展开深入的分析，在设计阶段进行机械结构、强度、刚性等特性的分析，进而优化设计方案，提高最终设备的质量和可靠性。

西门子针对机械设计阶段也提供了先进的软件解决方案，例如 NX 工程解决方案、Solid Edge 产品设计平台，以及基于云的设计软件等。其中 NX 是西门子的一个数字化产品设计平台，它支持从概念、设计、分析到制造的完整产品开发流程，是集成了 CAD/CAE/CAM 等一系列强大功能的工程开发平台。NX 运用并行工程工作流、上下关联设计和产品数据管理等，使其能运用在各种不同领域，为用户的产品设计及加工过程提供了数字化设计和验证的手段，并且可针对用户的产品设计和工艺设计需求，提供经过实践验证的解决方案，其功能可以覆盖产品的完整生命周期。如图 2-2 所示，利用 NX 平台下的不同软件模块，可以完成机械设计、电子电气设计、自动化设计，也可以进行模具、汽车、航空等行业应用设计。NX 为设备的机械概念设计提供了高效的建模环境，例如草图、特征和同步建模等众多核心的建模功能，涵盖从 2D 布局到 3D 建模、装配设计、制图和文档记录的各个方面，通过同步建模技术，也可以导入和修改第三方 CAD 软件的模型数据，是多 CAD 协同设计的理想工具。NX 可帮助企业实现更加高效的设计流程，同时利用平台丰富的软件组合，可以快速地实现对设计的仿真和验证。

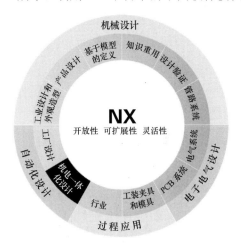

图 2-2　NX 平台下的机电一体化设计

2. 机械设备概念设计

机械设备的概念设计是在正式进入工程设计阶段之前，根据已有的开发需求对设备中的核心技术、关键功能、外观布局等进行初步设计，并验证其可行性。例如企业想要制造一台生产速度更快的矿泉水装箱机，需要提前考虑使用何种结构的机械手能够达到设计的速度要求，需要什么样的夹爪才能在高速运行中稳定地抓取矿泉水瓶，视觉系统的处理时间不能超过多久等。概念设计可以提前验证设备的可行性和对各个系统的要求，利用数字化软件可以将概念设计呈现出来，完成设备的关键结构、产品结构和人机工程等多方面的提前设计，将设计人员的概念创新转化为可行的设计，在加速企业新产品研发的同时降低风险。

3. 多学科设计

随着机械设备越来越先进和智能，其系统构成也越来越复杂，因此设备的设计研发不仅仅是进行 CAD 三维建模和数据管理，设备中也需要集成液压和气动系统、传感器、电机以及自动化系统等不同学科的系统。在系统开发过程中所涉及的软件工具、数据和流程都可能增加开发人员的工作难度。例如在一个矿泉水装箱机的开发过程中，如果自动化工程师没有相应软件打开机械工程师设计的三维模型文件，双方很难高效地沟通设备的工艺流程；如果自动化工程师发现装箱机中机械手工作范围不能满足生产需求，也很难高效地反馈给机械工程师。因此我们需要在一个集成的环境中对所有学科领域的组件进行统一的创建和管理，使得不同行业和学科领域的开发人员能够高效地共享数据和状态，在统一的平台下进行不同系统的仿真和验证，提高沟通效率，减少错误。西门子 NX 平台下的机电一体化概念设计工具 MCD（Mechatronics Concept Designer）就能很好地满足了这一需求，该软件平台将机械、电气和自动化数据连接起来，提供多学科的设计环境。机械工程师可以在软件中利用设备的三维模型创建设备的概念模型，例如创建装箱机中的输送带对象，让产品可以在输送带上按照指定的速度和方向输送产品，随后将这些概念模型搭建成相对完整的设备数字孪生。电气工程师可以根据机械工程师创建的模型数据选择相应的传感器和执行器，进行电气元件布局、线缆布局和接线图样设计等工作。自动化工程师则可以依据设备的 CAD 三维模型和工艺流程序列来开发自动化程序，并在随后使用之前的概念模型搭建起虚拟调试模型，进一步展开自动化程序验证工作。机电一体化概念设计除了消除机械、电气和自动化各学科之间的障碍，在设备概念设计中，可以对创新的概念设计进行多学科的设计和验证，显著地提高机械概念设计的效率。

4. 协同和并行设计

借助 NX MCD 多学科设计的特点，可以有效地进行协同设计和并行设计。机械设备概念设计可能由多人、多团队或多部门联合进行，这些参与人员也可能在不同的地点、不同的网络环境下参与设计工作。借助西门子 Teamcenter（产品生命周期管理平台）、NX MCD 等软件平台，企业可以建立起不同成员之间高效的信息沟通渠道。例如在机械工程师完成设备的机械设计后，电气和自动化设计人员、加工制造和装配人员，以及生产管理人员可以通过同一软件协同分析设计的可行性、完整性，如果发现问题，可以直接在模型上进行修改，大大提高了设计的效率，并降低了风险和成本。同时在设计初期，针对设备的设计、分析、制造、装配、质检等各个环节，可以进行并行工作。例如装箱机由输送带、机械手、开箱机构等多个部分组成，当机械工程师完成输送带的设计后，可以立即同步设计数据给电气工程师进行电机选型和接线设计，自动化工程师也可以开始准备输送带的控制程序，多学科的设计工作在同一个平台，数据相互兼容，信息传递更加高效，无须等完整的机械设计完成后再进行电气和自动化设计，机械概念的设计、工程分析和反馈可以协同推进，缩短设备开发的周期。

5. 集成的仿真分析

在 NX 的计算机辅助工程（CAE）以及机电一体化概念设计（MCD）等应用模块中，工程师可以基于设备的三维模型、系统结构等，进行结构、运动、热、流体和多物理场等多学科的仿真，并借助软件直观的可视化分析结构来优化设计方案。例如在 NX 中仿真装箱机中机械手的连杆结构设计，可以分析在指定工作条件下连杆的应力或振动响应，也可以进行线性静力学和动力学分析。NX Simcenter 3D 将这些仿真功能集成到一个软件环境中，工程师只需要熟悉一套用户界面，利用集成在设计软件中功能丰富的多学科解算器就可以得到准确、可靠的分析结果。

西门子针对机械概念设计的解决方案可以覆盖设备开发的完整流程，在设计、制造、调试、运行和服务等各个环节都使用统一的软件平台，并且实现所有数据的无缝衔接，形成设备研发设计的闭环工作流，极大地提升工作效率，加快了研发速度，可以更快地将创新技术推向市场，同时可以降低开发、生产和运营成本。数字化技术也可以帮助企业打造新的业务模式，例如快速地设计生产定制化的机械设备、提供基于虚拟现实的操作人员培训等，以创新的差异化服务提升企业软实力。

2.3　西门子机电一体化咨询服务

在机械设备全生命周期的开始，是机器概念阶段和工程阶段，在这两个阶段中，机械设计都是工作的重点。

针对机械设计，西门子可以为客户提供机电一体化的咨询服务。虽然西门子数字化工业集团主要生产和销售电气、控制部件以及工业软件，但在机械设计方面，西门子仍然可以给客户专业的方案和建议，这就是机电一体化的咨询服务。在机械设计之外，西门子机电一体化咨询服务的工作内容也贯穿机械设备生命周期的多个阶段，包括机械设备的工程阶段、调试阶段、运行阶段和服务阶段。

接下来，我们将首先解释西门子机电一体化咨询服务的工作内容，然后介绍其工作方法，最后讨论其在典型行业中的应用。

2.3.1　西门子机电一体化咨询服务的工作内容

如图 2-3 所示，西门子机电一体化咨询服务的工作内容贯穿机械设备生命周期的多个阶段。从工程和调试阶段，到运行和服务阶段，都可以应用机电一体化来提高速度、精度，以及解决振动和噪声相关的问题。

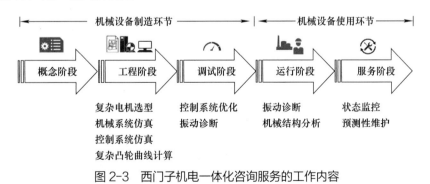

图 2-3　西门子机电一体化咨询服务的工作内容

1. 工程阶段

机械设备的工程阶段是引入西门子机电一体化咨询服务的最佳时间。不同于设备制造之后的诊断和维护，在工程阶段，实际的机械设备还没有被制造出来，可以运用工程方法最大化地优化设计，发现隐藏在控制、电气、机械中的性能问题，找出系统的短板，并加以改进。当设备制造出来之后，如果发现问题需要更改，那么需要重新制造零部件，或者停止生产，成本较高；相反，在工程阶段，针对机械设计图样的优化和控制部分的设计更改都可以在计算机上完成，成本就大大降低。

在这个阶段，西门子机电一体化咨询服务的工作内容包括复杂的电机选型、机械系统的仿真、控制系统的仿真和复杂凸轮曲线的计算。下面逐一介绍每部分工作内容对应的性能挑战，以及机电一体化可以带来的价值。

（1）**复杂的电机选型**　在机械手、金属成型、电池制造设备等行业中，机械设备的特殊要求会给电机选型带来困难。例如，机械设备的负载惯量在运行过程中可能发生变化，机械设备运行时对能量的需求波动很大，机械设备要求非常高的运动节拍，或者设备运行需要稳定的材料张力，这些都使电机选型变得更加复杂。而利用机电一体化方法可以从整体的角度，综合考虑惯量、节拍、张力等变化因素，应用计算工具，完成复杂的电机选型任务，同时选择整体成本最优的方案。

（2）**机械系统的仿真**　所有要求高速运动的机械设备都面临如何对机械性能进行仿真的问题。

常见的对机械机构动作时序或干涉的仿真并不是对机械系统性能的仿真。对机构动作时序及干涉的仿真仅能反映机构动作的先后顺序，并不能反映机械的性能，通俗地说，就是看不出机械能以多高的速度运行，也看不出机械高速运行时振动有多大。

机电一体化中的机械系统仿真可以解决这个问题。具体来说，在机电一体化的工程方法中，机械系统的仿真可考察机械系统工作的最大带宽、机械系统工作在不同频率下设备的振动情况，以及限制机械系统运动节拍的瓶颈。

举例来说，机械系统仿真中的一个部分是传动链仿真。限制机械系统运动节拍的一个常见原因，是传动链的设计。传动链中的传动环节刚性以及各部件的惯量合并在一起，影响了机械系统的频率响应。对传动链的仿真，可以告诉机械设计者如何优化选型、节省成本、提高节拍。

（3）**控制系统的仿真**　要求高速运动的机械设备同样面临如何仿真控制系统性能的问题。

这里提到的控制系统包括前文中提到的机械设备的控制部分和电气部分。通常控制系统的性能需要在机械设备制造出来之后，工程师在现场反复试错，浪费时间，并且很难达到最优的效果。

控制系统的仿真可以解决这个问题。控制系统的仿真包括对命令信号、控制策略和控制参数的仿真。控制系统仿真可以带来三方面的收益：第一，可以在设计阶段，优化对命令信号的设计，例如，速度曲线应该采用梯形还是三角形，加加速度最大可以设置为多少；第二，可以提前选择控制策略，例如，收放卷应该采用间接张力控制还是通过张力传感器反馈调节的方式；第三，还可以提前预知控制参数应该如何设置，而不是在现场反复试错，例如，速度环 PID 的参数应该如何设置，电流环滤波器的参数应该如何设置。

另外，上文中提到的机械系统仿真，只能反映机械系统自身的性能，并不能保证最终设备运行的整体效果。整个机械设备可以看作由机械系统和控制系统共同组成，所以控制系统同样是系统性能的制约因素。控制系统的仿真和机械系统的仿真结合在一起，就可以从整体的角度，对机械设备的最终性能做出评估，找出优化提高的可能性。

（4）**复杂凸轮曲线的计算**　这部分对应的挑战是，有时凸轮曲线虽然可以完成机构的动作，运行指定的距离，但是仍然存在一些其他的问题，例如运行中的能量波动很大，或者会导致对电机转矩要求很高，或者对机械整体带来的冲击大，或者会导致机械设备的振动及噪声问题。

运用机电一体化的工程方法，可以解决这个问题。通过对复杂凸轮曲线的计算，可以减小机械设备对电机转矩的要求，或者减小运行中的能量波动，进而优化电机和驱动器的选型，减小设备运行中的振动和噪声。

2. 调试和运行阶段

在调试和运行阶段，西门子机电一体化咨询服务的工作内容类似，有共通之处，所以放在一起介绍。

调试和运行阶段的共同点是机械设备都已经被制造出来，区别是，调试阶段，机械设备通常在设备制造商处；而在运行阶段，机械设备通常在设备使用者，也就是最终用户处。

在调试和运行阶段，西门子机电一体化咨询服务的工作内容包括控制系统优化、振动的诊断和对机械结构的分析。下面逐一介绍每部分工作内容对应的性能挑战，以及西门子机电一体化咨询服务可以带来的价值。

（1）**控制系统优化**　在机械设备制造出来之后，在调试阶段，可能会发现设备达不到设计的节拍；或者在最终用户处使用的时候，用户希望单机设备的节拍再提高一些。这两种情况都给工程师带来了挑战。这时设备的机械部分已经固定了，如果不想更改机械部分，只能对控制系统进行优化。举例来说，一种常见的情况是，由于条件限制，机械设备制造商没有在设计阶段对机械设备进行系统的仿真，在调试阶段遇到了性能的瓶颈，由此引入西门子机电一体化咨询服务，希望进行控制系统的优化。

传统的试错方法需要反复尝试不同的控制系统参数，然后观察机械设备在时域实际运行的效果，时间会比较长。机电一体化的优化方法，可以根据频域的波特图，结合测量得到的机械系统响应，速度更快，优化效果更好。

（2）**振动的诊断**　在调试和运行阶段，当机械设备有较大的振动或噪声时，如何分析振动的信号、找到振动和噪声产生的根源，从而减小振动对设备运行带来的影响，是一个难题。噪声产生的根源也是振动，所以将振动和噪声归为一类问题。简单地将振动的发生归咎于机械刚性差，无限制地提高机械刚性，并不能解决振动问题，反而会增加设备制造的成本；将振动的发生归咎于控制系统调试和电气工程师，同样也是片面的。

只有采用机电一体化的视角，将机械、电气、控制部分作为一个整体，统筹考虑，才能正确分析振动的信号，真正找到振动产生的根源，降低处理振动带来的成本，更有效地减小振动及其带来的影响。

（3）**机械结构的分析** 机械结构的分析事实上是振动诊断的一部分。当机械结构中有传动部件，或者多个轴的机械结构连接在一起，或者涉及材料的张力波动可能来源于机械结构时，如何分析机械结构，如何将振动信号和机械结构互相对应，是一个很大的挑战。

采用机电一体化的工程方法，可以从测量和建模两个方面入手，互相印证，分析出机械结构的振动形式和特征，并将机械结构与振动信号中的频率成分互相对应，为从根源上解决振动问题提供依据。

3. 服务阶段

在维护阶段，需要对机械设备的状态进行监控，更进一步的，要做预测性维护。在状态监控和预测性维护中，传统的工作方法是对机械设备的状态信号进行记录，在时域上做分析。在时域上做分析的优点是直观，可以明显地看到信号的幅值变化；缺点是找规律比较难，当多种频率的信号叠加在一起时，在时域观察规律就比较困难，可以转换到频域工作。

有两种在频域工作的方法：频谱分析和频率响应分析。它们都是典型的机电一体化技术。通过频谱分析，可以记录机械设备某个信号的频谱特征，类似指纹，然后通过频谱特征的变化情况，就可以对状态发出报警，或者预测故障的发生。通过频率响应分析，可以记录机械设备的不同控制回路的频率响应，绘制出伯德图，找出其中的特征点，当其特征点频率或幅值发生变化时，同样代表着状态的变化或者故障将要发生。

综上所述，机电一体化在机械设备的整个生命周期中发挥着重要作用。从工程和调试阶段，到运行和维护阶段，机电一体化通过应用不同的技术，可以解决不同阶段面临的挑战，帮助机械设备提高性能。

2.3.2 西门子机电一体化咨询服务的工作方法

工作方法比特定工具更为重要。作为一种咨询服务，西门子的机电一体化咨询不依赖于某种工具，包括硬件工具和软件工具。笔者不希望读者只记住了西门子使用了哪些工具，而是希望通过对工作方法的介绍，给读者以思路上的启发。

接下来，我们首先通过机械振动问题，来初步了解机电一体化的系统方法；然后通过与其他概念的对比，澄清西门子机电一体化咨询的概念，进一步阐述其工作方法；最后，阐述数字化和西门子机电一体化咨询服务之间的关系。

1. 机电一体化是解决机械振动问题的正确方法

当机械设备提速时，很容易遇到振动问题。振动可能表现为整个机械设备发出的噪声和异响、轴的定位精度变差、轴的位置或速度波动、机械结构的晃动。就好像将一辆小汽车开到极限速度时，车辆会发出很大的噪声；车的轨迹可能忽左忽右，走不直；还可能车身结构都在晃动，好像整个车要散架一样。

振动限制了提速。就像汽车一旦开到一定速度，就不敢再加速，机械设备也会因为振动而无法进一步提速。在调试现场，我们经常听到这样的说法："振得太厉害了，不能再开了"，"噪声太大了，不能再提速了"，"整个机架都在晃，太快了"。

当遇到振动问题，常有人将其归咎于机械设计："机械振得厉害，机械设计要想办法。"然而，这种方法并非最佳选择，解决机械振动问题不能仅限于机械设计，还需要采用机电一体化的系统方法。

第一，振动的机械设备部件只是整个系统的一部分。

图 2-4 展示了典型的滚珠丝杠传动机械设备结构。机械设备的机架上安装着多个部件，电机通过联轴器驱动滚珠丝杠，滚珠丝杠连接着工作台，工作台上还有一些附加的机械结构。该结构中有两个反馈元件，一是电机上安装的编码器，二是检测工作台位置的光栅尺。当振动发生时，原因可能是电机编码器反馈的电机速度有波动，可能是光栅尺反馈的工作台位置有波动，也可能是右上角的机械结构在晃动。

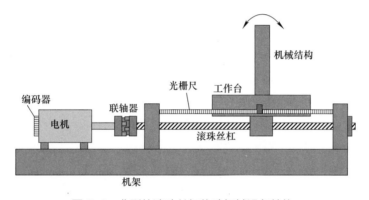

图 2-4　典型的滚珠丝杠传动机械设备结构

这些正在振动的部件，包括电机、工作台、机械结构等，往往被列为改进的对象。经常采取的措施可能有更换电机，采用刚性更强的联轴器和滚珠丝杠，加固机架和工作台，加固机械结构。

但正在振动的部件并不是全部，而只是整个系统的一部分。图 2-5 展示了补全后的机械设备结构，除了图 2-4 中的部件，在电机的后面，还连接有伺服驱动器、运动控制器。运动控制器和伺服驱动器在整个系统中也发挥着重要作用，它们虽然没有和机械设备的结构机械连接，但是却通过信号的传递，实实在在地影响着整个机械设备，也就是整个系统。运动控制器如果产生一条平滑的运动曲线作为指令传输给伺服驱动器，进而传递到后续的电机和机械，那么振动就不容易发生；反之，如果运动控制器发出的指令是一条带有尖锐棱角的曲线，那么通过伺服驱动器和电机的传递，反映到最终的机械部件上，就很容易引发振动。

第二，用系统的视角来看待机械设备，更有利于解决振动问题。

既然振动的机械设备部件只是整个系统的一部分，那么解决振动问题就不能只从某一个独立的部分下手，而是要用系统的视角，把机械设备看作一个整体。

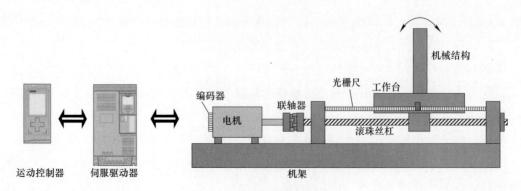

图 2-5　补全后的机械设备结构

图 2-5 展示的机械设备结构可以抽象概括成三个部分：控制部分、电气部分、机械部分。控制部分对应运动控制器，电气部分对应伺服驱动器和电机，机械部分对应联轴器、滚珠丝杠、工作台、机械结构、机架等。在采用其他传动方式的机械结构中，机械部分也可能包含减速器、同步带、齿轮齿条等。

我们可以进一步把机械设备的整体结构概括成图 2-6 展示的系统，控制、电气、机械三部分连接在一起，互相影响。控制信号首先由控制部分产生，然后传递给电气部分，经过电气部分内部控制回路以及能量转换之后，输出转矩到机械部分。除了从左向右传递之外，右侧的部分也影响着左侧的部分。控制部分需要接收电气部分反馈的信号，调整输出的命令；电气部分输出的转矩实际值也受机械部分的影响；机械部分的位置实际值，也可以直接反馈到控制部分，使控制部分做出调整。

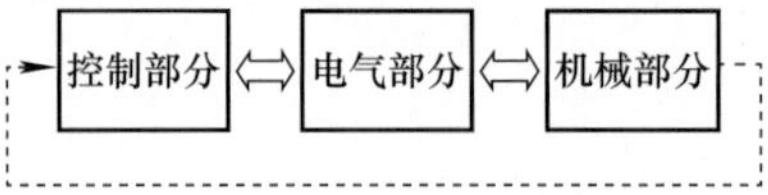

图 2-6　以系统的视角看机械设备

总结来说，机械设备中的三部分是密不可分的一个系统，环环相扣，互相影响。从系统视角来看，振动可能源于控制部分、电气部分、机械部分或它们之间的连接部分。任一部分都可能成为整个系统的短板，导致提速时产生振动。也就是说，用系统的视角，更利于发现振动产生的原因，更利于找出系统的短板和薄弱环节，也就更利于解决振动问题。

反之，如果不采用系统的视角，而是孤立地看机械设备，采用如图 2-7 所示的视角，不重视控制、电气、机械三部分之间的联系和互相影响，当振动发生时，单独地修改其中一部分，就像头痛医头、脚痛医脚，很难取得最佳的效果。可能机械部分修改得很好，刚性非

图 2-7　以孤立的视角看机械设备

常强，但是控制部分很弱，真正的短板没有被补强，整个系统性能很难得到提升。也可能每个部分都修改得很好，但是忽视了中间的连接部分，例如电机和机械之间的联轴器连接，同样会导致振动的发生。

第三，用系统的视角来看机械设备，有利于跨越部门间的沟通障碍。

如果我们进一步看机械设备中的三个系统组成部分，会发现它们可以对应到机械设备

制造厂商的两个部门。如图 2-8 所示，在机械设备制造厂商中，通常电气部门负责控制部分和电气部门，机械部门负责机械部分，而恰恰这两个部门是有沟通障碍的。电气部门和机械部门就像一个来自火星、一个来自金星一样，说着不同的专业术语，机械部门很难理解控制和电气的专业术语，电气部门也听不懂机械的词汇。

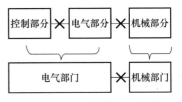

因为互相不理解，当振动问题发生时，很容易猜测是对方造成的。机械部门会说："速度提不上去，可能电气的程序还要优化"，电气部门会说："机械在晃，可能机械设计得改"。在这种情况下，沟通障碍阻碍了机械设备整体的提升，不利于解决振动问题。

图 2-8　部门间的沟通障碍

　　以上其实是孤立的视角带来的危害，采用系统的视角来看机械设备，部门之间的沟通障碍就更容易跨越了。从系统的视角来看，机械设备制造厂商的最终追求不是机械性能，也不是电气性能，而是机械设备整体的性能。机械和电气是一个整体，两者之间紧密相连，互相影响，密不可分。当出现振动问题时，不是你的问题，也不是我的问题，是大家的问题，只能大家一起解决。机械和电气部门需要共同协作，综合分析系统的短板在哪里，试着去理解对方的设计理念和困难，交流改进的想法，共同测试改进的方案。这样一来，系统的视角带来的是观念上、心态上的转变，从而有利于跨越部门间沟通的障碍，促进机械设备整体性能的提升。

2. 西门子机电一体化咨询服务的概念和工作方法

　　上文提到了机电一体化的系统方法，以及西门子工厂自动化部门会面向机械设备制造商提供机电一体化的咨询服务，那么什么是"西门子机电一体化咨询服务"？

　　对于西门子提供的机电一体化咨询服务来说，其概念相对广义的"机电一体化"，范围更小，更聚焦。为了弄清楚它是什么，我们先看看它不是什么，通过概念之间的对比，来说明西门子机电一体化咨询服务的概念。

　　（1）**西门子机电一体化咨询服务不是功能的集成**　图 2-9 展示了机械、控制和电气的集成概念，即当一个机械设备通过集成机械、控制和电气部分的方式，实现了某种特定的功能和动作，这种通过集成方式对功能的实现，不同于西门子机电一体化咨询服务。

　　机械、控制和电气的集成侧重于做加法，即把各部分功能集成到一起，最终实现整体机械设备的功能，如图 2-9 所示。

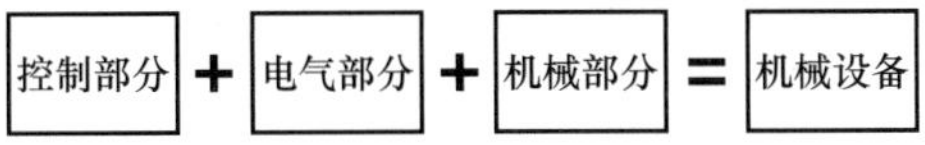

$$控制部分 + 电气部分 + 机械部分 = 机械设备$$

图 2-9　机械、控制和电气的集成概念

　　而西门子机电一体化咨询服务侧重于整体及各部分之间的联系，最终实现机械设备性能的提升，如图 2-10 所示。

031

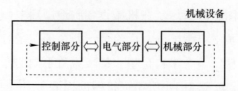

图 2-10　西门子机电一体化咨询服务侧重于性能提升

这里提到了机械设备性能的提升，那么性能提升包括哪些内容呢？

图 2-11 展示了机械设备性能提升包含的内容。让机械设备运转更快、更精确、更稳定，让机械设备的振动更小、运行时更安静，以及优化设计和避免设计失误，都是性能提升的内容。

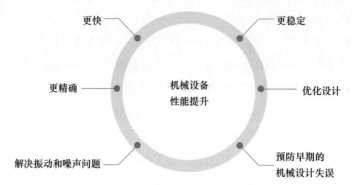

图 2-11　机械设备性能提升包含的内容

性能是相对于功能来说的。性能和功能是机械设备的两个方面，机械设备在实现功能之后，就需要追求更高的性能。通俗来说，让设备跑起来，只是实现了功能；而让设备跑得更快，就是对性能的追求了。

在本节开头提到了解决机械振动问题，不应止于机械设计，更要机电一体化。为什么提振动问题，而不提性能问题呢？

第一，"振动"比"性能"更容易理解。因为"性能"一词需要解释和澄清，并不容易理解和接受，而振动大家都经历过，在生活中有过切身感受。洗衣机的振动、汽车的振动、自行车的颠簸，甚至地震时地面的振动，都是生活中可以亲身感受到的，当谈到设备的振动时，读者也非常容易理解。

第二，振动对性能的影响非常大。振动大，性能一定差。机械设备和本节开头小汽车的例子一样，当振动很大时，其精度、速度、稳定性都不能提升。

第三，噪声来源于振动。声源振动，然后带动周围的介质振动，由近及远，这就是声音的传播过程。解决了振动问题，也就解决了噪声问题。

综上所述，西门子机电一体化咨询服务不是做功能上的集成，而是做性能上的提升，而振动是性能提升的重要方面。

（2）**西门子机电一体化咨询服务不是用 NX MCD 做虚拟调试**　在虚拟调试过程中，常用的软件为 NX（西门子设计软件）中的 MCD 模块，其英文全称为 Mechatronics Concept Designer，中文全称为机电一体化概念设计。通过该模块，可以实现设备机械部分和电气程序的联合虚拟调试。通过虚拟调试，可以提前发现机械设计中的干涉，优化程序逻辑，降低实物机器更改的风险和成本，缩短产品上市时间。

NX MCD 模块的中文名称中包含了"机电一体化"，该模块也连接了机械和电气两大领域，但使用其做虚拟调试，仍然不同于西门子机电一体化咨询服务的概念。

使用 NX MCD 进行虚拟调试的具体方案将在 2.6 节中进行介绍，在本小节中为了将其和西门子机电一体化咨询服务做区分，只对其概念做简要介绍。

在使用 NX MCD 进行虚拟调试的过程中，工程师需要使用数字化模型对机械设备的各部分进行仿真。图 2-12 展示了一种可能的实现方式，其中控制部分对应 PLCSIM Advanced，电气部分对应 SIMIT，机械部分对应 NX MCD，三者组合成为一个完整的机械设备数字化模型。使用 NX MCD 进行的虚拟调试，可以验证机械设备的步序、运动路径、传感器位置、干涉、碰撞，这些工作不涉及机械设备的性能，而侧重于动作、逻辑和功能，所以不属于西门子机电一体化咨询服务的概念范畴。

图 2-12　用 NX MCD 做虚拟调试概念示意图

需要指出的是，使用 NX MCD 进行的虚拟调试，除了验证机械设备的动作、逻辑和功能，还可以进行机械设备的运动学和动力学仿真。运动学和动力学对机械设备的性能影响很大，是西门子机电一体化咨询服务的一部分。

总的来说，使用 NX MCD 做虚拟调试，不等同于西门子机电一体化咨询服务。使用 NX MCD 做虚拟调试，更多地侧重于机械设备的功能实现，可以验证动作、逻辑和功能。而西门子机电一体化咨询服务侧重于性能，当需要运动学和动力学仿真时，可以使用 NX MCD，也可以使用其他软件。两个概念有交叉，但不能画等号。

（3）**西门子机电一体化咨询服务的概念和工作方法**　经过前文的讨论，西门子机电一体化咨询服务的概念越来越清晰了。

总的来说，西门子机电一体化咨询服务，是一种将机械、电气及控制部分作为一个整体，使用系统的视角和方法提升机械设备性能的咨询服务。

西门子机电一体化咨询服务的工作方法，可以由三个"不重，而重"来概括：不重局部，而重系统；不重功能，而重性能；不重具体工具，而重方法和技术。

1）它不重局部，而重系统。当遇到振动问题时，西门子机电一体化咨询服务的思路不局限于机械设备的某一部分，而是从系统的角度，逐步排查控制部分、电气部分、机械部分以及三部分之间的连接，考虑各部分之间的互相影响，从而进一步确定机械系统的短板，并加以改进。

2）它不重功能，而重性能。让机械设备运行起来，实现一定的动作顺序，并且各部件之间没有干涉，可以生产出产品，只是实现了功能。西门子机电一体化咨询服务的目标是在实现功能的基础上，提高设备的性能，提高速度、精度、稳定性，减小振动和噪声，优化机械设备整体的设计。

3）它不重具体工具，而重方法和技术。工具是在方法和技术指导下创造和使用的。先有方法，后有技术，最后有工具。西门子的机电一体化咨询是一种系统的方法，目标是提升机械设备的性能；在这个方法指导下，会使用不同的技术，例如仿真技术、测量技术、分析技术；同一种技术在实施时，会根据具体使用场景选择不同的工具。以仿真技术为例，当仿真机械设备中驱动器的速度环频率响应时，可以采用 MATLAB，也可以采用 Simcenter Amesim。以测量技术为例，针对运行中的机械结构的振动测量，可以采用加速度传感器；而针对运行中材料张力的波动测量，可以采用张力传感器。西门子机电一体化咨询服务不局限于某种工具，而是要在正确方法的指导下，为了更好地实施仿真技术、测量技术、分析技术，创造并选择合适的工具来使用。

接下来的章节，会对西门子机电一体化咨询服务典型的行业应用，做进一步的阐述。

3. 数字化解决方案和西门子机电一体化咨询服务有什么关系？

为什么一本关于数字化解决方案的书中要写西门子机电一体化咨询服务的内容？这两者之间存在着什么样的联系？

第一，建立机械设备的数字化模型是西门子机电一体化咨询服务的一部分。西门子机电一体化咨询服务建立模型的目标是提升性能，通过对机械设备的控制、电气以及机械部分建立模型，可以进一步分析得到系统性能的短板，在设计阶段可以补齐短板，在调试阶段可以通过控制技术弥补。不论是在设计阶段，还是调试、运行阶段，当机械设备出现振动问题时，都可以通过建立数字化模型，来做机电一体化的改进。

第二，与实物机械相比，西门子机电一体化咨询服务更偏好针对数字化模型上进行工作，这是因为在数字化模型上做性能改进，迭代更快，成本更低。这一点对应了西门子机电一体化咨询服务在设计阶段的工作内容，将在下一节进一步阐述。

第三，机械设备的数字化解决方案中包含了机电一体化技术的应用，这部分和西门子机电一体化咨询服务的工作内容是相同的。机械设备的数字化解决方案可以按照机械设备的生命周期划分，在设计、运行和维护阶段的数字化解决方案中，均采用了机电一体化技术。例如在设计阶段的机械设计优化、控制系统的仿真设计，就是以性能提升为目标，应用机电一体化技术。又如在维护阶段的状态监控和预测性维护中，也应用了机电一体化技术，对机械设备运行的状态信号做频域的分析。这些应用机电一体化技术的工作内容，可以由机械设备制造商独立完成，也可以由西门子机电一体化咨询服务协助完成。

综上所述，数字化解决方案和西门子机电一体化咨询服务有着非常紧密的联系。数字化模型的建立，是西门子机电一体化咨询服务的一部分；西门子机电一体化咨询服务也更偏好在数字化模型上进行工作；机械设备的数字化解决方案包含了机电一体化技术的应用，对应西门子机电一体化咨询服务的工作内容。数字化解决方案和西门子机电一体化咨询服务是密不可分的。

2.3.3　西门子机电一体化咨询服务的典型行业应用

表 2-1 展示了典型的西门子机电一体化咨询服务行业应用。这些行业应用对机械设备的性能要求较高。接下来将会阐述西门子机电一体化咨询服务如何在这些行业或机型上发挥作用。

表 2-1　典型的西门子机电一体化咨询服务行业应用

行业	金属	电池/太阳能	印刷/纸尿裤	纺织/玻璃	物流	电子
应用	● 金属切削机床 ● 激光加工机床 ● 伺服压力机 ● 压力机机械手 ● 钢板飞剪	● 卷绕机 ● 叠片机 ● 真空镀膜机	● 柔印机 ● 凹印机 ● 纸尿裤生产线	● 无纺布针刺机 ● 交叉铺网机 ● 经编机 ● 玻璃纤维拉丝机	● Delta 机械手 ● 超高堆垛机	● 飞针测试机

1. 金属切削机床和激光加工机床

机床行业是西门子公司最早开始应用机电一体化的领域。机床在进行金属切削和激光加工时，对加工速度、精度、质量都有着严格的要求，所以振动是需要极力避免的。当振动发生时，加工路径的精度难以保证，工件的表面质量会出现问题，机床的进给速度也难以提高。常见的问题有工件表面的振纹、机床运行时的床身振动、噪声和异响、加工精度不达标等。

针对机床的振动和性能问题，首选的措施仍然是在设计阶段介入，建立控制、电气、机械部分的模型，在仿真环境下找出问题，并进行优化改进。但这也是最难的部分，因为机械部分的模型建立较为复杂，机床的传动部分和机械结构建模需要丰富的专业知识和经验。

在机床调试过程中，也可以对机床性能进行优化。这时机械结构已经确定，可以对控制部分进行优化，包括各个回路的参数设置、频率响应测量、圆度测试、激光的随动测试等一系列的优化流程，以及选择是否使用振动抑制、增强的位置控制、位置滤波等控制功能。

2. 伺服压力机、压力机机械手、钢板飞剪

这三种设备都是用在汽车厂冲压车间的。钢板飞剪把成卷的钢材切割成一片片的指定长度的钢板，然后压力机机械手吸持片状的钢板送入伺服压力机中冲压，最终得到汽车的车身零部件，例如车门的外形就是这样冲压出来的。

这三种设备都需要复杂的电机选型、复杂的凸轮曲线计算及能量管理。它们都需要运行凸轮曲线，都需要快速地加减速，会产生能量尖峰，所以电机选型、凸轮曲线计算和能量管理三者需要进行综合考虑。电机选型、凸轮曲线、能量管理三者中任意一个出现变化，另外两个都会受到影响。这时需要采用机电一体化的方法，把各方面因素都纳入计算工具中，得出最优的方案。

压力机机械手和钢板飞剪对振动的处理要求较高。机械手振动会造成掉料、干涉、阻碍提速的问题。钢板飞剪的振动也会造成剪切精度差、阻碍提速的问题。采用机电一体化的方法，可以在设计阶段提出预防的建议，也可以在调试过程中进行测量和优化，减小振动，提高精度。

3. 电池行业卷绕机、叠片机和太阳能行业真空镀膜机

电池行业的卷绕机、叠片机，太阳能行业的真空镀膜机都是有收放卷工艺，且对材料张力有要求的机械设备，它们的共同点就是对材料的张力稳定性、设备的运行速度有着较高要求，也就是要在满足运行速度要求的同时，保证材料的张力波动在一定范围内。针对这一类机械设备，西门子机电一体化咨询服务同样可以在设计阶段、调试阶段、运行阶段发挥作用。

在上述设备的设计阶段，关于收放卷设备模型的建立与其他设备有所不同，增加了材料环节。除了要对机械设备的控制、电气、机械部分进行仿真以外，对于材料也要进行仿真，而且要把这几部分联合起来。这些内容在后续工艺性能仿真的解决方案章节中会有更详细的阐述。

在调试和运行阶段，西门子机电一体化咨询服务的主要工作内容是优化、测量和诊断，包括优化各个控制环节参数，测量当前张力波动和机械振动，诊断振动发生的原因。

对于叠片机来说，在收放卷的同时，一部分轴还在互相配合，运行凸轮曲线，西门子机电一体化咨询服务还可以对凸轮曲线进行优化，从而让张力更加稳定。

在卷绕机和叠片机上都有直线电机的应用，直线电机的选型、优化是一个难点，这也是西门子机电一体化咨询服务的工作内容。

4. 印刷机和纸尿裤生产线

印刷机和纸尿裤的生产都是连续的收放卷过程，它们都需要稳定的张力，而且其中使用的伺服电机数量都比较多。前文对轴的优化、张力波动的分析诊断，同样适用于这两种设备。

印刷机和纸尿裤生产线也有各自独特的要求。

印刷机需要在高速运行的同时保证套色精度。为了消除印刷过程中的周期性误差，提高套色精度，可以采用自学习的方式，学习误差信号的频域特征，进行自动补偿。

纸尿裤生产线中的 S 橡筋环节要求很高。这个环节需要两个摆杆高速往复运行凸轮曲线，用来将 S 橡筋铺设在纸尿裤材料上，并且要求高速和高精度。在该环节中，西门子机电一体化咨询服务的工作内容包括对摆杆机械结构进行分析仿真，以及对轴及凸轮曲线进行优化。

5. 纺织和玻璃机械

无纺布针刺机、交叉铺网机、经编机、玻璃纤维拉丝机这几种机型，面临的共同挑战在于高速运行时的振动，所以对振动的分析、诊断和处理就显得特别重要。

无纺布针刺机要做高速往复运动，振动会影响精度和产品质量，西门子机电一体化咨询服务可以帮助选择隔振垫、理解和减小负载旋转过程中的不平衡，以及优化控制回路。

交叉铺网机和经编机都会运行凸轮曲线，在减小振动的过程中，除了对振动的测量和分析，对凸轮曲线的优化也是非常重要的。

玻璃纤维拉丝机是悬臂结构，负载不平衡会导致振动，进一步引发电机故障。西门子机电一体化咨询服务可以帮助优化控制回路、选择合适的联轴器。

6. 物流

Delta 机械手和超高堆垛机都可以用于物品搬运。Delta 机械手相比其他机械手运行速度更快，所以振动问题更加明显，会导致运行轨迹精度变差，以及加剧机械损坏。超高堆垛机相比普通堆垛机高度更高，所以振动也更加明显，堆垛机顶端的晃动会延长定位时间，也会加剧机械磨损。

西门子机电一体化咨询服务解决这两种设备的振动问题，可以优化运行轨迹以使其更加平滑，还可以使用控制器功能，如振动抑制和转矩预控。此外，可以通过振动测量确定振动的来源，并采取有针对性的解决措施。

7. 飞针测试机

飞针测试机是用来测试电路板的，运行特点是步距小、速度高。频繁的加减速和起停会造成机械的振动，从而影响定位精度，甚至损坏电路板上的元器件。

西门子机电一体化咨询服务可以做的工作包括：对整机进行建模仿真，找到系统的短板，改进控制系统或机械设计；对振动进行测量，分析振动信号，与建立的数字化模型对比印证，找到振动产生的原因。

综上所述，在对机械设备性能要求较高的行业，西门子机电一体化咨询服务有着广泛的应用，可以帮助机械设备提高性能、减小振动。当读者遇到类似的应用和问题时，建议引入西门子机电一体化咨询服务。

2.4　电气设计中的数字化应用

上一节提到了在机械设计过程中可以引入西门子机电一体化咨询服务来提高机械设备的性能、减小振动。而在机械设备的设计阶段，电气设计和机械设计通常会同时进行，两者也同等重要。本节将重点介绍在电气设计中的数字化应用。

针对电气设计，数字化可以帮助打通电气设计的各个环节，从而提升效率；数字化的选型软件，也可以帮助电气设计提升效率，减少错误发生；数字化的选型软件中对安全评估的集成，可以帮助机械设备制造商更高效地进行机械故障安全设计；数字化的工具还可以帮助验证控制柜内的温升，使机械设备的运行更加稳定可靠。

2.4.1 提升效率：使用 AML 文件打通电气设计的三个环节

电气设计包含三个重要环节：电气元件选型、电气原理图的绘制和控制器的组态。这三个环节是相互关联的，但如果不能互相连通，就会导致同样的项目规划信息需要在不同的环节中重复输入，极大地浪费时间和精力。

为了提高效率和减少重复工作，我们需要解决的问题是如何打通这三个环节。解决方案是采用 AML 文件来存储和交换项目规划数据，帮助三个环节之间交换数据，消除重复工作，从而提高工作效率。

本小节中，我们将首先介绍电气设计中三个环节的任务内容，然后分析三个环节中哪些工作是重复的，接下来介绍 AML 文件，最后介绍如何使用 AML 文件来打通三个环节。

1. 电气设计三个环节的工作内容是什么？

如图 2-13 所示，在电气设计中，电气元件的选型、电气原理图的绘制以及控制器的组态是三个重要的环节。

图 2-13 电气设计的三个环节

首先，电气元件的选型是电气设计的基础。在这个阶段，需要根据系统需求和性能指标，选择合适的电气元件，包括电机、传感器、开关等。一般来说，我们需要考虑电气元件的额定参数、尺寸、品牌、价格等方面的因素，以便选择最适合项目需求的电气元件。在这个任务中，常用的工具有 TIA Selection Tool 等选型软件。

其次，电气原理图的绘制是电气设计重要的中间环节。在这个阶段，需要根据电气元件的选型结果，结合系统需求和性能指标，绘制出电气原理图。电气原理图是一种图形化的表示方式，用于描述电气元件之间的连接方式和信号传输关系。在这个任务中，常用的工具有 EPLAN 等电气绘图软件。

最后，控制器的组态是电气设计的重要环节之一。在这个阶段，需要将电气原理图中各个控制元件的连接方式在控制器工程软件中表示出来，例如，在 TIA Portal 中配置控制器的硬件组态、网络拓扑结构，以及设置相关的连接参数。在这个任务中，常用的工具有 TIA

Portal 等控制器工程软件。

　　这三个环节相互关联，缺一不可。电气元件的选型决定了电气原理图的内容，电气原理图又为控制器的组态提供了基础。

2．三个环节中，哪些工作是重复的？

　　如图 2-14 所示，这三个环节中，项目规划信息的输入是重复的工作。对于同一个项目，上述三个环节需要使用相同的项目规划信息，如设备配置、网络规划和输入输出变量等。如果这三个环节无法打通，就会导致同样的项目规划信息需要输入三次，效率非常低。

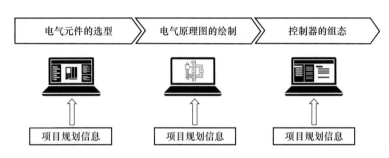

图 2-14　项目规划信息在三个环节都要输入

　　例如，在进行电气元件选型时需要配置网络拓扑，以确保正确选择通信电缆。而这些网络拓扑信息也需要在电气原理图或接线图中进行绘制，以实现现场布线。此外，这些网络拓扑信息还需要在控制器工程软件中进行组态，并下载到控制器中。

　　重复输入项目规划信息，不仅会浪费时间和资源，还可能会导致错误和不一致性。

3．什么是 AML 文件？

　　AML 文件是一种数据文件，它基于 XML 文件格式，通常用来存储和交换项目规划数据。它的全称是"自动化标记语言"（Automation Markup Language），是为了避免在各个独立的工具中重复建立同样的项目规划信息而开发出来的一种标准。在电气设计中，使用 AML 文件来交换数据是很常见的，因为电气设计过程中需要使用多个软件和工具，这些工具需要相互协作，共享项目规划信息，才能完成整个设计任务。

　　如图 2-15 所示，AML 文件可以包含各种类型的数据，比如设备配置、网络规划、输入输出变量等，它可以将这些数据打包成一个文件，方便进行传输和共享。AML 文件具有良好的可读性和扩展性，可以方便地进行解析和修改。

图 2-15　AML 文件可以包含的数据类型

4．如何使用 AML 文件来打通三个环节？

　　通过 AML 文件，可以轻松打通三个环节，具体来说有三种操作方式。

（1）**三个环节顺序传递数据，即从电气元件选型到电气原理图绘制，再到控制器组态**　如图2-16所示，项目规划完成后，TIA Selection Tool 中的规划数据可以自动导入 ECAD 软件中，快速创建电气原理图。同时，规划的设备和网络数据也可以从 TIA Selection Tool 或 ECAD 中导入 TIA Portal 软件中，自动创建设备和网络互联。

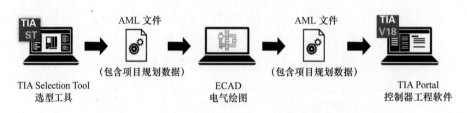

TIA Selection Tool　　AML 文件　　　　　　　ECAD　　　　　AML 文件　　　TIA Portal
选型工具　　　　（包含项目规划数据）　　电气绘图　　（包含项目规划数据）　控制器工程软件

图 2-16　三个软件之间通过 AML 文件传递项目规划信息

其中，TIA Selection Tool 可用于自动化相关的硬件配置。它还可通过西门子的产品数据下载管理器（CAx Download Manager）直接下载西门子元件相关的产品数据，例如 EPLAN 宏、尺寸图、三维模型、手册和证书。生成的配置数据可导出到 AML 文件中，然后导入 ECAD 软件，用于快速创建电路原理图。在通过 AML 文件创建电路原理图的过程中，如果 ECAD 元件库中没有所需的元件，也可以通过西门子的产品数据下载管理器下载西门子元件的 EPLAN 宏，或从其他供应商提供的宏文件中导入。

一旦电气原理图创建完成，ECAD 中的设备配置和网络拓扑数据可导出到 AML 文件中，然后导入 TIA Portal，自动创建设备的配置和网络拓扑。

这种传输方式是最理想的，符合电气元件选型→电气原理图绘制→控制器组态这个自然的电气设计流程。

（2）**数据从控制器组态传输到电气原理图**　如图 2-17 所示，如果电气绘图已经结束，在项目执行过程中，规划数据需要在 TIA Portal 中进行修改，修改结束后，规划数据可以从 TIA Portal 导回 ECAD 软件，保证电气原理图是最新的。

这种传输方式适用于在项目现场的更改。在新机型的开发过程中，难免要对项目的规划数据做出一些修改，改完之后，使用这一传输方式可以保证在 TIA Portal 和 ECAD 软件中的数据是一致的，进而保证项目结束时文档交付的一致性。

（3）**数据从选型工具直接传输到控制器组态，越过电气原理图环节**　如图 2-18 所示，如果目前不需要绘制电气原理图，可越过中间的 ECAD 软件，将选型工具 TIA Selection Tool 生成的配置数据直接导入控制器工程软件 TIA Portal 中。

这种传输方式越过了电气原理图的环节，不会把数据传输给 ECAD 软件，适用于暂时不需要电气原理图的场合。

以上是通过 AML 文件来传递项目规划数据，打通三个环节的各种操作方式，我们可以把它们汇总到一张图中，如图 2-19 所示。

图 2-17　规划数据从 TIA Portal 导入 ECAD 软件　图 2-18　规划数据从选型工具直接导入控制器工程软件

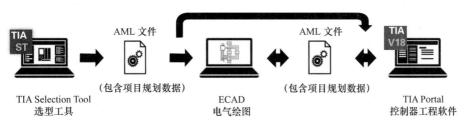

图 2-19　通过 AML 文件来传递项目规划数据的操作方式汇总

综上所述，通过 AML 文件，可以打通电气设计中的电气元件选型、电气原理图绘制和控制器组态三个环节，实现三个环节之间的数据无缝衔接和交换、消除重复工作、提高效率，并保证项目规划信息的一致性和准确性。建议企业管理者和技术人员在电气设计中推广应用 AML 文件作为工具。

2.4.2　选型软件的应用

在本节中，我们将详细介绍选型软件的应用，探讨其在工程选型中的重要性和优势。通过本节的阐述，我们希望读者能够充分了解选型软件的实际应用和价值，以便在工程设计过程中做出更准确、高效的选型决策。下面将深入研究以下几个关键话题：

1. 为什么推荐使用选型软件，而不是使用样本进行选型？

很多工程师习惯于用样本进行选型，这些样本可能是纸质的，也可能是电子版。然而，笔者强烈建议使用选型软件，因为使用样本存在两个明显的缺点：

首先，样本选型是一个手动的过程。在样本选型过程中，需要不断地翻阅、手动记录、汇总整理，这会耗费大量时间。而且，如果中间漏掉了一个型号或记录错误，很难发现和纠正。

其次，样本存在更新不及时的问题。如果产品参数有了更新变化，样本就不能及时反映最新的产品信息。以西门子产品为例，PLC 的型号可能会经常更新，而样本无法及时修改。

相比之下，选型工具软件具有显著的优势：

首先，使用选型软件效率更高，而且结果可以进行校验。选型软件可以快速筛选出符合条件的型号，比翻阅样本要快得多。此外，选型软件内置了检查条件，可以校验选型结果，从而避免出错。

其次，选型软件可以在线更新。通常情况下，选型软件会自动检查更新，以确保不会错过产品的更新。选型软件另有网页版，服务器中的数据会及时更新，这样使用者每次打开网页，看到的都是最新的产品信息。

图 2-20 展示了 TIA Selection Tool（西门子选型工具）的更新界面，该软件每次启动时都会自动检查新版本，也可以手动单击"检查"按钮进行软件更新。

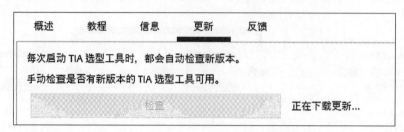

图 2-20　TIA Selection Tool 的更新界面

如图 2-21 所示，TIA Selection Tool 除了离线版本，还有云端版本，也就是在线的网页版本，可以在手机、平板电脑等移动设备上通过浏览器打开使用，云端版本中的产品信息始终是最新的。

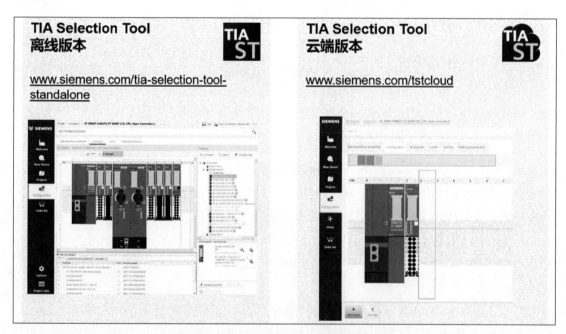

图 2-21　TIA Selection Tool 的两种版本

2. 选型软件"全集成"有什么好处？

"全集成"的选型软件将多种产品的选型集成到一处，而"独立的"选型软件只能选择相对独立的产品线。

如果将选择一个完整的解决方案比作从 A 点通勤到 B 点的过程，那么独立的选型软件使用起来就像要换乘地铁一样，不能直达，只能先用一款软件，然后换另外一款软件。全集成的选型软件就像直达的地铁，不需要换乘，完成所有选型工作只需一款软件。

下面以 TIA Selection Tool 为例，介绍全集成选型软件的三个优势：

第一，可以选择的产品类型多。TIA Selection Tool 作为一款全集成的选型软件，可以完成控制器、驱动器、网络、低压元件和软件的选型。图 2-22 展示了 TIA Selection Tool 可以选择的产品类型。

控制器		IO 系统		SIMATIC HMI 面板	
工业 PC、监视器和瘦客户端		驱动技术		工业控制	
软件		工业通信		连接系统	
SITOP 电源和 DC UPS		识别和定位		Energieverteilung	
物联网		状态监视系统		其它设备	

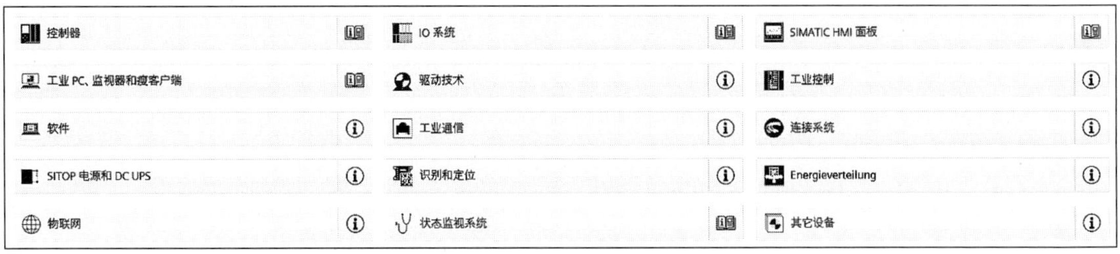

图 2-22 TIA Selection Tool 可以选择的产品类型

这些常见的产品类型具体介绍如下：

1）控制器、触摸屏及输入输出模块：包括西门子基本控制器 S7-1200、高级控制器 S7-1500、运动控制器 S7-1500T、分布式控制器 ET 200 系列等。

2）电机驱动器和电机：包括西门子 G120、S120、V90、S210 等系列的电机驱动器，以及 1PH8、1FK7、1FT7、1FL6、1FK2 等系列的电机。

3）网络通信：包括工业以太网交换机、工业 IoT 网关及设备、工业无线局域网系统、工业远程通信系统，以及通信电缆及插头等。

4）低压元件：包括熔断器、断路器、接触器、继电器、电机启动器等。

5）控制软件：以西门子品牌为例，常见的控制软件有 TIA Portal（编程组态软件）、WinCC（SCADA 软件）、PLCSIM（仿真软件）、SIMIT（仿真软件）等。

第二，便于汇总。在 TIA Selection Tool 中，控制器、触摸屏、输入输出模块、电机驱动器和电机的选型在一个软件中完成之后，自然地汇总到一起，不需要手动汇总多个软件的结果，避免出错并更加方便。

图 2-23 展示了 TIA Selection Tool 中的选型结果汇总界面。

第三，一处更改，全部更新。举例来说，如果更改了驱动器数量，可能会影响到 24V 电源的选型，因为驱动器需要 24V 电源供电。在全集成的选型工具中，驱动器数量更改后，24V 电源的选型界面会自动更新。图 2-24 所示为增加驱动器之前的 24V 电源选型界面，选型中原本包含一个 S7-1500 PLC、两个 S210 驱动器及一个 SITOP 系列电源。而图 2-25 所示为增加驱动器之后的 24V 电源选型界面，在增加了最右侧的 S210 驱动器之后，选型界面自动更新，并用叹号标记了未连接到 24V 供电网络中的新增驱动器。

044

图 2-23　TIA Selection Tool 中的选型结果汇总界面

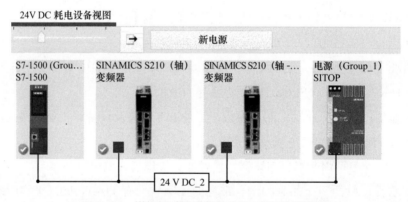

图 2-24　增加驱动器之前的 24V 电源选型界面

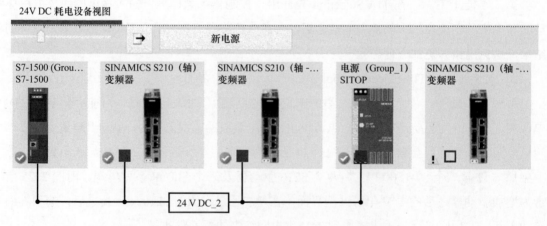

图 2-25　增加驱动器之后的 24V 电源选型界面

3. 选择运动控制器的关键因素与流程

在工作中，笔者经常遇到这样的问题："客户的机械设备有 15 个同步轴，应该选择哪一款运动控制器？"笔者通常会回答："这个要用选型软件算一算，把你的具体需求告诉我吧。"

为什么要用选型软件算一下才知道呢？因为要选择合适的运动控制器，有三个关键因素需要考虑。下面将简要介绍这些关键因素，并给出选择运动控制器的流程。

第一个关键因素是运动控制周期。运动控制周期的长度直接影响控制器可控制的轴数。每款运动控制器的运算能力是固定的，所以运动控制周期设置得越长，可控制的轴数越多。举例来说，假设初始设置的运动控制周期为 2ms，在这 2ms 内控制器可以处理 10 个轴的运算量；当把运动控制周期延长到 4ms 时，时间更宽裕了，控制器就可以处理更多轴的运算量，也就是可以控制更多的轴。因此，在选择控制器时，需要根据需求设定适当的运动控制周期。

第二个关键因素是逻辑程序和通信任务。控制器的 CPU 一次只能处理一项任务，例如运动控制任务、通信任务或主 OB（Organization Block，组织块）对应的逻辑程序。图 2-26 展示了一个西门子运动控制器的 CPU 利用率时间片图，横轴代表时间，纵向上的三行方块图形，分别代表着运动控制任务、通信任务或主 OB 对应的逻辑程序被执行的时间。可以看到在竖直方向上，任一特定时刻只有一项任务被执行。如果项目中的通信任务和逻辑程序较多，需要为它们预留更多的 CPU 计算时间，那么留给运动控制的时间就会减少，可控制的轴数也随之减少。

CPU 利用率

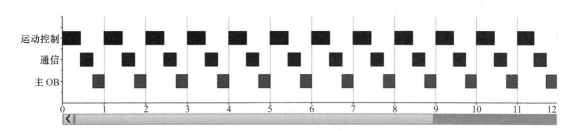

图 2-26　CPU 利用率时间片图

第三个关键因素是运动控制资源的数量。西门子运动控制器中有一个"运动控制资源"的概念，可以简单地理解成控制器的处理资源。对于每款运动控制器来说，运动控制资源总量是固定的。每个轴和凸轮都会占用一定的资源。假设运动控制资源总量是 24000，每个定位轴占用的运动控制资源数为 400，那么最多只能组态 60 个定位轴。因此，根据项目实际需求和运动控制资源的总量，可以估算出控制器能够支持的最大轴数。

了解了选择运动控制器的三个关键因素之后，下面我们以 TIA Selection Tool 为例，来说明选择的流程：

（1）**设置所需的循环时间，包括运动控制周期和 OB 循环时间等**　图 2-27 所示的循环时间相关参数代表了用户对运动控制器运行速度的要求，设置的控制周期和循环时间越短，对运动控制器的性能要求越高。

图中各个参数的含义简介如下：

1）运动控制周期：代表 CPU 中对运动控制处理的循环时间。该时间对应插补器和位置控制时钟，并且时间长短可以粗略对应性能要求，例如 1 ～ 3ms 对应高性能要求、4 ～ 8ms 对应中等性能要求、9 ～ 32ms 对应低性能要求。

2）由通信所致的循环负载：通信过程指将数据传送至另一个 CPU、PG 或 HMI 的过程。通信过程会占用 CPU 的处理能力。该参数定义了用于通信过程的总 CPU 处理能力的百分比。如果通信不需要此处理能力，则 CPU 的处理能力可用于运动控制或主 OB 程序。

3）不考虑运动控制、故障安全和通信的主 OB 循环时间：该参数是不考虑运动控制、故障安全和通信对主 OB 的打断和影响的，但在实际运行过程中，其他更高优先级的任务会打断主 OB，使主 OB 的循环时间变长。主 OB 循环时间计算的过程是，首先在此输入不考虑其他任务影响时主 OB 自身需要消耗的循环时间，然后在此基础上，叠加运动控制、故障安全和通信的影响，得到最终主 OB 循环时间的估计值。

4）最长主 OB 循环时间：该参数设置了主 OB 的最长循环时间限值，用于 CPU 操作系统监视主 OB 的运行时间是否超出此限值。

（2）**设置需要应用的运动控制工艺对象的数量**　如图 2-28 所示，工艺对象包括速度控制轴、定位轴、同步轴、凸轮等。工艺对象的数量越多，对运动控制器的性能要求就越高。

图 2-27　设置运动控制循环时间

图 2-28　设置工艺对象数量

（3）**从筛选出的控制器中做出选择**　如图 2-29 所示，工具将根据之前填写的条件，自动筛选出符合条件要求的控制器，并列出不同控制器的利用率。针对控制器的利用率，用户可以预留一部分余量，选择合适的控制器。

（4）**选择其中一个控制器之后，可以查看相应的 CPU 利用率报告，进一步确认**　CPU 利用率报告包括一个时间片图，对应图 2-26，用来展示每个周期内 CPU 如何在运动控制任务、通信任务，以及主 OB（组织块）之间进行切换；以及图 2-30 中的 CPU 利用率数据的报告，显示了由运动控制所致的利用率数据，包括 CPU 的运动控制资源利用数据、CPU 的扩展运动控制资源利用数据、运动控制周期，以及典型运动控制所占用的时间。

图 2-29　工具自动筛选出符合条件要求的控制器

图 2-30　CPU 利用率数据

综上所述，在选择运动控制器时，关键因素包括运动控制周期、逻辑程序和通信任务的需求，以及运动控制资源的限制。通过合理设置以上参数，以及充分利用选型软件的帮助，我们可以找到最适合项目需求的运动控制器。

4. 输入输出模块选型：如何利用选型软件避免漏选和错选？

输入输出系统的型号和附件繁多，如何有效地避免漏选和错选呢？答案是利用选型软件来替代传统的样本选型方法，实现输入输出模块的精确选型。

传统的样本选型容易导致漏选和错选，因为需要翻阅选型手册、手动记录选择的型号，以及手动进行统计和检查。这种手动操作可能导致记录、统计和检查环节出现失误，从而引发漏选和错选的问题。

选型软件不仅可以直观地展示选型结果，还能自动统计模块数量并提示选型错误，提高了选型效率，同时也避免了错误的发生。

下面以 TIA Selection Tool 为例，展示选型软件用于输入输出模块选型的优势。

在图 2-31 所示的输入输出（下文简称 I/O）配置中，包含了多种模块，除了常用的接口模块、I/O 模块以外，还涉及许多附件，例如接口模块的网络适配器、I/O 底座单元（不同 I/O 模块对应底座单元型号不同，是否转发电位组对应的底座单元型号也不同）、安装导轨等。由于模块和附件的型号繁多，容易混淆。

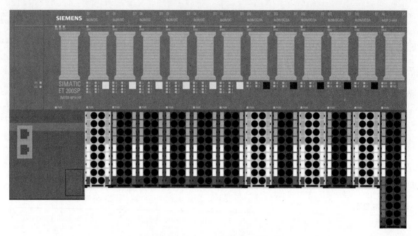

图 2-31　I/O 配置示例

图 2-32 展示了选型软件对模块数量的自动汇总功能，它能够自动统计图 2-31 所示模块的数量，提高了选型的准确性，避免了数量方面的错误。尤其是存在多个 I/O 从站时，模块数量更加庞大，自动汇总的功能就显得更加重要。

组件	数量
Stand.sectional Rail 35mm, Length 483mm 6ES5710-8MA11	0
ET 200SP, DI 8x 24V DC ST, PU 1 6ES7131-6BF01-0BA0	6
ET 200SP, DQ 4x24VDC/2A ST 6ES7132-6BD20-0BA0	5
ET 200SP, AI 4xU/I 2-Wire ST, PU 1 6ES7134-6HD01-0BA1	1
ET 200SP, IM155-6PN/2 HF 6ES7155-6AU01-0CN0	1
ET 200SP, Busadapter BA 2xRJ45 6ES7193-6AR00-0AA0	1
BaseUnit Type A0, BU15-P16+A0+2B 6ES7193-6BP00-0BA0	7
BaseUnit Type A0, BU15-P16+A0+2D 6ES7193-6BP00-0DA0	4

图 2-32　TIA Selection Tool自动统计汇总模块的数量

图 2-33 展示了选型软件在模块选型错误方面的提示功能。当出现模块漏选或错选时，TIA Selection Tool 会根据选型规则给出警告信息，并标注黄色叹号，提供相应的更正建议。这一功能有效避免了选型过程中的错误，确保选型结果符合规则。

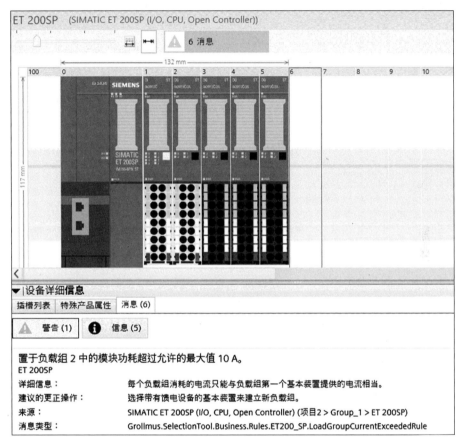

图 2-33　TIA Selection Tool 提示模块选型中的错误

综上所述，选型软件不仅能够帮助用户直观地选择输入输出模块，还通过规则校验功能避免了漏选和错选的问题。使用选型软件，能够提高选型的准确性和可靠性，为输入输出模块的选型过程带来便利。

5. 伺服电机选型的正确流程是什么？

正确的伺服电机选型流程是十分重要的，因为伺服电机对电机的动态特性要求高，选型过程需要遵循一定的流程。以下是伺服电机选型的四个关键步骤：

第一步：创建机械传动结构。

第二步：运动曲线的输入。

第三步：电机校验。

第四步：配套的驱动器、电缆及附件选型。

（1）**四个关键步骤的举例说明**　针对伺服电机的选型，TIA Selection Tool 基本集成了原来 SIZER（西门子驱动器和电机的专用选型工具）的功能。下面以 TIA Selection Tool 为例，简要说明伺服电机选型的步骤：

如图 2-34 所示，在 TIA Selection Tool 的"驱动一览"界面中，可以看到伺服电机选型的四个步骤的总览图片，从左到右分别是机械系统、运动曲线、伺服电机和驱动器。

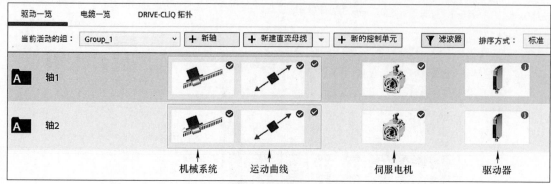

图 2-34　驱动器选型一览

1）第一步：创建机械传动结构。在这一步骤中，需要创建机械传动结构，TIA Selection Tool 中可创建常用的机械传动结构，例如滚珠丝杠传动、带传动（工具中翻译为"进给驱动"）、齿轮齿条传动（工具中翻译为"机架和小齿轮驱动"）等，如图 2-35 所示。

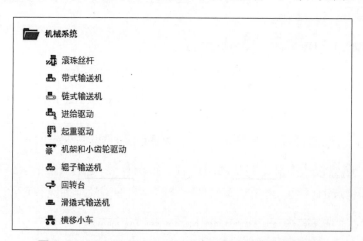

图 2-35　TIA Selection Tool 中可创建的机械传动结构

在机械结构中，需要输入相应的机械和负载参数。如图 2-36 所示，以滚珠丝杠为例，需要输入负载重量、丝杠自身惯量（也可以通过丝杠长度、密度和直径自动计算得出）、丝杠机械参数（丝杠螺距、倾斜角度），以及摩擦相关的参数。

2）第二步：运动曲线的输入。TIA Selection Tool 可以输入多段运动曲线，设置每一段运行的曲线类型（三角形曲线或梯形曲线）、距离、时间、最大速度、最大加速度、加加速度等参数。还可以设定某几个参数作为约束条件，例如设定曲线类型为梯形、设定运行距离和最大速度、求出运行时间和最大加速度。

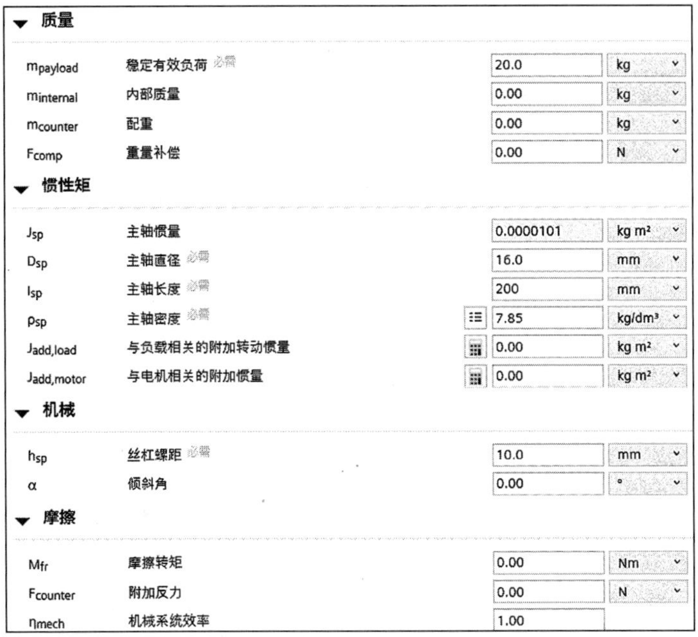

质量
mpayload 稳定有效负荷 必需 20.0 kg
minternal 内部质量 0.00 kg
mcounter 配重 0.00 kg
Fcomp 重量补偿 0.00 N
惯性矩
Jsp 主轴惯量 0.0000101 kg m²
Dsp 主轴直径 必需 16.0 mm
lsp 主轴长度 必需 200 mm
ρsp 主轴密度 必需 7.85 kg/dm³
Jadd,load 与负载相关的附加转动惯量 0.00 kg m²
Jadd,motor 与电机相关的附加惯量 0.00 kg m²
机械
hsp 丝杠螺距 必需 10.0 mm
α 倾斜角 0.00 °
摩擦
Mfr 摩擦转矩 0.00 Nm
Fcounter 附加反力 0.00 N
ηmech 机械系统效率 1.00

图 2-36　在机械结构中输入相应参数

图 2-37 展示了 TIA Selection Tool 中运动曲线的输入界面，在该界面的下半部分输入运动曲线参数后，界面的上半部分自动绘制出运动曲线的图形，反映各个物理量随着时间的变化趋势，包括位移曲线、速度曲线、加速度曲线、加加速度曲线、电机转速曲线、电机转矩等，各个曲线可以被设置为显示或者隐藏。

速度曲线
位移曲线
加速度曲线
运动曲线
s [m]
v [m/s]
a [m/s²]
分隔符
区段分隔符
值
单位
1. 移动
2. 移动
3. 移动
方向
名称
前进
前进
类型
倒圆
无
s mm 500 500
t s 0.750 0.750
v 最大/v 结束 m/s 1.00 1.00
a 最大 m/s² 4.00 4.00

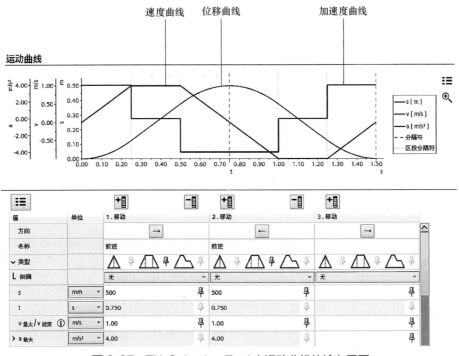

图 2-37　TIA Selection Tool 中运动曲线的输入界面

除了采用图 2-37 中的界面，运动曲线还可以通过 CSV 格式的文件导入 TIA Selection Tool 中。

3）第三步：电机校验。如图 2-38 所示，在电机校验步骤中，用户可以选择不同的电机，选型工具提供了电机的转速—转矩图，以及关键参数。

通过电机的转速—转矩图，可以看到电机自身的转速转矩特性和实际的负载曲线叠加在一起的图形，同时在该图形上会标注电机的峰值操作点和平均运行操作点，作为选型的重要依据。

通过关键参数，可以校验电机的热利用率、惯量比、转矩利用率等关键指标。

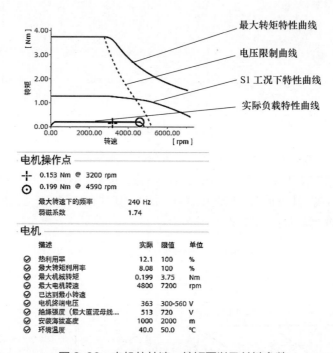

图 2-38　电机的转速—转矩图以及关键参数

其中实际的负载特性曲线就是电机的转速—负载转矩曲线，选型软件是如何计算得到这条曲线的呢？首先，将运动曲线、电机转动惯量，以及上一步输入的机械传动结构相关参数综合，可以得出整个运动周期中折算到电机上的负载转矩曲线，这条曲线反映了电机上的负载转矩随时间的变化，是一条"时间—负载转矩曲线"；第二，将电机的"时间—转速曲线"和"时间—负载转矩曲线"以时间为统一刻度，综合到一起，就可以得到电机的转速—负载转矩曲线，供电机校验使用。

4）第四步：配套的驱动器、电缆及附件选型。图 2-39 是驱动器选型中的一个重要指标的截图，驱动器（有的驱动系统中也称作电机模块）选型的重要指标有：持续电流利用率、最大电流利用率、持续电流、最大电流、安装海拔高度、环境温度等。图片中有两列数值，分别是实际值和限制值，实际值来自上一步中电机实际需要的电流，限制值来自驱动器本身的元件和设计。

电机模块

	描述	实际	限值	单位
⊘	持续电流利用率	5.94	100	%
⊘	最大电流利用率	2.69	100	%
⊘	持续电流	0.178	3.00	A
⊘	最大电流	0.242	9.00	A
⊘	安装海拔高度 ⓘ	1000	3000	m
⊘	环境温度 ⓘ	40.0	55.0	℃
⊘	选择产品系列			

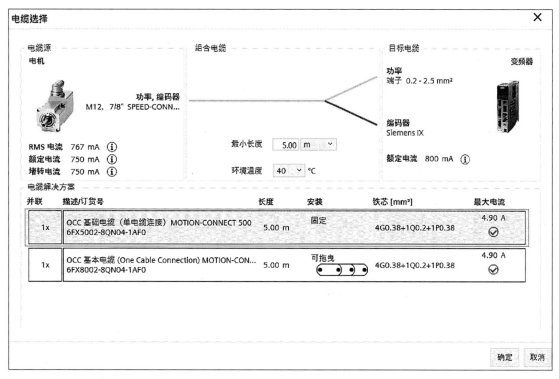

图 2-39　驱动器选型的重要指标

图 2-40 是 S210 驱动器电缆选型的画面截图，对应的电缆是组合电缆，一根电缆中包含了功率电缆和编码器电缆。截图中可以看到电缆相关的重要指标有：电机的平均运行电流（RMS）、电机额定电流、电机堵转电流、驱动器的额定电流、电缆的最大电流。选择电缆时，主要考虑电缆能承载的最大电流能否满足电机和驱动器的需求，并留有一定的余量。

图 2-40　S210 驱动器电缆选型画面截图

（2）**四个步骤的内在关联**　在这四个步骤中，第一步和第二步是第三步的基础。

创建机械传动结构、输入运动曲线，都是为了得到精确的伺服电机的转速—转矩曲线，用于第三步中的电机校验。可以通过一个公式来简单理解这三个步骤之间的关系，即电机转矩 = 总转动惯量 × 角加速度。电机转矩对应第三步；总转动惯量包含两部分，第一部分对应第一步的机械传动结构，是负载的转动惯量，第二部分对应第三步中选择电机的转动惯量，两部分加起来是总的转动惯量；角加速度对应第二步的运动曲线。

以上公式适用于旋转的伺服电机，对于直线电机的选型来说，公式就变成了电机推力＝质量×加速度。由于旋转伺服电机使用更加广泛，下面我们还是继续以旋转伺服电机为例进行说明。

第一步机械传动结构的主要结果是，获得了负载折算到电机侧的负载转动惯量大小。

第二步运动曲线输入的主要结果是，获得了电机转速和角加速度随时间变化的曲线。

在第三步中，用第一步获得的负载转动惯量，加上第三步中选择的电机的转动惯量，获得总的转动惯量，用总的转动惯量乘以第二步获得的角加速度，就获得了电机力矩随时间变化的曲线。

将电机力矩随时间变化的曲线与第二步中获得的电机转速随时间变化的曲线综合起来，就可以画出一条转速—转矩曲线，这条曲线是实际工况需要的。将其与电机自身的转速—转矩特性曲线放在一起，就可以用来做第三步中电机选型的校验。

第三步又是第四步的基础。第三步中计算得出的电机消耗的平均电流和峰值电流，是第四步驱动器及电缆选型的重要依据。

（3）**总结**　综上所述，伺服电机选型是一个系统化的过程，需要遵循一定的结构和步骤，以确保选型准确和成功。上文介绍了伺服电机选型的四个关键步骤，包括创建机械传动结构、输入运动曲线、进行电机校验，以及选择配套的驱动器、电缆及附件。每个步骤都有其独特的目的和操作要点。通过遵循这一结构化的选型方法，可以实现各种应用场景下的准确选型，确保伺服电机满足动态特性的要求，并提高系统的性能和可靠性。

2.4.3　安全评估的集成

TIA Selection Tool 集成了安全评估功能，可以生成符合 IEC 62061 和 ISO 13849-1 标准的安全评估报告。

这个安全评估功能什么时候用？为什么要生成安全评估报告？要回答这些问题，我们需要从如何设计一台安全的机器说起。

如何设计一台安全的机器？这背后对应着机械故障安全设计的工作流程。工作流程就像一个框架，建立了这个框架，我们就对故障安全设计的整体和全局有了概念，当聊到每一步的具体工作，就能在框架中找到其对应的位置，理解具体工作发挥的作用。

接下来，让我们详细了解机械故障安全设计的工作流程，它分为风险评估、风险降低、验证和证明三个阶段，如图 2-41 所示。

图 2-41　机械故障安全设计工作流程

风险评估：在这一阶段，需要分析和评估与设备生命周期各阶段及运行模式相关的各种风险。该阶段英文名称为"Risk Assessment"。

风险降低：在这一阶段，需根据第一阶段的评估结果，采取措施将风险降低到可以接受的水平。该阶段英文名称为"Risk Reduction"。

验证和证明：在这一阶段，对所有采取的措施及其结果进行检查和记录，发放安全认证相关的证明。该阶段英文名称为"Proof"。

这三个阶段之间有什么内在联系呢？

第一，这三个阶段都是围绕安全等级目标进行的。风险评估要确定安全等级目标，风险降低是为了实现安全等级目标而采取措施，验证和证明是验证是否达到了安全等级目标。

以锯床为例，针对锯片旋转带来的风险，在风险评估阶段要评估这个风险发生的概率以及危害的严重程度，从而确定要达到何种安全等级目标。风险发生的概率越大，严重程度越高，要达到的安全等级就越高；在风险降低阶段，要采取措施降低锯片旋转带来的风险，例如增加防护罩、急停开关、安全门开关，使用安全 PLC 等；在验证和证明阶段，要用文档记录相关的措施，并验证是否达到了安全等级目标。

总的来说，机械故障安全设计工作流程中的风险评估、风险降低、验证和证明三个阶段，都围绕着安全等级目标展开，如图 2-42 所示，整个工作流程是一个确定安全等级目标、采取措施实现目标、验证目标是否实现的过程。

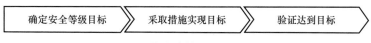

图 2-42　围绕安全等级目标的三个阶段

第二，这三个阶段不是一蹴而就的，而是一个迭代的过程。其中第一阶段和第二阶段可能需要重复多次。如图 2-43 所示，在风险降低阶段确定安全措施之后，必须首先检查这些措施是否可把原有风险降低到可接受的水平。如果不能把风险降到可接受的水平，则必须再次对用安全措施更改后的设备进行风险识别，评估风险，然后继续修改安全措施，如此迭代执行，直到把风险降到可接受水平之后，才可以进入下一阶段。

图 2-43　风险评估和风险降低的迭代过程

以上就是对机械故障安全设计工作流程的概述。对整体的流程框架有了认识之后，接下来我们对每一阶段的具体工作进行简要介绍。

需要说明的是，本章节旨在介绍机械故障安全设计的工作流程，让读者对流程有概念性的认识，并不包含详细的操作步骤。在进行机械故障安全设计，以及进行相关的安全认证时，读者仍需参考中国国家标准和国际标准。

1. 风险评估：确定安全等级的目标

（1）**安全等级相关的机械安全标准**　在介绍风险评估的步骤之前，我们先来介绍机械安全标准，因为风险评估中的安全等级是由机械安全标准规定的。

常被提及的机械安全标准有 IEC 62061 和 ISO 13849-1，它们是国际标准，与中国的国家标准是对应的，互相之间没有冲突。中国国家标准 GB 28526—2012《机械电气安全—安全相关电气、电子和可编程电子控制系统的功能安全》对应国际标准 IEC 62061: 2005；中国国家标准 GB/T 16855.1—2018《机械安全—控制系统安全相关部件　第 1 部分：设计通则》对应国际标准 ISO 13849-1:2015。

那 IEC 62061 和 ISO 13849-1 标准有什么区别呢？

首先，制定者不同。前者是国际电工委员会（International Electrotechnical Commission，IEC）制定的标准，后者是国际标准化组织（International Organization for Standardization，ISO）制定的标准。

第二，安全等级的定义不同。IEC 62061 标准定义了安全完整性等级（Safety Integrity Level，SIL）。安全完整性等级表示一个系统的安全功能可靠性，共有 4 个等级：1、2、3 和 4。SIL 4 最高，SIL 1 最低。在机器当中只用到 1 ~ 3。ISO 13849-1 中规定了安全相关控制系统中的功能和安全相关要求，其定义的是性能等级（Performance Level，PL），分成 5 类：a、b、c、d 和 e，其中 e 具有最高安全可靠性，a 的安全可靠性最低。

第三，PL 等级和 SIL 等级可以部分对应。PL b ~ PL e 可以对应 SIL 1 ~ SIL 3，而且 PL 等级和 SIL 等级都可以和 PFH_D（Probability of Dangerous Failure per Hour，每小时危险失效概率）对应，见表 2-2。PFH_D 代表系统失效带来的危险出现概率，例如安全门监控的安全功能，正常的状态是安全门被打开时传感器被触发，设备停止运转，但是当安全门传感器失效时，导致该安全功能失效，危险就产生了。PFH_D 是对系统失效概率的量化表示，其数值越小，安全等级越高，系统越安全。

表 2-2　PL 等级、SIL 等级及 PFH_D 的对应关系

PL	SIL	PFH_D
a	无对应等级	$\geqslant 10^{-5}$ 至 $<10^{-4}$
b	1	$\geqslant 3 \times 10^{-6}$ 至 $<10^{-5}$
c	1	$\geqslant 10^{-6}$ 至 $<3 \times 10^{-6}$
d	2	$\geqslant 10^{-7}$ 至 $<10^{-6}$
e	3	$\geqslant 10^{-8}$ 至 $<10^{-7}$

（2）**风险评估的步骤**　图 2-44 展示了风险评估的步骤。在风险评估阶段，首先要判定机械的范围，否则无法开展工作；然后要在判定的机械范围内，识别出所有可能的危险；最后通过评估危险发生的概率和对人身造成伤害的程度，判定需要达到的安全等级目标。

图 2-44　风险评估的步骤

1）机械范围判定：表 2-3 展示了一个机械范围判定的简化示例，该示例对机械的使用范围、操作条件、使用人群、使用时间、使用的空间做出了限定。该示例是简化过的，只用作步骤的说明，在实际应用中，读者需要根据实际机械的使用范围，做出更详细的判定。如果把机械故障安全设计看作一个项目，那这一步就类似于项目管理中的范围定义。项目管理中的范围定义会明确哪些需求将包含在项目范围内，哪些将排除在项目范围外，从而明确项目的边界。机械故障安全设计中的范围判定也是一样，要明确哪些操作条件在安全设计的范围内，哪些操作条件不在安全设计的范围内，从而明确故障安全设计的边界。

表 2-3　机械范围判定的示例

使用范围	切割固态金属材料，最大尺寸不超过 150mm×150mm 最大切割盘直径为 600mm
操作限制	供电电压：400V（3～60Hz） 室内使用（IP54） 温度范围：−15～+50℃
人群限定	只能由有资质的人员使用。外行人士不可以使用 学徒在使用该机器时必须接受有资质人员的监督
机械寿命	15 万 h
空间条件	切割机和工作区域：机器四周最少要有 2m 的空间

2）危险识别：在危险识别步骤中，要避免遗漏危险，尽可能穷尽所有可能发生的危险。要做到这一点，可以从多个维度去列举和查找可能的危险。笔者在此提供几个参考的维度：机械的生命周期维度、机械伤害形式维度、机械操作模式维度。

首先，可以从机械的生命周期维度，考虑机械在安装、运行、维护各阶段可能出现的危险。

其次，可以考虑不同的机械伤害形式带来的危险。图 2-45 展示了部分机械伤害形式。

卷入和碾压是指相互配合的运动副引发的卷入，相关的典型运动副有相互啮合的齿轮、齿轮与齿条、带与带轮等；以及滚动的旋转件引发的碾压，相关的典型旋转件有轮子与轨道、轮子与路面等。

挤压、剪切和冲击是指做往复直线运动的零部件之间由于安全距离不够产生的夹挤和冲击等。相关的典型零部件包括机床的移动工作台、剪切机的压料装置和刀片、压力机的滑块、机床的升降台等。

图 2-45　部分机械伤害形式

卷绕和绞缠是指做回转运动的机械部件，包括联轴器、主轴、丝杠、链轮、齿轮、带轮等，在运动情况下，将人的头发、饰物（如项链）、

057

肥大衣袖或下摆卷绕绞缠引起的伤害。

飞出物打击是指由于发生断裂、松动、脱落等机械能释放，使失控的物件飞出，对人造成伤害，例如螺栓松动引起被它紧固的运动零部件飞出、切削废屑的崩出等。

物体坠落打击是指处于高位置的物体意外坠落时，势能转化为动能，造成伤害，例如夹具夹持不牢引起物体坠落、运动部件运行超行程脱轨等。

切割和擦伤是指由于形状产生的危险，典型危险来自切削刀具的锋刃、零件表面的毛刺、机械设备的尖锐棱角等。

碰撞和刮蹭是指机械结构上的凸出、悬挂部分造成的危险，典型的机械结构包括机床的手柄、长加工件伸出机床的部分等。

跌倒和坠落包括由于地面堆物无序或地面凸凹不平导致的磕绊跌伤，光滑、油污、冰雪等造成的打滑、跌倒，以及人从高处失足坠落，误踏入坑井坠落造成的伤害等。

另外，可以考虑机械设备运行不同操作模式下时可能发生的危险。例如在手动模式、自动模式、维护模式下，机械设备会有不同的动作逻辑和流程，可以考虑与之对应的可能发生的风险。

以上三个维度仅作为思路的启发，在实际应用中列举和查找可能的危险时，不应局限于以上三个维度，而是应该穷尽所有可能发生的危险。

3）安全等级判定：识别危险之后，接下来要判定需要达到的安全等级，这个安全等级就是机械故障安全设计的目标。

如图 2-46 所示，确定一个安全功能需要达到何种安全等级，需要考虑危险发生时造成伤害的严重程度和危险发生的概率两个方面。其中危险发生的概率又可以细分为暴露频率及持续时间、发生概率、避免或限制危险的可能性三个方面。也就是说，如果一个危险发生，对人造成的伤害越严重或者危险发生的概率越高，需要达到的安全等级就越高。具体到危险发生的概率方面，人员暴露在危险中的频率越高，持续时间越长，危险事件发生的概率越高，避免或限制危险的可能性越低，则认为危险发生的概率越大。

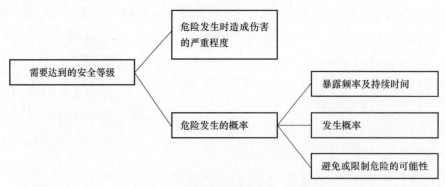

图 2-46　确定需要达到的安全等级

每一方面都可以进行量化评分，得到的评分数值用于安全等级的计算。IEC 62061 标准中安全完整性等级 SIL 和 ISO 13849-1 中规定的性能等级 PL 的计算方法有所不同，但都遵循图 2-46 所展示的原则。下面以 IEC 62061 标准中的计算方法为例展开说明。

表 2-4 ～表 2-7 分别展示了 IEC 62061 标准中危险发生时造成伤害的严重程度（简称为"严重程度"）、暴露频率及持续时间、危险发生概率、避免或限制危险的可能性的量化评分标准。针对其中暴露频率及持续时间的评分，"暴露间隔小于等于 1h"含义为每个小时至少暴露在危险下一次，暴露间隔越小，暴露频率越高，越危险，评分的数值越高。

表 2-4　严重程度量化评分

严重程度（Severity，简称 Se）	数值
无可挽回：死亡、失去眼睛或胳膊	4
无可挽回：断肢、断指	3
可挽回：要求医疗	2
可挽回：要求急救	1

表 2-5　暴露频率及持续时间量化评分

暴露的频率（持续时间 >10min） （Frequency，简称 Fr）	数值
≤ 1h	5
>1h 至 ≤ 1 天	5
>1 天至 ≤ 2 周	4
>2 周至 ≤ 1 年	3
>1 年	2

表 2-6　危险发生概率量化评分

危险发生的概率（Probability，简称 Pr）	数值
非常高	5
较高	4
可能	3
很小	2
可忽略	1

表 2-7　避免或限制危险的可能性量化评分

避免或限制危险的可能性（Avoidance，简称 Av）	数值
不可能	4
很小	3
可能	2

针对每个方面都做出量化评分之后，根据标准的定义，综合各方面的数值，就可以得出需要达到的安全等级。表 2-8 展示了如何综合各方面评分来确定所需的 SIL 等级。假设某安全功能的评分为 Se=4，Fr=5，Pr=4，Av=3，则伤害发生的概率等级 Class=Fr+Pr+Av=12，在表 2-8 中查找 Se=4 且 Class=12，可以得出需要的安全等级为 SIL 3。

表 2-8　综合各方面评分确定所需 SIL 等级

Se	伤害发生的概率等级 Class=Fr+Pr+Av				
	4	5～7	8～10	11～13	14～15
4	SIL2	SIL2	SIL2	SIL3	SIL3
3			SIL1	SIL2	SIL3
2				SIL1	SIL2
1					SIL1

TIA Selection Tool 中也包含了计算需要达到的安全等级的功能，可以代替手动查找和计算。如图 2-47 所示，在该工具中，可以通过选择危险发生时造成伤害的严重程度（图中翻译为"可能损害的严重程度"）、暴露的频率和持续时间、危险发生的概率（图中翻译为"发生危险事件的概率"）、避免或限制危险的可能性（图中翻译为"避免或限制伤害的可能性"），计算出所需的 SIL 等级。

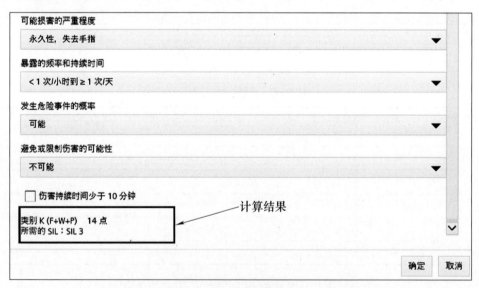

图 2-47　TIA Selection Tool 中的安全等级计算功能

2. 风险降低：为了实现安全等级目标采取措施

在经过上文中的风险评估之后，就要采取措施，实现安全等级的目标，这就是风险降低。图 2-48 展示了风险降低的目标，是把风险降低到可以接受的水平，因为理论上不存在 100% 安全的系统。风险评估得出的结果是需要达到的安全等级，根据表 2-2，安全等级也

对应 PFH_D（每小时危险失效概率），风险降低要达到安全等级，也就是要降低 PFH_D，从而把风险降低到可以接受的水平。

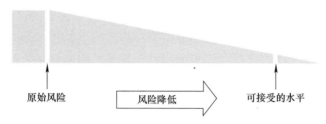

图 2-48　风险降低的目标是将风险降低到可接受的水平

图 2-49 展示了风险降低的流程，包括两个步骤，分别是确定和评估安全措施，以及实施安全措施。先通过一定方法，来确定要采取何种安全措施，评估安全措施是否足够，当安全措施通过评估，可以将风险降低至可接受的水平之后，在机械设备上实施安全措施，并调试安全措施，将安全措施从设计变为现实。

图 2-49　风险降低的流程

针对确定和评估安全措施，EN ISO 12100 标准第 6 章中定义了三级方法。图 2-50 展示了通过三级方法确定和评估安全措施的流程。

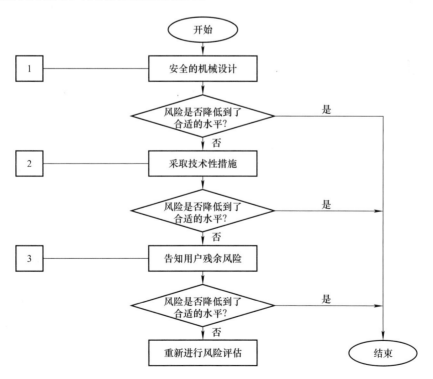

图 2-50　确定和评估安全措施的三级方法

第一级方法是采用安全的机械设计。采用安全的机械设计总是风险降低的第一选择，有着最高的优先级。机械设计可以通过机械结构来实现机械的安全操作及维护，而且是降低危险伤害的最简单方式。例如在锯床中要降低锯片切割带来的风险，首先可以通过机械设计，加装防护罩和防护门，防止操作人员直接接触锯片。

第二级方法是采取技术性措施。当机械设计不能将风险降低至可接受的水平时，就需要采取额外的技术性措施，进一步降低风险。

技术性措施通常是采用安全的电气系统，如图 2-51 所示，安全的电气系统是由检测、评估、反应三个子系统组成的。这三个子系统对应的英文名称分别是 Detection、Evaluation、Reaction。图 2-51 中的安全功能，例如门的监控和紧急停机，都是由三个子系统共同实现的。举例来说，检测子系统给出风险相关的输入信号，可能是安全位置开关或者紧急停止按钮；评估子系统对输入信号做出评估，可能是故障安全型控制器；反应子系统输出动作，做出反应，可能是变频器或接触器。在设计安全的电气系统时，首先要把安全功能拆解成这三个子系统，然后要对每个子系统进行评估，也就是计算每个子系统的 PFH_D（每小时危险失效概率）及安全等级，最后综合所有子系统的评估结果，得到电气系统整体能达到的安全等级。

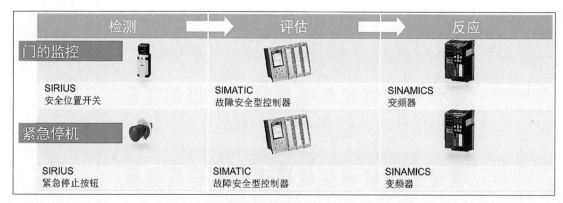

图 2-51　安全电气系统的三个子系统及零部件选择

电气系统整体的 PFH_D 是所有安全子系统 PFH_D 的总和。如图 2-52 所示，电气系统整体的 $PFH_D = PFH_{D1} + PFH_{D2} + PFH_{D3}$，即检测、评估、反应三个子系统的 PFH_D 求和，得到电气系统整体的 PFH_D。

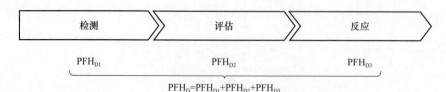

图 2-52　电气系统整体的每小时危险失效概率

通过表 2-2 所展示的 PL 等级、SIL 等级及 PFH_D 之间的对应关系，可以将电气系统整体的 PFH$_D$ 对应到安全等级。也就是说，知道了电气系统整体的 PFH$_D$，也就知道了电气系统能达到的安全等级。

回应本节开头的问题，TIA Selection Tool 的安全评估功能在安全的电气系统设计过程中发挥作用，它可以帮助选择安全子系统零部件，以及获得零部件的 PFH$_D$ 值或相关安全参数，并可以评估电气系统整体能达到何种安全等级，最终生成评估报告，其生成的评估报告是验证和证明阶段中所需文档的一部分。

第三级方法是告知用户残余风险。当采取技术性措施仍然不能将风险降低至可接受的水平时，就需要告知用户残余风险，以进一步降低风险。告知用户残余风险是通过用户信息、操作说明、警示标牌等方式向用户传达残余风险和应对措施的过程，例如通过操作手册告知用户应该穿戴个人防护用具、保持安全距离、遵循一定操作流程规范等。

如果通过告知用户残余风险，可以将风险降低至可以接受的水平，则无须采取进一步的措施，风险降低在此完成。如果通过告知用户残余风险，仍然不能将风险降低至可以接受的水平，则需要重新进行风险评估，如图 2-43 所示，从风险降低阶段返回风险评估阶段，进行迭代。

3. 验证和证明：验证是否达到了安全等级目标

在验证和证明阶段，机械设备制造商要对前两个阶段进行系统性的总结，用文档记录相关的措施，并验证是否达到了安全等级目标，安全认证（例如 CE 认证）也在该阶段进行。

该阶段需要的文档包括风险评估阶段的风险评估文档、风险降低阶段 TIA Selection Tool 生成的安全评估报告、机器范围说明、风险降低的措施记录、测试报告、机器操作说明等。

在准备好相关文档后，可以根据相关安全标准规定的验证流程，验证机械设备是否符合相关的安全标准，并是否达到了安全等级目标。

如果机械设备需要 CE 认证，那么在本阶段中，需要遵守 CE 认证相关的流程。专业的认证机构可以协助机械设备制造商进行 CE 认证。

4. 使用 TIA Selection Tool 进行安全评估的介绍

TIA Selection Tool 集成的安全评估功能，可以在风险降低阶段帮助选择合适的安全元器件，构建安全的电气系统，评估电气系统整体能达到何种安全等级，并生成符合标准的安全评估报告，该安全评估报告可以在验证和证明阶段使用。另外，TIA Selection Tool 还集成了符合 VDMA 标准（一种存储元件的安全相关数据的标准，本节中后文会详细介绍）的元件库，并且支持导入第三方元件的 VDMA 库。

（1）**安全评估功能示例**　图 2-53 展示了一个锯床中的安全急停功能在 TIA Selection Tool 中的评估结果截图。

063

图 2-53 中第 1 部分直观显示了安全评估的结果，三角形的箭头代表设定的需要达到的安全等级，而深色部分代表当前该急停安全功能可以达到的安全等级。

图 2-53 中第 2 部分展示了各个子系统的状态。该急停安全功能包含采集、评估、响应三个安全子系统，其中第一个安全子系统的名称"采集"和前文中的"检测"是英文单词"Detection"的两种翻译方式，含义相同。采集子系统是一个急停按钮，评估子系统包含安全输入模块（ET 200SP F-DI）、安全 PLC（CPU 1511F-1PN）、安全输出模块（ET 200SP F-DQ），响应子系统是一个接触器。图中第 2 部分用对号和错号表示安全子系统中每个独立的元件是否达到了安全等级要求，如果达到了，左下角显示对号标记，否则显示错号标记。

图 2-53 中第 3 部分展示了各个安全子系统可以达到的安全等级，以及对应的 PFH_D 数值。

图 2-53 中第 4 部分展示了该急停安全功能可以达到的安全等级，以及对应的 PFH_D 数值。

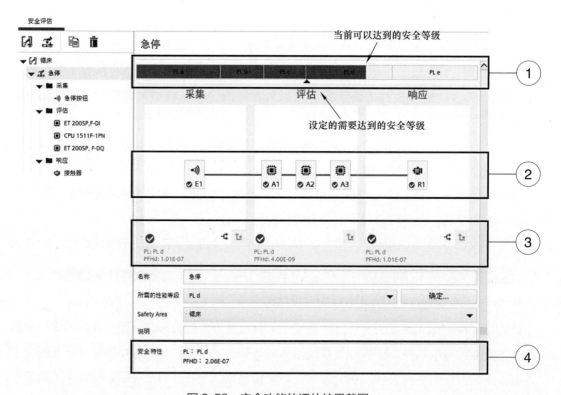

图 2-53　安全功能的评估结果截图

（2）**安全评估报告示例**　图 2-54 展示了 TIA Selection Tool 生成的安全评估报告截图。该安全评估报告展示了安全区域要应用哪一种安全标准、安全区域中的各个安全功能的目标安全等级和已实现的安全等级，以及已实现的 PFH_D 数值。

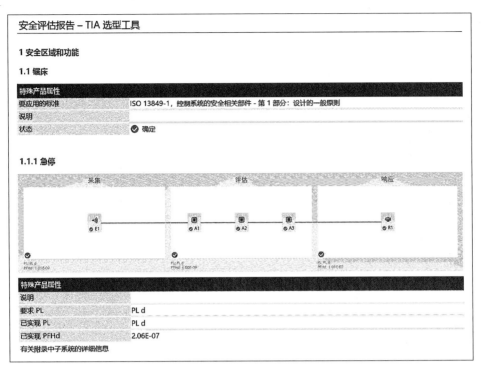

图 2-54　安全评估报告的截图

如图 2-55 所示，安全评估报告中还会包含各个安全子系统的详细信息，例如安全子系统包含哪些组件，以及每个组件的参数值。

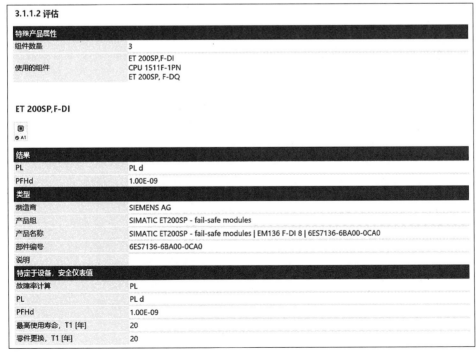

图 2-55　安全评估报告中安全子系统的详细信息

（3）集成的及第三方的 VDMA 元件库　TIA Selection Tool 中还集成了符合 VDMA 标准的元件库。VDMA 是德文"Verband Deutscher Maschinen- und Anlagenbau"的缩写，英文译为"Mechanical Engineering Industry Association"，中文名称为"德国机械设备制造商协会"，该协会制定了 VDMA 66413 标准，规定了标准格式，用来存储元件的安全相关参数，使得不同元件的安全相关参数可以被不同的安全评估工具获取，用来计算能达到的安全等级。如图 2-56 所示，西门子 VDMA 库存储了西门子品牌的安全相关元件的安全参数，用户可以通过左侧的过滤器筛选不同的产品组（即产品系列），也可以通过上方的按钮筛选可用于不同子系统的元件，例如采集、评估或反应子系统。

图 2-56　西门子 VDMA 库

如图 2-57 所示，TIA Selection Tool 还支持导入第三方的 VDMA 元件库。通过逐步单击"项目""导入""VDMA 库"菜单，就可以导入第三方的 VDMA 元件库。只要该库文件的格式和内部结构符合 VDMA 66413 标准，就可以导入 TIA Selection Tool 中，并在安全评估功能中使用。

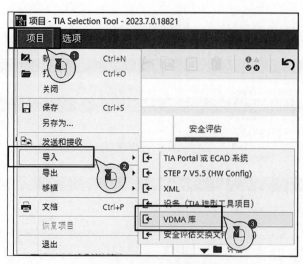

图 2-57　导入 VDMA 库

综上所述，机械设备制造商要设计一台安全的机器，首先要理解和遵循故障安全设计的整体流程，其次可以利用 TIA Selection Tool 集成的安全评估功能，在风险降低、验证和证明这两个阶段更加便利地进行故障安全设计。

2.4.4　控制柜的温升设计

故障安全设计可使机械设备符合安全标准，而控制柜的温升设计可以降低机械设备的故障率，延长控制柜内设备的使用寿命。

温升设计指的是在机械设备的设计阶段，就将控制柜的温升计算在内，为控制柜选择合适的加热单元或冷却设备，从而将控制柜的温升控制在目标范围内，避免在机械设备的调试阶段或运行阶段由于温升过高造成损失。

要实现温升设计，就需要对温度的升高进行精确的计算。在具有较高功率的控制柜中，元器件发热造成的功率损耗大约为额定输入功率的 5%，但这只是粗略估计，不同用途控制柜的功率损耗情况可能差别很大。因此，根据控制柜中的元件功率损耗数据对控制柜的温升进行精确计算是很有必要的。

西门子的 SIMARIS therm（温升计算软件工具名称）软件工具，可以让控制柜的温升计算更加快速、高效、符合标准要求。下面我们首先介绍控制柜内温升过高的危害，然后介绍西门子 SIMARIS therm 软件工具的使用步骤，最后总结西门子 SIMARIS therm 软件工具的优势。

1. 控制柜温升过高的危害

控制柜温升过高，会让机械设备的故障率升高，降低控制柜内设备的使用寿命，并带来一定的安全风险。

图 2-58 展示了一个典型的控制柜。控制柜中常见的电气元件可以概括为以下几类：

- 控制器：包括 PLC、数控系统等
- 输入输出模块
- 开关电源
- 低压保护控制元件：开关、继电器、接触器、熔断器等
- 变频器
- 电缆和电线
- 母线
- 端子
- 变压器和电阻器

图 2-58　典型的电气控制柜

在这些电气元件中，变频器、变压器和电阻器、母线、电源断路器等元件发热较多，这些元件发热带来的功率损失是控制柜内热量的来源之一，控制柜内的热量还可能来源于环

境温度，如果控制柜放置在室外，热量还可能来源于太阳辐射。过多的热量如果不能被处理，会使控制柜内的温升过高，从而带来以下危害：

1）控制柜内设备的使用寿命缩短。

2）控制柜内设备的故障率升高。

3）对控制柜周围的装置、柜内的电缆带来不利影响。

4）控制柜柜体及柜内元器件的表面温度过高，带来烧伤风险。

2. 西门子 SIMARIS therm 软件工具的使用步骤

SIMARIS therm 是一款功能强大的工具，它能够快速、高效地验证控制柜中的温升。该工具包含来自西门子和其他制造商的超过 40000 个经过验证的功率损耗数据，可用于预定义控制柜外壳和柜内设备的快速选择。

SIMARIS therm 是一款高度灵活的软件，允许用户导入新增的设备数据，例如非西门子品牌的控制柜外壳和柜内设备的数据。

如图 2-59 所示，使用 SIMARIS therm 进行温升计算非常简单，只需按照以下四个步骤进行：

1）定义项目，并根据所在国家 / 地区创建项目，定义项目语言。

2）进行系统规划，选择与项目相关的配电盘，输入环境条件，选择控制柜内的设备并选择母线系统。

3）根据 IEC 61439 选择所需的冷却设备或加热单元，以进行系统的温升计算。

4）导出结果，包括元件清单和符合标准的温升计算结果证明。

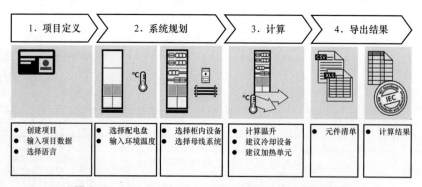

图 2-59　SIMARIS therm 温升计算工具的使用流程

3. 西门子 SIMARIS therm 软件工具的优势

1）快速选择预定义的控制柜外壳和柜内设备。

2）方便和高效地导入新增设备数据，包括控制柜外壳和柜内设备。

3）方便地验证控制柜的温升。

4）可以创建符合 IEC 61439-1 第 2 部分、IEC 60204-1 等标准的温升计算证明。

5）免费使用，可以从西门子官方网站上免费下载并使用。

需要注意的是，SIMARIS therm 不会执行合理性检查，也就是不会检查所选的设备是否匹配或适合所选控制柜外壳，设计工程师需要对此进行检查。

2.5　自动化工程

2.4 节介绍了在电气设计环节中怎样通过数字化技术的应用来提高设计效率，保证设计结果的准确性和完善性，接下来在设备的电气设计数据基础上，就可以展开自动化程序的设计工作，例如项目硬件组态、PLC 程序和人机界面的开发。如果在自动化程序设计阶段，能够利用数字化技术实现工程开发的自动化，可以显著提升自动化程序设计的效率，例如：通过电气图样自动创建项目硬件组态、自动生成 PLC 程序块等。我们可以把这种工程开发的自动化称为自动化工程，其中的"自动化"可以理解为任务的自动化执行。

在当前经济形势和技术发展趋势下，设备制造厂商都在寻求提高项目工程开发效率、降低人工成本的方法。对于工业自动化领域中批量化生产的机械设备，我们可以对其程序进行模块化和标准化的设计。标准规范的程序风格，可以提高程序的可读性和不同版本之间的一致性，让程序更易于调试和维护。标准的程序库也可以进行复用和组合，提高客户工程开发的效率。而程序的模块化和标准化只是第一步，如果能够在此基础上实现 PLC 程序的自动生成，则会进一步节省客户工程实施的时间。以强大的 TIA Portal（西门子工程软件平台）为基石，西门子能够提供功能丰富的解决方案，来实现工程组态和程序设计的自动执行，减少人工手动操作的工作量，降低工程组态和编程的错误率，提高程序代码质量，帮助客户高效地完成自动化工程任务。

2.5.1　自动化工程概览

随着机械设备研发技术的发展，最终用户希望设备制造商能够在更短的交付周期内完成自动化程序的开发，而机械设备制造商则希望工程组态和程序开发过程越来越高效和灵活，进而缩短设备项目开发和调试的周期，因此他们提出了以下需求：

1）缩短工程组态和程序开发的时间，提高工程开发效率，在满足客户需求的同时尽快将产品推向市场，更及时地应对市场变化和竞争压力。

2）减少通过人工手动执行重复性任务，通过工程任务的自动化和智能化技术能够减轻工程师的工作量，提高工作效率。

3）降低程序设计和组态过程中的错误率，进一步提高控制系统的可靠性和稳定性，避免不必要的故障和维护工作，降低试错成本。

4）节省自动化工程师常规任务花费的时间，将更多的精力用于创新型研究和新功能研发，提高他们的积极性。

通过分析可以发现，这些需求主要是提高效率、缩短时间、降低错误率。如果能够通过数字化技术的应用帮助工程师完成部分烦琐和复杂的任务，让工程师能够专注于机械设备研发中的关键问题，就能满足用户提出的要求。同时在自动化程序设计阶段，往往会涉及工程组态、PLC 程序开发、人机操作界面开发等部分，因此西门子针对这些环节提出了对应的自动化工程的解决方案：

1）自动执行重复工程任务：通过西门子 TIA Portal Openness（开放式 API）可以实现高效的自动化工程工作流，通过脚本或应用程序，可以批量地执行原本需要工程师大量手动操作的任务，极大地提高工程效率，并且降低错误率，将自动化工程师从烦琐的重复任务中解放出来。

2）生成 PLC 程序：通过高级语言编程的方式调用西门子工程软件的开放式 API，根据需求操作 TIA Portal 功能，自动创建项目并实现批量的组态调整和程序生成。也可以通过使用西门子提供的模块化应用程序创建器（Modular Application Creator）软件，来实现自动创建 TIA Portal 项目；以设备模块（Equipment Modules）为基础，通过组态向导的方式定义程序需求，由程序创建器来生成符合客户设备要求的模块化应用程序。

3）生成 HMI 界面（人机界面）：通过西门子 TIA Portal 的 SiVArc 选件功能包，实现 HMI 画面、组件或变量等可视化界面的自动生成。

自动化工程以西门子 TIA Portal 的开放接口为基础，提供不同层级的解决方案，从执行重复的工程任务到自动生成完整的设备项目，满足客户自动化程序开发中不同阶段的需求。

1. 自动化工程的基础

对于原始设备制造商来说，根据最终用户的不同需求，待生产的设备在工艺流程、硬件组态、通信网络等各方面可能都会存在不同，而对应的程序也需要进行匹配。如果想要实现程序的自动生成等自动化工程，则需要以模块化和标准化的程序作为基础，在此基础上还可以开发出标准程序库，通过对这些标准程序的灵活组合以及适配调整，来生成完整的设备程序，同时标准化也是设备及工厂未来数字化的基础。

（1）模块化 可以将设备的自动化程序分解为多个功能独立的模块，每个模块都可以实现一定的功能，且具有标准的输入和输出接口，以确保模块之间的兼容性和互操作性。这些模块可以按照实际设备的结构进行组合，形成完整的符合最终用户不同生产需求的设备自动化程序。

（2）标准化 通过对设备结构和工艺的分析，将程序块的接口以及调用关系重新进行设计，提高程序的规范化和标准化。除此之外，标准化还可以包括很多内容，例如工程开发阶段设备的硬件设计、集成安全功能、通信组态、报警及诊断等都可以采用标准化设计，如图 2-60 所示。在工程实施阶段，多用户协同工作、项目及文档的版本管理、程序的自动化测试和仿真也可以采用标准化的工具和规范。以编程的标准为例，自动化工程师可以使用标准的程序架构、命名规则、接口规范和模式状态等来开发自动化程序，提高程序的互操作性和可复用性。此外，标准化也可以帮助设备厂商更好地管理和维护自动化系统，从而提高系统的可靠性和稳定性。关于程序标准化的话题实际涉及内容较多，此处不做详细介绍。若读者对标准化相关内容感兴趣，可以参考西门子标准化指南（https://support.industry.siemens.com/cs/ww/zh/view/109756737）或相关图书。

图 2-60　标准化包括的范围

（3）**程序库**　基于模块化和标准化的程序，配合 TIA Portal 软件平台集成的程序库的创建和版本管理功能，可以开发出可复用的标准程序库。同时西门子也提供了范围广泛且功能强大的标准应用库，可以帮助客户节省部分功能和应用程序的开发时间，这些标准程序库具有标准的参数接口，大部分程序也具有开源的特性，允许客户在库的基础上快速实现自己扩展功能的开发。

基于模块化和标准化的程序，已经能够一定程度上提高工程开发的效率。但目前自动化工程师在组态和编写程序时，要根据设备的实际结构进行程序调整，同时也可能存在大量的重复性操作，不仅花费较多的时间，手动重复任务也可能造成误操作；而在调试维护阶段，这些误操作产生的故障往往需要花费大量的时间去查找和定位原因。因此，对于很多成熟或者标准的设备来说，如果能够通过软件平台代替手动组态实现重复任务的自动执行，自动生成部分 HMI 界面和 PLC 程序，则可以大大地缩短重复任务的时间，同时经过测试的软件包，也可以避免生成程序时出现疏漏，提高程序的一致性和质量。由图 2-61 可以看出自动化工程的实现步骤，在模块化和标准化的基础上，可以开发标准的程序应用库，随后实现重复任务的自动执行或者程序的生成。

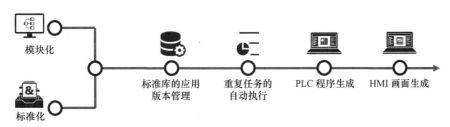

图 2-61　自动化工程的实现步骤

2. 自动化工程的层级

由图 2-62 可以看出设备程序的开发可以分为不同的方式，代表着不同的自动化工程层级，而不同的层级在前期准备时间和程序开发实施时间上存在着差异，也对应着不同的客户需求和应用场景。

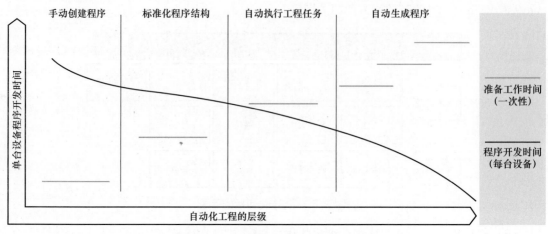

图 2-62　不同层级程序开发的时间对比

（1）**不同层级**　完成设备的程序开发可以分为不同的层级：手动创建程序、标准化程序结构、自动执行工程任务、自动生成程序等。

（2）**准备工作时间**　不同自动化工程层级对应的准备工作时间不同，例如需要先完成模块化和标准化工作，然后再使用创建程序的软件工具，才能实现程序的自动生成，因此相对于直接手动创建程序，需要在前期准备中花费较多的时间。

（3）**程序开发时间**　不同自动化工程层级最终在每台设备上花费的程序开发时间不同，随着设备程序的模块化和标准化工作的推进，单台设备所用的工程开发时间逐渐减少；而自动生成程序的方式可以通过配置相应参数和组件数量，由软件批量地生成 PLC 程序代码，无须通过工程组态软件进行编程，因此实施时间会显著小于其他方式。

（4）**一次性投入和重复使用**　前期准备工作的时间是一次性投入，而设备的程序开发时间是每台设备都需要花费的，因此针对可复用的设备程序来讲，自动化生成程序所带来的效率提升会更加明显。

由上述分析我们可以得出，在设备程序的模块化和标准化的基础上，通过自动生成程序的方式可以显著缩短每台设备程序的开发周期，但由于前期投入的准备时间较多，因此需要用户根据实际的情况选择合适的自动化工程层级。

3. 未来发展展望

自动化工程作为工业自动化领域数字化解决方案中的一个重要发展方向，未来也会随着技术的进步和需求的变化而不断发展，以下笔者只是列举部分可能的发展方向：

（1）**人工智能技术应用**　随着机器学习、自然语言处理等人工智能技术的快速发展，未来的自动化工程将变得更加智能，例如：将人工智能嵌入工程软件中，用户通过语音或文字即可指导软件完成组件添加、网络组态、参数设置等操作，无须用软件复杂的菜单系统中寻找功能按钮，同时也可以实现批量的工程任务操作。通过大量专业数据训练的人工智能模型，用户可以通过自然语言描述需求，由人工智能自动生成 PLC 程序，可以包括工艺流程控制程序、复杂的控制策略或算法等。例如当前比较热门的大型生成式预训练模型 ChatGPT，已经可以通过文字或图片等方式进行交互聊天，帮助用户生成部分文本类型（SCL 或 ST 编程语言）的 PLC 程序，而并不要求我们完全掌握这部分的所有知识，同时还可以帮助用户不断学习并进行程序优化。但由于 ChatGPT 是生成式模型，其输出的内容并不代表它真正理解这些编程规范和专业知识，也不能完全保证生成程序的正确性，此时往往需要使用者具有足够的判断和分辨能力，这也对用户提出了新的要求。当然未来可能也会开发出可以实现程序测试和验证的人工智能模型，由用户提出对结果的需求，设定输出内容的边界条件，由人工智能完成对程序功能和安全性的测试，来增加程序的完整性和可靠性。

（2）**数据安全和知识产权保护**　自动化工程的应用，逐渐将工业自动化领域的专业知识从自动化工程师转移到软件或平台中，因此程序数据的安全性和知识产权的保护也面临新的挑战。这需要强化网络安全、数据加密和访问控制等措施，防止未经授权的访问、敏感数据的泄露或潜在的恶意攻击。同时也需要相关服务供应商以及使用者遵守相关法律法规，确保知识产权得到合法保护，采取法律手段来阻止侵权行为。

（3）**云计算及边缘计算的应用**　随着工业物联网技术的发展和普及，自动化工程未来也有可能集成到工业云或工业边缘中，例如：收集大量的现场数据用于人工智能模型的训练，生成更高质量的自动化程序；也可以分析现场操作人员的使用习惯，生成更加科学合理的人机界面等。工业云和边缘的互联互通特性也可以让自动化工程在更广的工厂网络中实现快速迭代更新，增加自动化工程、机械设备以及工程软件的联系。

总之，自动化工程作为提高开发效率的数字化技术，将不断融合新的技术向前发展，满足不断增加的需求，推动工业自动化领域朝着更智能、更高效、更可持续的方向发展。

2.5.2　自动化工程的基础组件——TIA Portal Openness

1. 什么是 TIA Portal Openness？

TIA Portal Openness 是西门子在其工业自动化软件 TIA Portal 中提供的一组应用程序接口（Application Program Interface，API），属于 TIA Portal 的免费选件之一，如图 2-63 所示，TIA Portal Openness 是西门子实现自动化工程的底层软件基础。

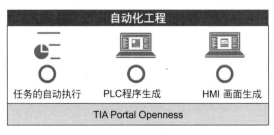

图 2-63　自动化工程的基础组件

用户可以通过编程的方式调用这些 API 接口来实现对 TIA Portal 功能和数据的访问，简单来说可以将 Openness 理解为 TIA Portal 与第三方软件或平台的交互接口。由图 2-64 可以看到 Openness 的工作原理，通过放置于 TIA Portal 安装目录下的动态链接库（Dynamic Link Library，DLL），Openness 可以调用 TIA Portal 的功能或访问工程项目的数据。用户则可以开发软件应用程序，以 Openness 作为桥梁自动执行工程任务，这个过程并不一定需要打开 TIA Portal 的操作界面，可以实现后台运行，合理地应用 Openness 可以大大提高程序设计的效率。

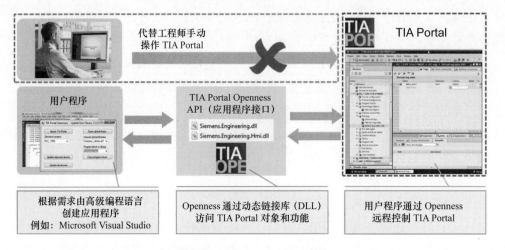

图 2-64　Openness 工作原理

我们可以使用 Visual Studio 创建一个基于 C# 编程语言的项目，然后在 Visual Studio 中引用 Openness 作为插件库，即可通过高级语言编程的方式调用 Openness 提供的功能丰富的方法和属性，来使用 TIA Portal 的功能，例如添加新的功能块、编译后自动下载程序到 PLC 中。

在图 2-65 中我们可以看到 Openness 有如下特点：

1）功能开放性：通过预定义的接口函数，可以调用 TIA Portal 的功能，实现自动执行工程组态任务，而这些功能的调用可以在不启动 TIA Portal 交互界面的情况下在后台进行。

2）数据开放性：无须编写任何高级语言，就可实现 TIA Portal 和外部软件的数据交换，例如：利用导出和导入功能实现数据交换。TIA Portal Openness 支持通过 AML 文件交换组态数据，通过 XML 文件导出和导入程序数据，例如：由第三方电气规划软件生成的 AML 文件导入 TIA Portal 中，可以自动生成项目的硬件和网络组态。将程序导出成 XML 文件后，由第三方应用程序进行配置和修改，再导入 TIA Portal 项目中来实现程序的修改和创建。此功能可以使工程组态过程更加高效，同时降低错误率，例如：交换项目数据交换，对组态数据进行外部处理（如使用查找和替换功能对数据进行批量操作），导入外部创建的组态数据（如文本列表和变量等），为外部应用程序提供项目数据等。

在开发的应用程序中通过 Openness 调用 TIA Portal 的系统功能，或者将 TIA Portal 与其他软件集成，实现工程组态数据的无缝传输和处理。用户可以通过 C#、VB.NET等高级编程语言来访问 TIA Portal Openness。同时，西门子在基于 TIA Portal Openness 实现自动生成程序解决方案上也提供丰富的案例和软件工具，以帮助用户快速上手。

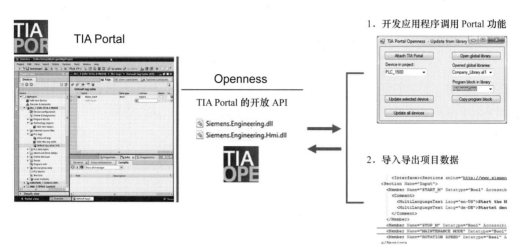

图 2-65　Openness 的两大功能

2. TIA Portal Openness 安装

如图 2-66 所示，在 TIA Portal 安装向导的软件列表界面中勾选"TIA Openness"，可以将 Openness 随同 TIA Portal 一起安装，安装后在 TIA Portal 安装目录中的"PublicAPI"文件夹中可以找到对应的".DLL"文件。向"Siemens TIA Openness"用户组添加用户：在 PC 上安装 TIA Portal Openness 时，会自动创建"Siemens TIA Openness"用户组。当通过 TIA Portal Openness 应用程序访问 TIA Portal 时，需要验证用户是否是"Siemens TIA Openness"用户组的成员，验证通过才能够启动并与 TIA Portal 建立连接，因此需要在操作系统的设置中向用户组添加对应的用户。

图 2-66　TIA Portal Openness 的安装

3. TIA Portal Openness 系统手册

如图 2-67 所示，西门子官方提供了 Openness 的系统手册，用以详细介绍其具有的 API 和导入导出功能。在使用高级语言开发自动化工程软件时，可以通过系统手册了解 Openness 具有哪些功能的 API 函数接口，支持哪些项目数据的导入导出，并利用这些功能来实现满足自己需求的自动工作流程。通过链接 https://support.industry.siemens.com/cs/ww/

zh/view/109826886 可以下载最新的 Openness 系统手册。该手册除了对 API 和导入导出功能进行详细介绍外，还会介绍新版本的功能和不同版本之间 Openness 的主要变化。

图 2-67　Openness 系统手册

（1）TIA Portal Openness 对象模型　西门子 Openness 中的对象模型可以理解为一种用于描述和表示工业自动化系统中各个组件和功能的数据模型。在图 2-68 中我们可以看到 TIA Portal 中各个对象在 Openness 中对应的对象模型，它们基于面向对象编程的概念，将 PLC、人机界面、工业设备、传感器等各个组件抽象为对象，并定义了它们之间的关系和行为。通过对象模型，不同的工业自动化设备和软件系统可以实现互联互通，实现数据的共享和交互。对象模型提供了一种统一的数据结构和接口，使得不同厂商的设备和系统可以更容易地集成在一起，实现跨平台和跨系统的互操作性。对象模型还提供了一系列标准化的方法和函数，用于对工业自动化系统进行配置、监控和控制。开发人员可以使用这些方法和函数来访问和操作对象模型中的各个组件，实现对工业自动化系统的灵活控制和管理。

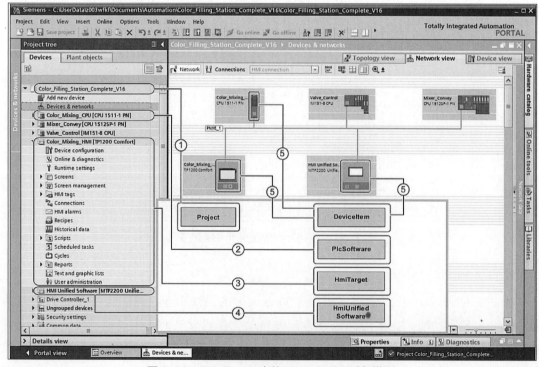

图 2-68　TIA Portal 中的 Openness 对象模型

（2）Openness API 及导入导出内容概览　　在系统手册中对 API 和导入导出的内容进行了
清晰的结构划分，通过图 2-69 可以看出 Openness
提供了哪些功能，通过这些功能可以实现高效的
自动化工程。同时通过 Openness 操作导出 Portal
项目和设备数据，随后通过二次开发的功能对数
据进行批量操作后再导入项目中，可以实现高效
的数据生成，例如程序块、PLC 变量、HMI 画面
的自动生成。

通过阅读系统手册，用户可以了解到 Openness
能够调用 TIA Portal 的哪些功能，能够导出和导入
项目和设备中的哪些数据，进而与自己的自动化
任务匹配，开发出功能更加丰富的应用程序来实
现 PLC 程序的自动生成。

```
✔ 5 TIA Portal Openness API
  > 5.1 TIA Portal Openness 对象
  > 5.2 常规函数
  > 5.3 项目和项目数据的功能
  > 5.4 用于访问 Teamcenter Gateway 的函数
  > 5.5 连接功能
  > 5.6 库操作函数
  > 5.7 访问设备、网络和连接的功能
  > 5.8 网络功能
  > 5.9 设备功能
  > 5.10 设备项功能
  > 5.11 PLC 设备的数据访问函数
  > 5.12 HMI 设备的数据访问函数
  > 5.13 HMI Unified 设备的数据访问函数
✔ 6 导出/导入
  > 6.1 概述
  > 6.2 导入/导出项目数据
  > 6.3 导入/导出 HMI 设备的数据
  > 6.4 导入/导出 PLC 设备的数据
  > 6.5 导入/导出硬件数据
```

图 2-69　Openness API 及导入导出内容概览

2.5.3　自动执行工程任务

通过上面章节我们了解了西门子全集成自动化工程平台 TIA Portal 的开放接口 Openness。
在自动化工程的解决方案中，我们可以利用 Openness 来访问 TIA Portal 以及工程项目，配
合软件技术实现工程任务的自动化执行。本节会对这一应用场景进行介绍。

生产机械设备的自动化程序开发和调试过程往往包含许多重复性的工程任务，例如硬
件组件的添加、程序块的复制粘贴及调用、PLC 变量的创建和重命名、项目编译和下载等。
如果能够利用软件技术，帮助自动化工程师实现这些工程操作的自动执行，可以显著提高工
作效率。西门子针对这样的需求，提出了基于 TIA Portal Openness 的相关解决方案。用户可
以通过创建应用程序，调用 TIA Portal Openness 的 API，来实现批量和自动执行 TIA Portal
中的功能，也可以使用集成了 Openness 指令的脚本编辑器，由编写脚本指令代替开发应用
程序，更加简单便捷地实现自动执行工程任务。接下来，我们可以用一个案例说明如何开发
应用程序调用 Openness 实现工程任务的操作。

1. 创建 Openness 应用程序执行工程任务

通过 C# 高级语言开发应用程序，在应用程序中编程调用 Openness 丰富的功能函数，
可以访问 TIA Portal 的功能，进而实现工程任务的自动化执行。现在我们假设需要创建一个
应用程序来实现启动 TIA Portal，打开项目并批量添加硬件组态，随后进行项目编译和保存。
创建该应用程序需要用到的软件见表 2-9。

表2-9　创建应用程序需要用到的软件

软件名称	软件图标	说明
SIMATIC STEP 7	TIA POR	TIA Portal 中 PLC、画面等项目程序的工程组态软件
SIMATIC WinCC		
TIA Portal Openness	TIA OPE	TIA Portal 选件：开放的应用程序接口
Microsoft Visual Studio		微软推出的一个集成开发环境，可用于应用程序的创建、调试和发布

项目开发的步骤可以简要概述如下：首先在 Microsoft Visual Studio 中创建新项目，如图 2-70 所示，将 Openness 的动态链接库添加为项目引用，以西门子提供的案例程序为参考，进行界面设计和程序编写，例如：在界面中添加按钮控件，设置对应的大小、位置、颜色等控件属性，在控件对应的代码编辑器中编写 C# 程序，调用打开 TIA Portal 功能函数。进行界面和程序开发后，可以对应用程序进行调试和发布，测试能否根据界面操作自动执行所需的工程任务。

图 2-70　添加 Openness 动态链接库引用

应用程序的开发需要工程师掌握一定程度的 Visual Studio 操作和 C# 编程知识，图 2-71 所示为调用 Openness 编程的示例，例如启动 TIA Portal、打开指定地址的 TIA Portal 项目、创建指定型号和名称的 PLC 硬件组态等。

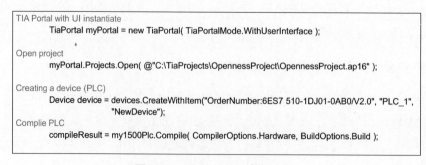

图 2-71　Openness 编程示例

2. 应用案例: Openness 脚本编辑器

通过上述的操作,我们可以通过调用 Openness 的 API 来开发自己的应用程序,实现工程任务的自动化执行,但仍然需要掌握 C# 或 VB.NET 等高级语言编程,因此对用户的编程能力有一定的要求。因此西门子提供了 Openness 脚本编辑器,通过其简洁的脚本指令即可实现对 TIA Portal 项目工程任务的自动执行,用户无需任何编程基础,执行对应工程任务指令时避免了复杂的编程和应用程序开发。通过链接 https://support.industry.siemens.com/cs/ww/zh/view/109742322 可以下载该编辑器及应用文档,如图 2-72 所示。

图 2-72　Openness 脚本编辑器下载链接

图 2-73 左侧是使用脚本指令实现打开 TIA Portal 项目,选中并编译 PLC 程序的指令示例;右侧是实现相同功能需要编写的 C# 程序代码量。可以看出使用脚本指令代替高级语言编程,可以大大简化程序代码,以图中程序为例,可以减少约 95% 的编程工作量,也可以节省将 Openness 集成到开发环境的时间。

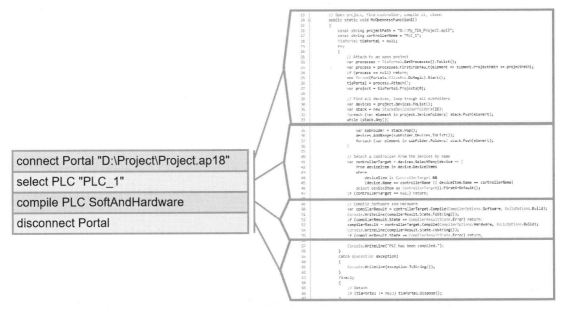

图 2-73　脚本指令与 C# 应用编程代码对比

相对于利用 C# 等高级语言编程开发应用程序,使用 Openness 脚本编辑器具有一些明显的优势:

1）可靠：由于封装和简洁的特性，可以降低编程错误的概率。

2）易用：该应用案例提供简洁的操作界面和面向英文的脚本指令，用户只需要对 TIA Portal 有基础知识即可简单上手使用。

3）高效：脚本指令的执行效率和运行速度与通过高级语言编程调用 API 一致。

4）扩展：可以实现自定义脚本，相对于修改基于高级编程语言的应用程序，可以实现简单和快速地扩展脚本功能。

5）轻量化：基于文本的脚本占用内存小，可以方便地进行复制和传输，也不需要特殊的开发环境。

但由于脚本编辑器仅提供 TIA Portal Openness 开放接口的一些常用的基本功能，使得其在简单易用且轻便的同时，也被限定了能够实现的功能。因此相比而言，结合 Openness 和高级语言编程来开发应用程序能够实现更加复杂的功能或更好的灵活性。

Openness 脚本编辑器软件安装：解压下载的程序安装文件后，可以双击文件夹中的"setup.exe"文件进行安装，程序安装完成后进行一次系统检查。Openness 脚本编辑器的起始界面如图 2-74 所示。界面左侧会显示最近使用过的脚本文件，用户也可以将指定脚本固定在此区域以便访问；界面右侧提供一些参考模板，用户可以在此基础上进行脚本开发。

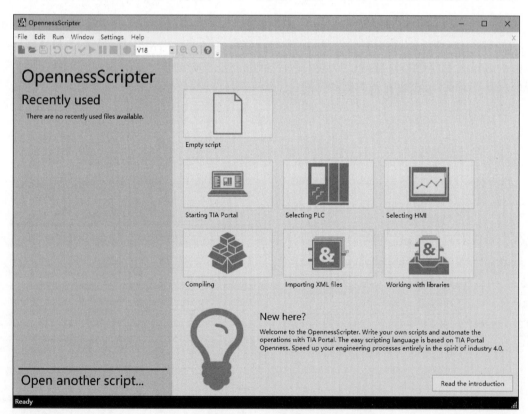

图 2-74　Openness 脚本编辑器起始界面

当用户创建新的脚本文件后，系统会自动打开脚本的编辑器界面，如图 2-75 所示。界面顶部为菜单栏，中间白色区域为脚本指令编写区，左侧为最近使用的脚本文件，可以单击进行显示或隐藏，界面下方为信息输出显示区，可以调整大小或隐藏。菜单栏下方为常用工具栏，可以进行文件的打开、保持、运行等操作。图中编写了几段简单的示例脚本指令，单击工具栏的运行按钮，即可实现打开一个新的 TIA Portal 实例，并打开指定路径的项目的功能。在使用脚本编程时需要注意一些基本规则，例如：每条脚本指令占用单独的一行，编辑时使用 "#" 作为程序备注的标识符，指令字符的大小写和文本缩进不会影响脚本的功能和运行。在脚本编辑器中有两种方式可以访问和操作 TIA Portal 项目：第一种是启动新的 TIA Portal 运行实例，打开指定路径的项目；第二种是连接已经打开项目的 TIA Portal 运行实例。两种方式对应的脚本指令不同。

图 2-75　Openness 脚本编辑器界面

通过 Openness 可以导入 XML 格式文件的变量表、数据类型、程序块等对象，而 XML 文件通常可以通过以下方式导出：

1）通过 TIA Portal 的版本控制接口生成 XML 文件：如图 2-76 所示，通过鼠标左键可以拖拽所需的对象到工作区中，拖拽完成后可以看到工作区中的对象，同时会在工作区路径文件夹生成对应的 XML 文件。

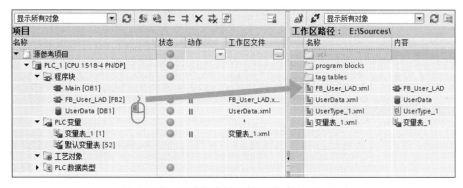

图 2-76　通过版本控制接口生成 XML 文件

2）通过 Openness 应用程序导出 XML 文件：在应用程序中调用 TIA Portal Openness 的

API 来导出程序块、数据块等对象的 XML 文件。如图 2-77 所示，以本章提到的 Openness 示例应用程序为例，可以通过界面功能导出指定对象的 XML 文件，这些文件基于西门子的 SimaticML 标准并以 ".xml" 作为扩展名。导出时可以通过界面下方的信息栏查看导出执行状态，随后在指定路径的文件夹中即可看到应用程序生成的 XML 文件。

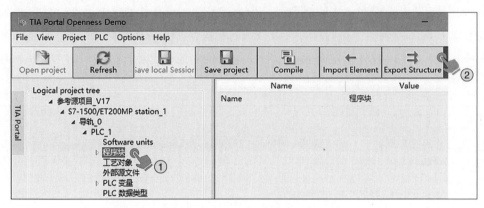

图 2-77　通过 Openness 应用程序导出 XML 文件

下面通过一个简单的示例，演示如何通过脚本实现简单的程序生成任务。作为设备生产制造商，在没有进入工程调试阶段时，自动化工程师可以使用此应用案例中的 Openness 脚本编辑器作为工具，实现设备项目的创建、变量和程序块导入、配置参数的组态等工程组态任务的自动执行，以减少部分重复性工作，提高程序准备阶段的效率。假设我们需要启动 TIA Portal 并打开指定项目，自动导入 PLC Portal 和程序库等一系列程序组态操作，实现以上功能的脚本指令如下：

```
# 启动 TIA Portal 并打开指定项目
open Portal
open Project "E:\Projects\ 项目生成示例 \ 项目生成示例 .ap18"
# 选择 PLC
select Plc "PLC_1"
# 创建新的分组并导入 PLC 变量表
create PlcTagTableFolder /group1/
import PlcTagTables "E:\Sources\tag tables\tagtable1.xml" /group1/
# 导入指定文件夹中的所有程序块
import ProgramBlocks "E:\Sources\program blocks\"
# 对 PLC 进行编译
compile Plc SoftAndHardware
# 保存和关闭项目
save Project
close Project
# 断开与 TIA Portal 的连接
disconnect Portal
```

在编辑器的文本输入区中输入以上代码，并在相应路径下提供 TIA Portal 项目和变量表等文件，单击工具栏中的运行按钮，可以观察到随着脚本的执行，会自动打开一个 TIA Portal 界面，随后打开对应项目并导入指定的变量表和程序块，完成程序的创建后会自动关闭项目，最后断开与 TIA Portal 的连接，在脚本编辑器的输出窗口可以看到指令的执行状态。整个过程完全自动执行，并且导入数据的过程相对于手动操作在速度上会有明显的优势。通过脚本的示例编程可以看出，相对于使用 C# 等高级语言编程执行 Openness 功能，通过脚本指令可以大大减小编程代码量并降低难度；对于常见的程序生成功能，使用 Openness 脚本编辑器可以显著降低入门操作难度，并且减小功能开发的工作量，用户可以根据自身情况利用此工具来提高工作效率。

2.5.4　生成 PLC 程序

利用 Openness 开发应用程序以及使用脚本编辑器，可帮助工程师实现工程任务的自动化执行，在此基础上工程师如果还希望实现 PLC 程序的自动化生成，进一步降低程序开发的工作量，那么就需要使用自动生成 PLC 程序的解决方案。作为自动化工程中的解决方案之一，生成 PLC 程序是利用外部的应用程序，以 Openness 为接口，根据设备需求自动生成对应的 PLC 程序，替代部分原本需要在 TIA Portal 中完成的工作，进而提高工程效率。通常自动生成 PLC 程序需要标准化的程序库作为基础，在生成时可以根据需求选择不同范围，可以只自动创建 PLC 变量或工艺对象，或者生成一部分标准化的工艺程序，也可以生成相对完整的 PLC 程序，这取决于用户的程序标准化程度以及对程序生成的需求。

1. 生成 PLC 程序的层级

图 2-78 显示了生成 PLC 程序可以根据程序创建的范围分为不同的层级，其不同的层级也对应着不同的前期投入和后期开发时间。

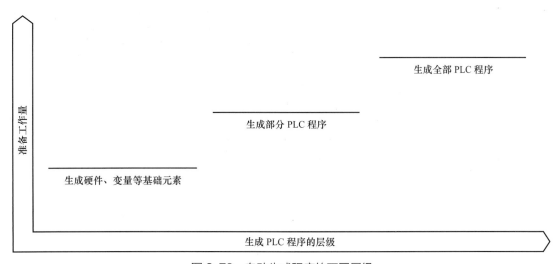

图 2-78　自动生成程序的不同层级

　　自动程序生成中的不同层级代表不同的自动化水平，每个层级所需要的前期准备工作量也不同，因此客户应当根据工程开发的实际情况去选择合适的层级，例如：如果需要开发程序的设备并不多，后续其他设备与此设备差异较大，那么花费大量的时间去开发相应的应用程序可能并不合适。此时可以选择将一些重复性工作，通过编写简单的 Openness 脚本指令来调用 TIA Portal 功能，实现自动执行部分工程任务。这种做法可以在不花费很多前期准备时间的前提下，尽可能地提高效率，性价比较高。选择不同的 PLC 程序生成等级，实际是根据自身情况和需求平衡前期准备时间和程序开发时间，最终目的仍然是节省时间、提高效率和程序质量。

　　通过图 2-79 我们可以看到不同等级的 PLC 程序生成内容的示例，以及对应的特点。

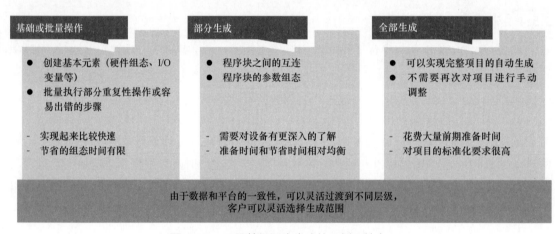

图 2-79　不同等级程序生成的示例及特点

　　1）基础或批量操作：包括创建基本元素（硬件组态、I/O 变量等），批量执行部分重复性操作或容易出错的步骤等。由于通过简单的操作即可完成上述功能，实现起来比较快速；但后续仍然需要工程师进行大量手动组态和编程，因此节省的工作时间比较有限。

　　2）部分生成：可以生成程序块之间的互连、程序块的参数组态。其特点是需要对设备有更深入的了解，前期准备花费的时间和节省的工程组态时间相对比较均衡。

　　3）全部生成：可以实现完整项目的自动生成，不需要再次对项目进行手动调整。其特点是需要花费较多的时间进行前期准备，而且对项目的模块化和标准化有较高的要求，但一旦搭建好自动生成项目的应用程序，就可以在非常短的时间内创建设备所需的项目程序。

　　TIA Portal 全集成自动化工程平台将 PLC、人机界面、驱动等设备数据集成于统一平台，保证了数据的连通性和一致性。基于 TIA Portal Openness 开放式 API 实现不同层级的自动化工程，并且在 TIA Portal 版本发生变化时也可以保证兼容性。基于上述的分析，客户可以灵活地在不同层级之间无缝过渡，例如：第一台设备样机的程序只使用了脚本对项目组态中的一些重复性工作进行自动执行，随后在之前的基础上，第二台样机可以实现部分项目数据的自动生成。

2. 应用案例：Openness 入门应用程序开发示例

西门子工程软件平台 TIA Portal Openness API 包括 STEP 7、WinCC 等部分，用户可以将这些接口集成到自己的开发环境中。为了帮助客户更快地学习如何利用 Openness 创建应用程序，西门子提供了标准的示例应用程序及其源代码。通过链接 https://support.industry.siemens.com/cs/ww/zh/view/108716692 可以下载该应用案例的手册和基于 C# 的程序示例源代码。

应用案例"基本项目生成器"（Basic Project Generator）旨在帮助用户开始编写第一个基于 Openness 的应用程序，通过应用程序的界面可以创建或打开 TIA Portal 项目，向项目中添加新设备并进行编译操作等，如图 2-80 所示。应用案例提供了基于 C# 的 Visual Studio 应用程序源代码，通过该 C# 项目可以快速了解如何调用 Openness 接口。用户可以通过查看和学习入门应用程序的源代码，了解如何在开发环境中使用 Openness 接口实现自动化工程的任务，并且运行示例应用程序来测试对应功能的使用效果，实现 Openness 应用程序开发的基础入门学习。同时在此示例程序的基础上，可以灵活地进行更多功能的扩展，省去了底层架构的搭建时间，实现个人 Openness 外部应用程序的快速开发。

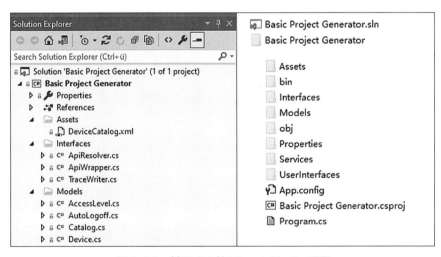

图 2-80　基于 C# 的 Visual Studio 项目

3. TIA Portal Openness 示例应用程序

上面提到的入门"基本项目生成器"的应用程序示例目的在于帮助用户进行 Openness 应用开发的入门学习，同时上述应用案例网页中提供的另一个 Openness 的示例应用程序，它包括更加详细的应用开发编程帮助和更全面的功能概览。如图 2-81 所示，此应用程序示例使用模型 - 视图 - 视图模型（Model-View-View Model，MVVM）软件架构模式进行开发，这种架构模式主要用于实现用户界面与程序模型之间的解耦，并保证可测试性和可维护性，适用于客户端应用程序的开发，如桌面应用程序、移动应用程序和 Web 前端。

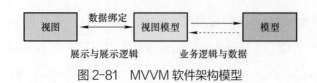

图 2-81　MVVM 软件架构模型

模型 - 视图 - 视图模型由以下三个核心组件组成：

（1）**模型**（Model）　模型代表应用程序的数据和业务逻辑，它可以是数据模型、数据库或其他数据源。模型负责处理数据的获取、存储、验证和转换等操作。

（2）**视图**（View）　视图是用户界面的可视化部分，它负责呈现数据并与用户进行交互。视图可以是用户界面控件、界面或界面元素。在 MVVM 中，视图应该尽量减少对业务逻辑的依赖，只关注数据的显示和用户操作的反馈。

（3）**视图模型**（View Model）　视图模型是视图和模型之间的中介，它负责将模型中的数据转换为视图可以理解和显示的形式，并处理视图中发生的用户交互。视图模型通常包含与视图相关的命令、属性和方法，用于响应用户操作和更新模型数据。

MVVM 模式的核心思想是数据绑定。视图和视图模型之间建立了双向的数据绑定关系，当视图模型中的数据发生变化时，视图会自动更新。而当视图中的用户操作引起数据变化时，视图模型会自动更新相关的数据。这种数据绑定机制减少了视图和模型之间的耦合，简化了界面开发和维护的工作。

通过 MVVM 模式，开发人员可以将界面逻辑和业务逻辑分离，提高代码的可测试性和可维护性。视图模型可以独立于具体的视图技术，可以方便地进行单元测试。同时，MVVM 还支持多个视图共享同一个视图模型，实现了界面的复用和扩展性。

由于 Openness 示例应用程序使用了 MVVM 的架构模式，模块化的项目结构可以更加清晰和简单地展示如何进行应用程序开发。同时为了简化对不同版本 Openness 的集成，此示例应用程序也演示了如何编程实现一个应用程序支持不同版本的 Openness 接口。通过西门子官网，用户可以下载此应用程序的 Visual Studio 源项目，在图 2-82 中可以看到源项目概览。

此示例项目中包含基于 STEP 7、SINAMICS Startdrive、WinCC Professional 和 WinCC Unified 等不同 TIA Portal 平台软件的 Openness 功能模块，同时支持不同 Openness 版本，读者可以根据自己的设备和需求选择性地使用其中部分模块或版

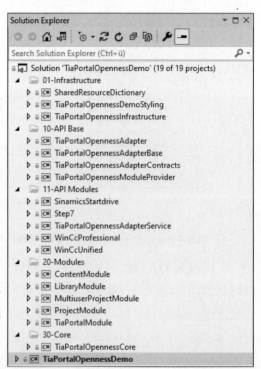

图 2-82　应用程序 Visual Studio 源项目概览

本。单击运行应用案例提供的可执行文件"TiaPortalOpennessDemo.exe"，需要在弹出的窗口中选中需要使用的 TIA Portal 和 Openness 版本，随后勾选需要使用的模块，例如 PLC 需要勾选"Step7Module"。

系统随后会弹出应用程序的操作界面，通过对界面的实际操作并结合应用程序的源代码，可以进一步了解怎样通过编程的方式调用 Openness 接口，怎样搭建程序模型和视图模型实现对不同版本接口的操作。通过此示例应用程序，用户可以选择应用的 Openness 版本，通过窗口界面实现对 TIA Portal 项目的打开、编译和保存等操作，也可以通过 SimaticML、AutomationML 等基于 XML 格式的文件导入导出项目数据。如果能够通过编程或第三方软件对这些文件进行自动化处理，则可以实现程序的自动导入和生成。其中 SimaticML（SIMATIC 标记语言，SML）是西门子在 TIA Portal 中用于交换软件数据的标准，Openness 可以通过 SimaticML 标准格式的文件导入导出项目的程序块或 HMI 画面等数据，其文件以".xml"为扩展名。AutomationML（自动化标记语言，AML）则是用于交换硬件数据的开放标准，其文件以".aml"为扩展名，它可以为不同的 CAx（Computer-Aided-x，计算机辅助技术）软件和系统提供统一的数据交换和集成方式，实现更高效、准确和一致的工程和制造过程。例如：EPLAN Electric P8、IA 选型工具和 TIA Portal 等软件都支持该标准，Openness 可以通过该格式文件将生成的硬件组态导入 TIA Portal 项目中。AutomationML 和 SimaticML 都是基于 XML（可扩展标记语言，eXtensible Markup Language）的标记语言，其中 XML 是一种通用的标记语言，它提供了一种可扩展的文本格式，可以用于定义和描述数据的结构和内容信息。

上述的 Openness 入门应用程序和示例应用程序可以通过实际编程项目的学习和带界面的功能测试，帮助用户快速熟悉如何通过开发应用程序实现工程组态和自动程序生成；或者将 Openness 嵌入自己的开发环境中，实现外部应用与 TIA Portal 平台的联合开发，提高工程开发效率。

4. 模块化应用创建器

通过开发应用程序来实现 PLC 程序的生成，需要工程师熟悉 C# 等高级编程语言以及 Openness 开放接口，同时应用开发也需要时间投入，有没有现成可用的软件？西门子为此提供了标准程序自动生成解决方案：模块化应用创建器（Modular Application Creator），可以简称为 MAC。为了帮助客户提高工程开发效率，提升设备性能，西门子根据各行业生产机械设备开发了大量的标准应用库，例如 OMAC 标准化状态模型库、印刷标准应用库、连续物料加工应用库等。这些标准应用库由西门子进行开发和更新维护，并且基于标准化和模块化的理念设计和开发，因此可以进行灵活的功能模块搭建和程序块复用，这样的标准应用库为程序的自动生成提供了良好的软件基础。另外，工程师在利用应用库来开发不同的设备项目时，往往需要根据设备的实际情况进行组态和程序调整，例如修改数据长度、初始化参数、调用程序块等，增加了工程组态的时间，如果能够通过应用程序自动生成适合实际设备情况的项目，可以显著提高工作效率。

以图 2-83 为例，装箱设备中的智能输送带因为客户需求不同，不同批次的设备中输送带、进料带等轴的数量也不尽相同，对应的 PLC 程序也会有所区别。即使工程师针对不同机构有模块化的标准程序，也需要根据实际数量进行程序块调用次数的调整、工艺对象数量的增减等操作。以上只是简单的情况，实际的设备程序往往还有 PLC 变量、程序组件和变量结构等多方面的差异。如果能够通过图形化向导组态的方式来定义 PLC 程序的结构，代替在 TIA Portal 工程软件中的操作，则可以极大地节省程序的开发时间。针对这样的需求，西门子提供了以模块化应用创建器为基础的解决方案。

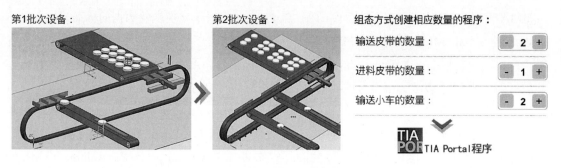

图 2-83 通过组态定义程序结构

如图 2-84 所示，基于输送带 1 的标准应用库，模块化应用创建器可以动态创建输送带 2 所需的工艺对象、数据块和接口变量，并实现程序块的调用和实参变量分配。当然，这只是模块化应用创建器工作结果的简单举例。

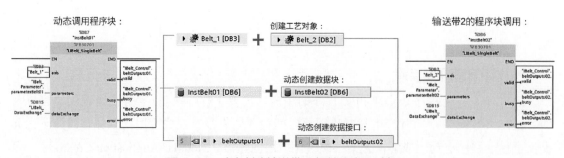

图 2-84 动态创建输送带 2 相关程序及对象

如图 2-85 所示，上述自动生成 PLC 程序的解决方案包含模块化应用创建器（Modular Application Creator）和设备模块（Equipment Modules）两部分。其中模块化应用创建器作为软件平台主要负责提供功能支持，其自动生成 TIA Portal 项目的功能仍然是基于 TIA Portal Openness 开放接口，实现对 TIA Portal 功能的调用和项目数据的访问。除此之外，软件还可以进行项目管理、版本和设备模块管理等。通过工艺视图和图形化向导，用户可以根据设备实际情况轻松地完成项目组态，同时自动进行合理性验证，随后执行 TIA Portal 项目的自动创建。模块化应用创建器本身不包括具体的应用库程序，而是由设备模块提供相应的数据和信息支持，其中包括模块的描述信息、用户组态界面、程序生成逻辑和软件数据等。西门子基于标准应用库开发的预定义设备模块经过了功能验证和测试，并根据不同的应用类别分为不同模块，例如智能输送带应用、印刷标准库、连续物料加工库、OMAC 状态模型库等，在模块化应用创建器中选择所需的设备模块并完成组态，即可自动生成高质量的设备项目和程序，减少工程组态和调试的时间，同时避免由于工程师手动误操作造成的组态错误。

图 2-85　模块化应用创建器和设备模块配合使用

图 2-86 展示了通过模块化应用创建器生成 PLC 程序的工作流程：打开带有硬件组态的 TIA Portal 项目，选择所需的工艺设备模块，通过可视化向导对模块进行组态，由软件生成 TIA Portal 程序，如果对程序或硬件有手动修改，可以通过模块化应用创建器更新同步项目数据。

图 2-86　模块化应用创建器工作流程

可以通过以下链接 https://support.industry.siemens.com/cs/ww/zh/view/109762852 下载应用创建器的相应软件及文档，同时西门子也会对软件和设备模块进行持续更新。下载软件后无须安装，双击运行文件即可开始组态。首先，用户可以选择打开已有的 TIA Portal 项目，也可以通过导入 AML 文件，后续由软件根据 AML 文件中的硬件信息自动创建 TIA Portal 项目。如图 2-87 所示，可以看到模块化应用创建器打开项目后的主界面，在界面中可以从右侧选取所需的设备模块分配到左侧的 PLC 程序中。

选择所需设备模块后，可以在菜单栏的组态模块中根据设备实际情况进行组态，例如设置轴的名称和数量，分配工艺对象对应的伺服驱动器，设置齿轮比、模态长度等，如图 2-88 所示。最后进入生成菜单栏单击生成按钮即可让软件完成 TIA Portal 程序的自动创建。模块化应用创建器所使用的设备模块是基于标准化和模块化的应用库开发而来，因此通过该软件自动生成的 PLC 程序也满足标准化和模块化的要求。

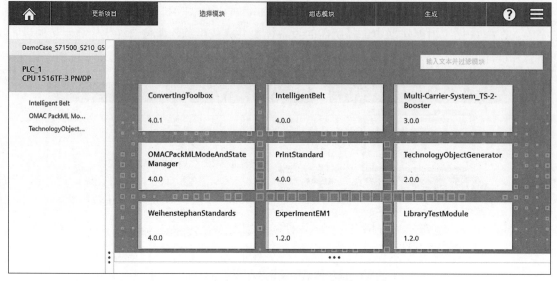

图 2-87 模块化应用创建器界面

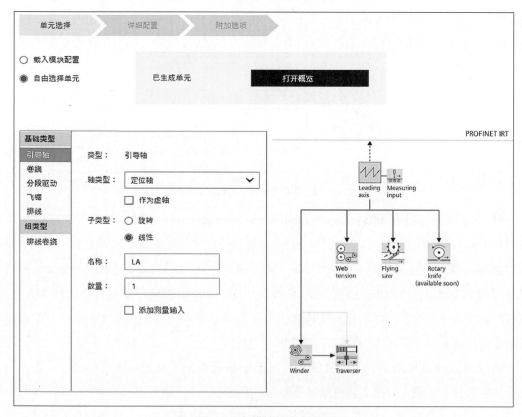

图 2-88 设备模块组态向导示例

　　由于各行各业生产机械设备的程序存在不同，在现有的标准设备模块的功能基础上，西门子也提供了可以扩展程序生成范围的解决方案：模块化应用创建器允许用户通过高级语言编程开发自己的设备模块。这意味着创建器是一个开放的平台，用户可以将自己设备的程序集成到平台中，实现更灵活和完整的程序自动生成。西门子提供基于微软 Visual Studio 的扩展插件和示例源代码，其中主要包括了两个基础功能的代码架构：

　　1）可以通过设备模块组态所需的程序库，将其集成到 TIA Portal 库项目中。如图 2-89 所示，可以在组态时勾选所需的程序库并定义集成到项目中的位置和结构，随后实现程序库的批量生成。

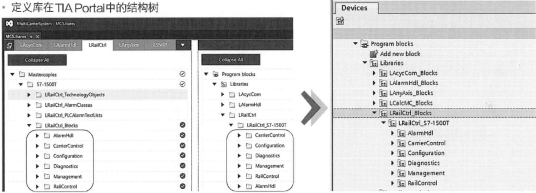

图 2-89　将程序库集成到 TIA Portal 项目中

　　2）通过高级语言编程创建自定义设备模块，根据设备需求生成 PLC 程序。通过图 2-90 所示的编程语句示例，可以看出如何在 Visual Studio 中通过 C#编程对 TIA Portal 程序进行生成，例如：创建数据块、组织块，调用功能块等。

```
• 创建全局数据块：
  XmlGlobalDB DataBlock = new XmlGlobalDB("DB Name");

  • 添加接口变量：
    var staticSection = Datablock.Interface[InterfaceSections.Static];
    staticSection.Add(new InterfaceParameter("configuration", "type")
    { SetPoint = true });

• 创建主程序OB块：
  XmlOB MainOb = new XmlOB("Main_OB");

• 调用程序块：
  BlockCall Block = new BlockCall(blockName, plcDevice)
  {
  ["enable"] = "true",
  };
  BlockNetwork network= new BlockNetwork();
  network.Blocks.Add(Block);
  MainOb.Networks.Add(network);
```

图 2-90　创建自定义设备模块编程示例

借助模块化应用创建器，用户既可以通过组态和自动创建的方式将标准程序库集成到 TIA Portal 项目中，也可以利用设备模块创建器和编程开发自己的设备模块，实现更多设备程序的自动生成。图 2-91 展示了解决方案的整体架构：首先将硬件组态数据导入应用创建器中，添加设备模块作为生成程序的数据基础，经过组态后可以生成所需的 TIA Portal 项目。同时，利用 TIA Portal Openness，应用创建器还可以创建 HMI 设备和界面程序、驱动对象以及程序对应的 SIMIT 虚拟仿真模型项目等，进而实现更加完整的项目自动生成。

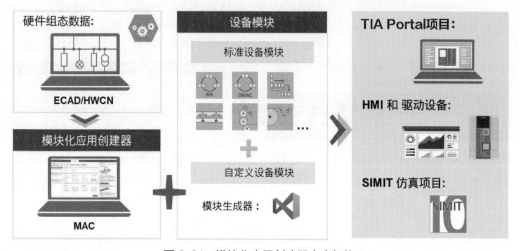

图 2-91　模块化应用创建器方案架构

5. 总结

以标准化和模块化的程序作为基础，利用软件技术和 TIA Portal Openness 实现 PLC 程序的自动生成，可以给用户带来以下收益：

1）缩短上市时间：通过批量生成代替手动组态，缩短工程时间。

2）保证软件质量：基于标准化和模块化程序，可以保证 PLC 程序的一致性。

3）降低错误率：通过对枯燥和重复性任务的自动批量处理，可以降低人为误操作的风险。

4）提高人员效率：协助工程师提高工作效率，让他们有更多的精力去专注于关键性或创新性的任务。

本节介绍了西门子在实现工程任务自动执行和程序自动生成方面的解决方案，可以基于西门子 TIA Portal Openness 功能组件，配合 C# 等高级编程语言来调用 Openness 提供的开放式接口，来访问 TIA Portal 的功能和数据；也可以使用模块化应用创建器，配合基于标准应用库的设备模块，实现灵活高效的自动化工程和程序生成。同时西门子也提供了详尽的手册文档和应用案例，帮助用户更快地实现入门学习和操作使用，并根据自己的需求进行批量执行，生成 PLC 程序等自动化工程。

2.5.5　生成人机界面

人机界面（Human-Machine Interface，HMI）是工业生产机械设备的关键组件，提供了人与设备系统的交互接口。通过直观的图形用户界面，操作员可以实时监视设备状态、参数和数据，同时能够进行控制、设定和故障诊断。HMI 还能生成报警，确保异常情况发生时及时通知操作员，并记录相应的数据以便进行后续分析，支持用户权限管理，确保只有授权人员能够进行操作。HMI 通过与其他设备及系统通信和集成，实现了工业自动化的关键功能，提高了生产率、可靠性和安全性，可定制和可扩展的特点使 HMI 适用于各种工业应用。

1. 解决方案概览

自动生成 HMI 作为工业自动化领域中数字化技术发展的方向之一，可以大幅提高机械设备制造商和系统集成商可视化界面的开发效率、可靠性和可维护性，目前工业领域自动生成 HMI 的解决方案中，有基于界面模板的生成方案，也有基于规则的生成方案。西门子提供了基于 SiVArc 的解决方案，如图 2-92 所示。SiVArc（SIMATIC Visualization Architect，可视化构造器）是 TIA Portal 的一个选件包，旨在帮助 TIA Portal 用户轻松实现自动生成标准化的 HMI，结合了 PLC 数据、HMI 模板以及组态规则等多种方式。

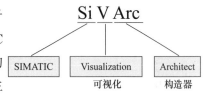

图 2-92　SiVArc 含义

SiVArc 选件可以适配 SIMATIC WinCC Professional、SIMATIC WinCC Advanced 或 SIMATIC WinCC Unified 等上位组态软件，使用 SiVArc 可以通过控制程序生成下列 HMI 对象：

1）画面、面板、可视化组件和操作控件选项等。

2）外部变量。

3）HMI 文本列表。

如图 2-93 所示，自动生成 HMI 的解决方案中，通常需要基于以下信息作为数据：

图 2-93　自动生成 HMI 的原理

（1）**基于 PLC 数据**　这是自动生成 HMI 的基础。通过与 PLC 程序的连接，界面可以自动获取和显示控制系统中的数据。这意味着不再需要手动输入或配置每个变量，而是可以直接从 PLC 中获取数据，确保了数据的准确性和一致性。

（2）**基于界面模板**　界面模板提供了一个可定制的框架，用于组织和呈现数据。工程师可以选择适合其需求的模板，然后自动填充模板中的内容，从而减少了从零开始创建界面的工作。这些模板可以包括布局、图像元素、按钮等，使界面设计更加简便和标准化。

（3）**基于生成规则** 规则定义了如何根据 PLC 数据和界面模板来自动生成 HMI。这些规则可以包括画面、变量规则、文本列表规则、复制规则和布局规则等，根据特定的需求自动调整界面内容。规则的使用可以大大提高界面的智能化和适应性。

2. 生成人机界面的优势

基于 SIMATIC SiVArc 自动生成 HMI 的解决方案具有以下优势：

（1）**工程效率提升** 能够自动生成变量、图像、图像对象和文本列表等关键元素，从而减少手动创建的烦琐工作。以 PLC 程序为基础，确保 HMI 与控制逻辑之间的一致性和紧密集成。

（2）**避免错误** 自动化执行多个相同的工作步骤，降低了人为错误的可能性。实时跟踪 PLC 程序的任何更改，并将其自动同步到 HMI，确保数据的准确性。提前进行软件错误和一致性的检测，降低了调试现场遇到问题的风险，提高了系统可用性。

（3）**快速高效** 可在不到 10min 时间内生成超过 150000 个对象，显著提高了项目开发速度。快速增量式生成，帮助迅速更新可视化内容。由统一的 PLC 和界面数据，基于规则进行生成的可视化，其中一个优势就是在已经生成 HMI 后，仍然可以对 PLC 数据或规则进行调整，进而快速实现 HMI 的更新，而传统的由固定模板复制生成的方式往往需要进行大量操作才能适配程序的修改。SiVArc 允许用户通过调整参考模板来实现项目范围内的变更，而无须逐个修改每个单独的界面元素，这简化了大规模项目的管理，并减少了在项目中修改和调整所花费的时间。

（4）**标准化** 基于库和模板进行生成，实现了标准化的用户界面，确保一致性。

1）用户界面的统一布局：这意味着所有的用户界面都具有相似的布局和外观，这种一致性可以使操作员更容易理解和使用不同的界面，降低了学习成本和操作错误的可能性。

2）操作组件的一致命名：在不同的用户界面中，相同类型的操作组件（如按钮、输入框、标签等）都采用相同的命名规则，这有助于操作员快速识别和理解各种控制元素的功能，提高了用户界面的可用性。

3）配置数据的结构化存储：将配置信息以有组织的方式存储，以便于管理和维护，结构化存储可以帮助确保配置数据的一致性和易于访问，从而降低了配置错误的风险。

3. SiVArc 选件包的安装

SiVArc 作为 TIA Portal 的选件包，安装后会集成到 Portal 平台下使用，同样基于 Portal 统一的数据库进行开发。在系统中安装对应版本的 STEP 7 和 WinCC 软件，随后运行安装文件中的"Start.exe"启动 SiVArc 安装。通过 TIA Portal 选型→设置→SiVArc 可以进行基本功能设置，例如：变量生成模式、所生成变量的采集周期和模式、报警显示设置等。

SiVArc 编辑器：如图 2-94 所示，在 TIA Portal 左侧项目树中可以找到 SiVArc 单独的编辑器文件夹，里面包含各类规则表编辑器和表达式编辑器等功能结构。

WinCC 和 STEP 7 的编辑器：在 TIA Portal 对 HMI 和 PLC 组态的界面中，也可以访问 SiVArc 编辑器，进行相关规则或表达式的组态，如图 2-95 所示，在对象的属性组态器中，通过插件栏可以访问与 HMI 对象或程序相关的 SiVArc 属性进行组态编辑。

图 2-94 TIA Portal 中的 SiVArc 编辑器

图 2-95 WinCC 中的 SiVArc 编辑器

4. 工作流程

使用 SiVArc 生成 HMI 通常可以分为图 2-96 所示的四个步骤。

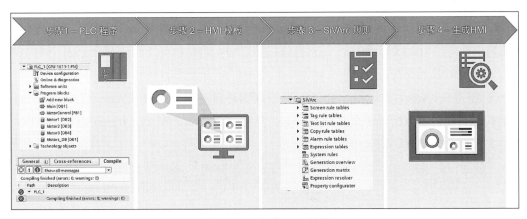

图 2-96 生成 HMI 流程

（1）**准备 PLC 程序数据** SiVArc 支持使用的 PLC 数据对象：LAD、FBD、STL 和 SCL 编写的 FC 或 FB 功能块，全局数据块和背景数据块，所有 HMI 操作面板能够显示的数据类型以及数组，结构体和用户自定义数据类型。同时在执行自动生成 HMI 之前，需要确认以下前提条件：

1）确保 PLC 程序的编译没有错误。

2）激活相应变量从 HMI 访问的权限。

3）建立 PLC 与 HMI 设备之间的"HMI 连接"。

4）在 HMI 生成中用到的用户数据类型（UDT）需要添加到项目库的类型中。

在 PLC 程序中我们可以使用标准化的程序块，例如用于控制电机的 FB 块。如果设备中存在许多相同的电机，那么在 PLC 程序中可以复用相同的 FB 块来控制不同工位的电机，同时我们也希望在 HMI 中能够自动生成对应数量的电机控制组件，每个组件分别控制指定的电机。在对调用 FB 的网络标题和背景数据块命名时需要注意唯一性和一致性，以确保后续 HMI 对象根据关联的 PLC 数据块动态生成名称时不会出现重名。

（2）组态 HMI 生成模板

1）表达式和 SiVArc 属性：在 HMI 项目中首先创建需要生成的 HMI 画面或对象，并在属性管理器的插件栏中组态其 SiVArc 属性，例如对象名称、HMI 变量名等文本信息。在组态时可以使用表达式来生成静态或动态的文本。表达式是 SiVArc 中可以返回字符串或数值的功能，可以获取 PLC 中的程序块名称、设备名称等信息实现动态生成。表达式可以分为本地表达式和全局表达式。本地表达式仅在所属的对象中生效，而全局表达式可以在 TIA Portal 项目树中的表达式编辑器中创建，并通过拖拽添加到项目库和全局库中，随后在组态模板对象属性时进行选择，因此全局表达式具有可复用性。需要注意的是在生成时所需的模板需要添加到项目库的模板副本文件夹中。HMI 的模板对象中除了 IO 域、按钮等界面组件外，同样支持面板（Faceplate）对象。

2）规划布局：用户可以根据公司的标准化要求以及设备的工艺进行合理的界面元素布局设计，使用 SiVArc 的布局字段与模板结合，通过控制定位的方式实现动态布局设计。如图 2-97 所示，可以在画面中添加一个矩形元素，在 SiVArc 属性中激活布局字段功能并添加一个名称，在生成 HMI 时，生成的元素会替代矩形块，通过控制矩形元素在画面中的位置，即可控制生成对象的布局。

（3）创建 SiVArc 生成规则 SiVArc 生成规则是自动生成 HMI 的核心所在，利用不同类型的规则，我们可以配置需要生成的内容、格式和布局等。在 TIA Portal 的项目树中可以看到许多不同类型的规则编辑器：

- 画面规则表：用户可以根据控制程序定义在 HMI 设备中生成哪些控制对象。
- 变量规则表：创建规则以结构化的方式存储 SiVArc 生成的外部变量。
- 文本列表规则表：根据规则生成 HMI 中用到的文本列表。
- 复制规则表：将 HMI 对象从库复制到 HMI 项目中，而无须建立 PLC 连接。
- 报警规则表：允许在 HMI 设备中自动生成离散量报警和模拟量报警。
- 生成概述：显示项目中由 SiVArc 生成的画面、对象、变量和文本列表等。
- 生成矩阵：显示所选设备的画面和画面对象。

● 表达式解析器：允许用户在不执行自动生成的情况下预览表达式的生成结果，减少试错时间。

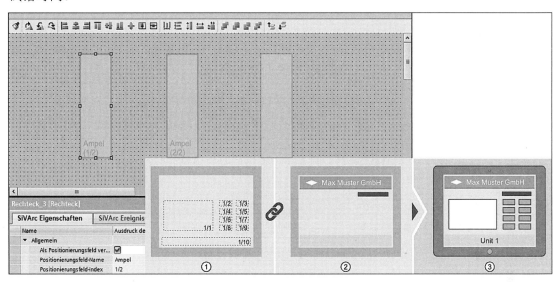

图 2-97　HMI 布局规划

在画面规则执行时会遵循一定的原则，例如：需要生成的画面对象都必须定义相应的画面规则。如果需要根据同一个程序块生成不同的画面对象，则对应的每个画面规则必须定义条件。SiVArc 中的规则通常用于定义生成界面元素的方式和条件，如果某个规则与特定的函数块相关联，并且该函数块在生成过程中被引用，那么这个规则将被执行。这允许用户在生成界面时基于函数块的状态或逻辑来动态调整生成的界面元素。用户可以在任何规则编辑器中增加、删除或修改规则，当再次执行 SiVArc 生成时，会根据修改后的规则直接更新原有已生成对象，如果规则被删除，那与之关联的对象将被删除。当 PLC 的程序被修改后，再次执行 SiVArc 生成也会同步这些修改数据，更新所生成的画面或对象。

图 2-98 所示为画面规则编辑器组态示例，需要分别设置 PLC 程序中引用的程序块、需要生成的 HMI 对象和用于放置生成对象的画面模板，其中 HMI 对象需要添加到项目库的类型中，画面模板需要添加到项目库的模板副本中。

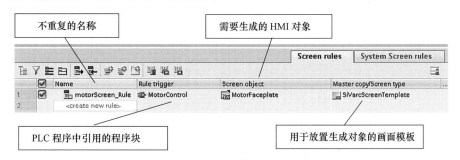

图 2-98　画面规则编辑器组态示例

（4）运行生成 HMI 界面　在完成上述步骤后，我们已经有了 PLC 数据、HMI 模板以及建立两者关系的规则，选择对应的 HMI 设备，如图 2-99 所示，单击鼠标右键，在弹出的菜单中选择"生成可视化（SiVArc）"选项即可启动生成过程，相应的信息或警告会显示在 TIA Portal 的信息栏中。在第一次生成可视化时，需要在弹出的对话框中选择需要生成的设备，如果项目中包含多个 HMI 设备或连接的 PLC，SiVArc 会根据用户勾选的 HMI 设备和 PLC 进行生成，生成的画面图标中会带有"SIV"的字样。另外，通过鼠标右键菜单栏中的"清除可视化"选项，可以删除 HMI 设备中已经生成的对象。

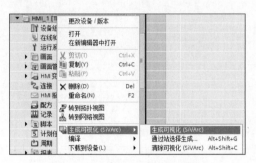

图 2-99　启动可视化生成过程

在图 2-100 中可以看到由系统根据数据和规则自动生成的 HMI 变量和画面对象，其中每一个面板可以对应 PLC 项目中一个电机的控制程序，针对这样标准且复用的对象，使用自动生成 HMI 可以极大地提高工作效率，同时能够降低手动添加可能发生的误操作风险。

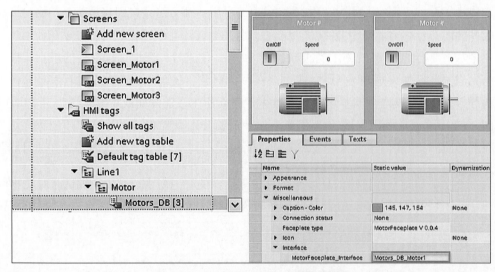

图 2-100　SiVArc 可视化生成的结果

通过在 TIA Portal 中基于 SiVArc 的简单组态，用户可以使用生成规则指定为哪些程序块和设备创建对应的 HMI 对象，而无须深入了解复杂的编程知识，便能轻松地生成人机界面，不仅简化了 HMI 项目的开发流程，还确保了标准化和易维护性，使用户能够更快速地实现其自动化控制系统的需求。

2.6　机械设备虚拟调试方案

通过上面章节中提到的自动化工程解决方案，我们高效地完成了设备程序的开发工作。如果按照传统的机械设备开发流程，自动化工程师通常需要等待设备机械部分完成加工和装配，电气部分完成控制柜安装和元器件的接线后，才能开始现场的调试工作。但随着近年各行各业的快速发展，激烈的竞争和迅速变化的市场需求对制造业提出了更高的要求，新设备的设计复杂度和调试难度也在不断增加，而机械设备制造商则希望能以更快的速度和更低的成本制造出市场所需的产品。虚拟调试作为数字化转型中的重要一环，能够帮助机械设备制造商更好地实现下列目标：

1）应对不断增加的复杂性：现代工业设备变得越来越复杂，自动化水平也越来越高，可能涉及复杂的机械结构、机器人系统、多轴伺服驱动系统。设备本身的生产速度和精度要求越来越高，对应的调试时间成本也越来越高。虚拟调试技术可以帮助工程师提前验证设备设计的合理性，测试系统的控制功能，验证控制策略和算法，测试通信及安全功能等，可以将调试过程提前到设备装配之前，节省现场调试的时间，同时也可以在虚拟调试期间进行功能完善、算法优化和控制策略调整等，进一步提高控制系统的性能。

2）降低风险：设备制造商往往希望在现场调试时能够避免设备出现计划外或不可控的行为，在自动化设计阶段就能发现机械或软件存在的问题。虚拟调试能够仿真设备的行为，并且在虚拟的环境下可以进行极端条件测试，来提前发现设备潜在的问题或风险，提前进行设计优化或者完善保护逻辑，进而降低在实际现场调试时的风险。

3）缩短调试周期：行业发展及市场变化要求更快地推出新产品和技术。虚拟调试技术可以缩短产品开发周期，减少开发时间，使企业更具竞争力。

4）减少成本和资源浪费：传统的设备研发和调试，往往需要机械部分经过设计、加工和装配后才能进入调试阶段。如果在调试阶段发现了设计缺陷，则需要修改设计，重新进行机械加工和装配，增加了调试时间，同时反复的修改和测试增加了额外的人力和物力成本。而虚拟调试技术则完全在虚拟的环境下仿真实际硬件的行为特性，减少了调试时对实物硬件的依赖，从而降低了成本和资源浪费。同时也降低了对资源的需求，有助于企业追求环保和可持续发展。

5）提高安全性：工业设备通常需要高度可靠的操作，以确保工人和环境的安全。虚拟调试技术可以提前进行安全功能测试，例如急停按钮、安全光栅的功能验证，设备误操作的安全保护等，帮助用户提前发现潜在的安全问题，进行相应的功能完善，增强设备的安全性能。

6）全球分布的团队合作：许多工业设备的研发项目可能涉及不同学科的研究人员，也可能存在跨越不同地理位置的团队。虚拟调试技术支持统一平台下的数据联通，允许多人协同工作，不同学科和不同地点的团队可以在虚拟环境中共同测试和验证设备。

由于现代工业设备的复杂性增加、自动化程度提高，以及市场竞争、全球化和数字化转型等多重因素的影响，虚拟调试技术未来将成为设备制造商在研发和调试机械设备时不可或缺的工具，它将有助于提高生产率、降低成本和确保产品质量。

2.6.1 机械设备虚拟调试方案结构概览

研发新的机械设备通常是一个耗时且高成本的过程，完成设计、采购、安装后，在移交生产运行之前还需要一个阶段，即调试阶段。如果在设计阶段产生的问题没有提前被发现，直到现场调试阶段才暴露出来，则可能会耽误设备的调试进度，严重的甚至会造成设备的损坏。随着工艺要求和控制复杂度的增加，调试的复杂程度和工作量也在不断增加，脱离了现场运行环境，机械、电气部件和自动化软件就得不到充分的调试，设备设计的正确性和有效性等得不到有效的保障，此时设备制造商就需要相应的解决方案来降低自身的风险和成本，缩短产品的研发周期。

随着数字化技术的迅速发展，数字孪生的概念也在工业自动化领域被人们所熟知。数字孪生是将物理世界中的实体及其行为状态以数字化模型的方式映射到软件平台中，尽可能地还原其外观、特性、状态和行为等，力求在虚拟环境中进行实时监测、仿真、控制和优化。虚拟调试技术是数字孪生的重要应用方向之一。通过创建机械设备的仿真模型，可使其与控制系统之间进行数据交换，例如控制系统仿真发出启动电机的信号，设备仿真模型返回当前的启动状态、实际速度等信息，形成数据闭环。数字孪生技术的应用使得机械设备的设计、开发、调试等工作都能够在虚拟环境下进行。在调试阶段，工程师依据虚拟仿真结果发现问题、优化机械设计、调整 PLC 程序，后续还可以利用设备的数字孪生对操作人员进行新设备的操作培训，将经过验证和优化的软件应用到实际的设备中，可以最大程度地缩短设备调试周期，降低成本和风险。

1. 设备研发流程的优化

如图 2-101 所示，当前机械设备的研发工作往往是按照一定顺序进行，经过市场调研和需求分析之后，首先进行设备概念设计，随后在细节工程设计环节，机械设计、电气设计和自动化设计往往需要按照时间顺序依次开展。通常在机械设计和电气设计完成后，自动化工程师才能以此为参考进行控制系统程序的编写；完成程序设计后，需要等待设备加工装配完成后才能到现场开始调试。如果在调试期间发现了问题，需要对相应的机械和电气设计进行调整，自动化程序可能也需要进行修改，这样的工作流程容易出现返工、重复工作和项目延迟等问题，进而增加项目的成本和风险。而在虚拟调试技术的加持下，工程师们可以从概念设计、细节工程设计到设备调试都使用统一的软件平台，其好处主要是能够保证数据的一致性和连通性。在传统的工程设计时代，机械设计、电气设计和自动化设计往往使用不同的软件，每个软件生成的设计文件格式可能互不兼容，需要自动化工程师根据机械图样和电气图样手动创建相应的程序组态，例如自动化工程师根据机械设计的三维图样搭建物理仿真模型, 根据电气设计新建系统的硬件组态、网络拓扑以及 I/O 变量等。而在统一的软件平台下, 所有的设计数据都可以用相互兼容的格式进行便捷的数据交互, 例如机械设计上的更新可以及时地同步给自动化工程师, 同时结合软件的协作设计功能, 可以形成高效的闭环设计工作流, 极大地提高设备设计效率。接下来, 自动化工程师可以直接在工程设计阶段数据的基础上建立虚拟调试模型, 在设备制造出来之前进行虚拟环境下的功能测试、风险评估等工作, 将调试阶段提前到设备装配完成之前, 可以显著缩短项目的设计和实施时间。

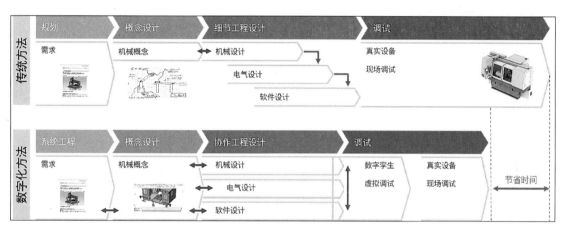

图 2-101 虚拟调试节省设备开发时间

2. 虚拟调试的组成部分

可以将机械设备的数字孪生拆分为物理和运动学模型、电气和行为模型以及自动化模型组成三个部分。每个部分都完成不同的仿真功能, 各个部分之间能够实现实时的数据互联, 开展联合调试。西门子针对以上虚拟调试中的三个部分都有相对应的软件解决方案, 各个软件的文件之间相互兼容, 仿真运行时可以做到数据互联互通。如图 2-102 所示, NX MCD 负责仿真物理和运动学模型, 例如机械部件、产品、限位开关等; SIMIT 软件平台负责仿真电气和行为模型, 例如驱动系统、操作按钮、阀门等; SIMATIC S7-PLCSIM Advanced 负责仿真自动化模型, 例如 PLC 的逻辑功能、I/O 信号、工艺对象等。

图 2-102 虚拟调试组成架构

这些仿真软件的功能特点如下:

（1）物理和运动学模型仿真（NX MCD）

1）基于设备三维模型数据创建机械模型, 如创建刚体, 设置材料密度、质量、质心等。

2）增加设备的物理和运动学特性，如运动、材料流动、重力或碰撞。

3）通过软件可以轻松地对不同的设计方案进行模拟和验证，如图 2-103 所示，在 NX MCD 中可以模拟电机的速度曲线和转矩曲线，为电机选型提供参考数据，也可以验证机械手的运行轨迹是否正确、验证多轴联动的控制算法是否正确等。

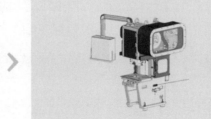

图 2-103　物理和运动学模型仿真

（2）电气和行为模型（SIMIT）

1）通过建模可以实现分散的外部设备的行为仿真，如传感器、执行器、过程特性、温度和压力、液压结构等。

2）可以进行跨平台的联合仿真，作为数据交换的桥梁，与其他仿真软件进行实时数据交换，形成多平台的实时仿真。

3）通过硬件产品（如西门子 SIMIT Unit）可以与真实的 PLC、I/O 从站等进行实时通信。如图 2-104 所示，左侧 SIMIT 软件组态了电机的通信报文仿真，用来模拟驱动器与 PLC 之间的通信数据，这种仿真既可以用 SIMIT Unit 实现与真实 PLC 的通信（硬件在环），也可以在不借助硬件的情况下全部使用软件进行仿真（软件在环），其中提到的硬件在环与软件在环在后续章节会有进一步的介绍。

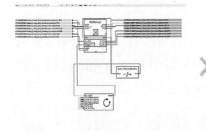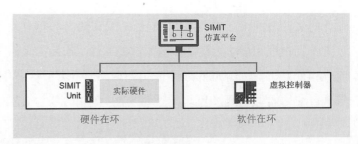

图 2-104　SIMIT 建立电气和行为模型仿真

（3）自动化模型（PLCSIM Advanced）

1）自动化模型仿真软件平台可以提供丰富的仿真功能，除了仿真 PLC 程序的执行，也包括通信、专有技术保护功能块测试、安全功能和网络服务器等。

2）提供与联合仿真软件以及测试软件之间进行数据交换的公共接口，如图 2-105 所示，图中左侧是 PLCSIM Advanced 的交互界面，通过界面创建虚拟控制器的实例（Instance，即 PLCSIM 中生成的 PLC 具体的仿真对象）后，这些实例可以模拟 PLC 的程序运行、网页服务器、安全功能等特性，同时也可以通过 API 或 OPC UA、TCP/IP 等通信协议与其他软件进行数据交换。

3）支持同时添加多个或者分布式的自动化仿真实例，来模拟同时运行的多个控制器。

4）虚拟的时间管理，可以对仿真的时间域进行调整、放慢或提速等。

西门子提供了以 PLCSIM 为基础的自动化模型仿真软件，可以与 TIA Portal 工程组态软件配合进行 PLC 程序的虚拟仿真测试。

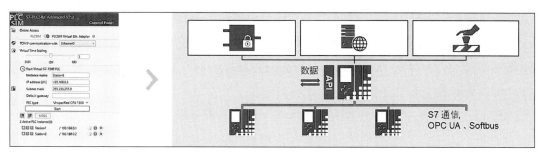

图 2-105　PLCSIM Advanced 仿真西门子 PLC

上面提到的三种仿真软件在建立对应的仿真模型后，相互之间可以通过软件 API、共享内存或 OPC UA 等方式进行数据交换，再配合 TIA Portal 工程软件，形成完整的虚拟调试解决方案。虚拟调试不同于在物理世界中调试新网络或设备，而是通过在虚拟世界中创建数字孪生，通过模拟这些网络和设备的行为、状态和特性，进而实现以下目标：

1）规划－仿真－测试。

2）虚拟环境中的程序代码测试和调试。

3）设备运行仿真，检测机械干涉，验证装配尺寸，可以发现设计问题以及对解决方案快速进行评估。

4）机器人单元操作的仿真。

5）仿真新设备的产能，识别可能的产能瓶颈，以便在安装前解决这些问题。

6）对设备操作人员的培训。

2.6.2　物理和运动学模型

上文提到了虚拟调试的三个主要组成部分，接下来将分别对各个部分进行进一步介绍。虚拟调试中物理和运动学模型是用于模拟实际设备或系统行为的关键元素，这些模型可以帮助工程师在计算机环境中测试和验证他们的设计，而不必依赖于实际硬件。物理模型和运动学模型的特点如下：

1）物理模型：用于模拟系统的物理性质和动态行为，例如对象的质量、形状、尺寸、摩擦、转矩等物理属性。在虚拟调试中，物理模型能够准确地模拟机械系统的运动、力学响应和物理交互。例如：在设备中的电机驱动负载进行旋转所需的转矩会受到负载惯量、加减速动态参数、摩擦力等因素的影响，如果有软件能够仿真这些因素与转矩之间的关系，那么工程师就无须通过复杂的公式推导和计算来验证结果。

2）运动学模型：更关注系统的运动、位置和姿态，而不考虑物体的物理性质和动力学特性，可以用于机械手控制、运动规划、虚拟现实等领域。例如：在一台包装设备中有一台多关节机械手，系统会从控制的角度给出各个电机的设定速度、设定位置等数据，如果没有软件的辅助，多个电机联动运行后机械手夹爪经过的轨迹是很难想象出来的，也就很难验证轨迹规划是否符合设计要求，此时运动学模型可以将多轴运行的插补结果显示到软件中，并进行轨迹记录，工程师可以很直观地查看插补后实际运行的轨迹。

在西门子虚拟调试解决方案中，物理和运动学模型的仿真是建立在机电一体化概念设计软件 NX MCD（NX Mechatronics Concept Designer）上的。NX 工程解决方案和其中的 MCD 软件在之前 2.2 机械概念设计章节进行了介绍。NX MCD 除了应用于设备机械概念设计，也可以作为虚拟调试中的重要一环，与其他仿真软件配合形成完整的设备虚拟调试解决方案。假设我们要研发一台注塑机，首先可以通过 NX 的建模环境进行注塑机的开合模单元、注塑单元、机械手等部分的机械三维模型设计；随后根据电气系统组成进行电气图样设计，在 MCD 中搭建设备的三维物理仿真模型，测试设备的 PLC 控制程序；后期还可以仿真注塑机的生产过程，模拟生产质量数据等。从注塑机的设计、装配、调试到生产、维护等生命周期的各个环节都可以使用 NX 进行设计和优化。其中 MCD 是 NX 软件平台下的一个应用模块，是专门用以加速产品设计和调试、仿真设备运动的多学科系统应用，通过融合多学科的设计数据，将设备的机械部件、电气部件和软件自动集成到一个仿真环境下，由原来的独立作战转化为高效的一体化协同设计模式。例如：在机械工程师的设备三维图样的基础上，可以根据设备的工艺设计和运行需求，通过 NX MCD 搭建机械部件、传感器、驱动器和运动副等仿真对象，然后通过 API 与 PLCSIM Advanced 进行数据交换，形成仿真闭环。NX MCD 作为物理和运动学模型的仿真平台，具有以下特点：

1. 基于三维空间的仿真

NX MCD 的一个显著特点是其仿真模型是建立在三维空间之中，如图 2-106 所示，软件提供了强大的虚拟环境，允许工程师在三维空间中模拟和测试机电一体化系统的设计和性能。在三维仿真环境下，用户可以导入或设计设备的机械模型，创建电气和控制系统仿真对象，添加与外界自动化系统的数据交换接口，这些模型在三维空间中准确地反映了实际系统的外观和行为。这种逼真的模拟环境使工程师能够以一种更接近真实世界的方式探索和验证设计，而无须依赖实际的物理实物。三维仿真的优点在于它提供了全面的可视性和交互性，工程师可以通过旋转、缩放和移动虚拟模型来检查设计的各个方面，观察机械部件的运动、电气连接的布局和控制系统的响应，这种直观的可视性有助于发现潜在的问题和冲突，从而加速问题的解决和设计的优化。

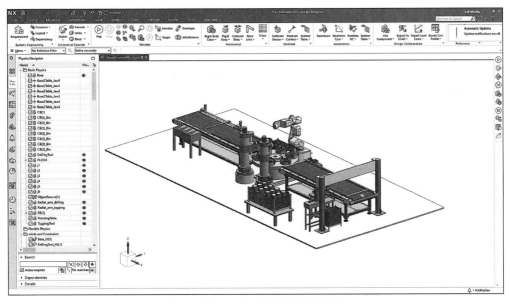

图 2-106　三维空间中的设备模型

2. 物理引擎特性

NX MCD 内置的物理模拟引擎在机电一体化系统设计中起到关键作用。这个特性允许工程师在虚拟环境中模拟和仿真机电系统的物理行为和交互。在图 2-107 中我们可以看到物理引擎相关的参数设置界面，通过模拟力、质量、运动、摩擦、碰撞等物理效应，让工程师能够创建虚拟模型，包括机械部件、传感器、电机等，然后观察这些模型的实时响应。这种互动性有助于工程师更好地理解系统的运作方式，并在设计的早期阶段进行初步验证，从而发现和解决潜在问题。此外，物理引擎特性还帮助工程师处理复杂的物理现象和运动交互，使他们能够更全面地考虑机械、电气和控制系统之间的相互作用。应用场景举例：工程师可以建立复杂负载的刚体组合，设置对应的质量和质心参数，利用 MCD 的物理引擎测试指定运动曲线下的转矩和速度曲线，根据仿真的物理特性来优化电机和驱动的选型，从而优化设备的硬件成本。

图 2-107　MCD 物理引擎参数设置

3. 功能模块设计

功能模块设计是机电一体化概念设计的核心，它将整个系统分解成一系列独立的功能性模块或组件，这些模块负责执行系统中的不同功能，例如运动控制、传感器反馈、数据通信等。这种模块化方法促进了不同学科领域之间的协作，因为每个模块都可以由不同领域的专业人员负责开发。通过将客户需求映射到各个功能模块上，功能模块设计使设计人员能够更好地理解和满足客户需求。此外，它提供了一个初步的系统概念设计结构，使设计人员能够在早期阶段开始评估不同的设计方案，以快速确定最佳的设计路径，建立模型时将系统设计分解成不同的、可独立开发的功能块，以便更好地管理和优化整个系统的设计过程。在图 2-108 中我们可以看到 MCD 中的功能模块，分为机械、电气和自动化等类别，工程师需要根据设备的需求创建对应的功能模块并设置参数，共同构成物理和运动学模型。

图 2-108　MCD 中的功能模块

4. 可扩展的运动分析

NX MCD 集成了高度灵活和可扩展的运动分析功能，用于模拟和分析机电一体化系统中的运动和动力学行为。工程师通过添加位置控制、速度控制、转矩控制等功能模块，可以模拟和分析机械部件、电机、传感器和控制系统之间的运动关系，例如：进行机械部件的运动轨迹、速度、加速度等方面的分析，以及电机和执行器的动力学特性的研究。同时运动分析功能具有高度的灵活性，可以适应不同复杂度和规模的系统。工程师可以根据项目的具体需求，选择不同的运动分析模块和工具，从而实现系统的逐步建模和分析。这种模块化方法允许工程师根据需要添加或删除特定的分析功能，使其适应不同项目的要求。例如，对于简单的系统，可以进行基本的运动分析，而对于更复杂的系统，可以添加更多的细节。在图 2-109 中，可以看到 MCD 中的常用运动功能模块，通过运动副可以建立运动约束，在约束的基础上创建位置控制、速度控制等运动对象，这些对象都可以通过调整参数匹配不同工艺需求。

图 2-109　运动分析功能模块

5. 重复利用逻辑块（重用库）

用户可以将系统的功能模块进一步细分成更小的逻辑块或组件，这些逻辑块负责执行特定的任务或功能，使整个系统更容易管理和搭建。重要的是，这些逻辑块是可重复使用的,它们可以在多个不同的设计项目中被再次利用,重复使用的优势在于节省时间和资源,因为一旦设计了一个逻辑模块,它可以被保存并在将来的项目中再次使用,无须重新创建。此外,逻辑模块通常可以通过调整参数来实现设计的优化,并且可以适应不同的设计需求。逻辑模块的设计和管理有助于提高设计效率,将可以重复使用的标准功能创建为逻辑模块,搭建仿真模型时可以多次调用,在标准逻辑模块的基础上添加额外的功能,可以加速设计过程。同时模块复用也有助于确保设计的一致性,因为相同的逻辑单元在不同项目中的表现是一致的。逻辑模块设计和重复使用是一种有助于提高设计效率和一致性的关键策略,同时也提供了更大的灵活性,以满足不同的设计要求。图 2-110 所示为 NX MCD 中重用库的界面,例如创建一个输送带重用库,设备中若干个输送带可以基于这个库进行批量创建。

图 2-110　NX MCD 重用库

6. 多学科协作设计

　机电系统的设计通常涉及多个领域,包括机械工程、电气工程、控制工程、传感器技术等,NX MCD 可以提供一个协同的工作环境,让不同领域的专业人员能够共同参与机电一体化系统的设计和验证过程。机械工程师可以负责设计机械部件的三维模型并创建对应的功能模块,电气工程师可以设计电气电路,控制工程师可以开发控制系统程序,传感器专家可以模拟传感器的真实反馈,所有这些设计工作都可以在同一个项目中集成和协同工作,减少了信息断层和误解。多学科协作还支持跨学科的问题解决和优化,不同领域的专业人员可以共同分析系统的性能,并在虚拟环境中进行实验和测试,以找到最佳的设计解决方案。如图 2-111 所示,MCD 中除了机械、电气和自动化相关的设计功能模块外,也允许使用设计协同工具进行多学科合作。例如:可以通过添加组件将机械工程师设计的三维模型导入机电一体化设计项目中;

图 2-111　MCD 中的设计协同

使用凸轮曲线(CAM)进行多轴同步运动来进行动作设计;通过 ECAD 文件与电气工程师进行协作设计;利用 NX MCD 的动作序列编辑器编写设备的顺序逻辑动作,辅助自动化程序的开发等。

7. 虚拟调试提前验证

在实际制造之前，工程师可以通过虚拟调试和分析来验证机电系统的设计概念和性能。NX MCD 允许工程师在虚拟环境中建立机电系统的模型，例如机械部件的运动、传感器反馈和控制策略等，可以模拟不同工作条件下的系统性能，帮助工程师在设计的早期阶段发现潜在的设计缺陷、冲突或性能瓶颈等问题，制定相应的解决方案，并迅速在虚拟环境中进行验证，避免将问题推迟到实际制造或测试阶段，从而降低设备设计和开发的风险和成本。NX MCD 可以通过标准接口与外部应用进行实时数据交换，支持 OPC UA/DA、TCP/IP、SHM、PROFIBUS、FMU/FMI 等方式。如图 2-112 所示，在负载机构简图草稿的基础上，在 NX MCD 中建立起仿真模型，可以仿真出复杂机构的负载曲线，进行控制算法验证。

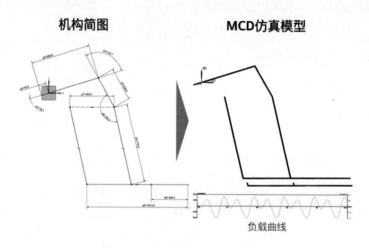

图 2-112 提前验证运动机构负载

NX MCD 具有一系列显著的优势，有助于优化机电一体化工程设计过程。首先，它实现了集成设计流程，从概念设计阶段一直到详细设计和虚拟调试，可以降低高达 33% 的工程成本。其次，MCD 具备快速模拟的能力，使工程师能够在几分钟内进行关键性能的模拟，提供实时反馈。另外，多学科工程协作是 MCD 的一大特点，它促进了机械、电气和自动化领域之间的紧密合作，确保设计的一致性和高效率。最重要的是，MCD 支持软硬件在环虚拟调试，允许在实际机械建造之前开始自动化编程，从而消除了对实际机械的潜在风险。

总的来说，NX MCD 是一个全面的工具，可以从概念设计阶段开始支持设计过程，一直到详细工程设计和虚拟调试。这不仅可以降低总体工程成本，还有助于提高设计的质量和效率。它强调了早期决策的重要性，支持跨领域的协作，同时还提供了可扩展的虚拟调试选项，为机械制造商提供了多种优化机电一体化工程的机会。因此，MCD 是一个强大的工具，可以满足不同项目需求，并以步步为营的方式扩展应用范围。

2.6.3　电气和行为模型

西门子虚拟调试解决方案中的电气和行为模型仿真可以在 SIMIT 仿真平台中完成，主要有两个应用方向：虚拟调试和操作员培训。虚拟调试的主要目的是通过使用仿真模型来模拟实际的电气组件，在这个过程中，工程师可以模拟和验证自动化系统的行为，以确保软件在实际硬件部署之前能够正常运行。操作员培训则是通过仿真模型来模拟操作员与机械设备的交互，在虚拟环境中测试使用自动化系统，了解如何与软件进行互动，执行特定任务，处理异常情况等，操作员培训有助于提高操作员的技能和熟练度，确保他们能够有效地操作和维护自动化系统。

1. SIMIT 仿真平台简介

SIMIT 原本是设计用于过程工业中电气和行为模型仿真的平台，可以对生产线中的许多组件（如阀门、变频器、按钮等）的行为进行仿真，同时也兼容众多通信协议，可以与第三方软件实时交换数据，因此也可以用于离散工业中机械设备的组件仿真。SIMIT 可以对驱动器、传感器和执行器等组件和外围设备进行仿真，还可以模拟这些组件和设备的操作和行为，以便更全面地测试自动化系统。如图 2-113 所示，SIMIT 作为自动化和机械两个系统之间的纽带，其具有不同的仿真层级，既可以与 NX MCD 的物理和运动学模型进行通信，也可以和 PLCSIM Advanced 的自动化仿真进行数据交换。SIMIT 不仅可以进行信号级仿真（即我们平时说的 DI、DO、AI、AO），也支持设备级仿真（如驱动、阀门和传感器等），甚至能够实现一些简单的过程级仿真（如收放卷及一些工艺生产过程等）。

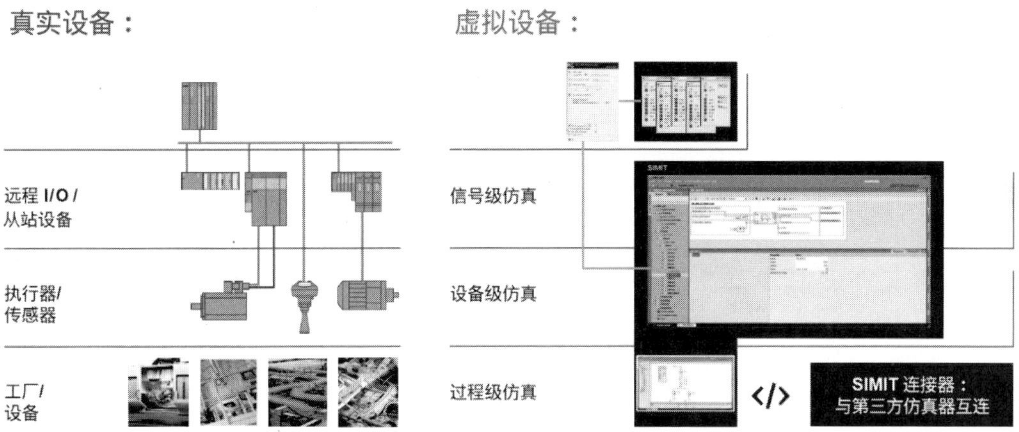

图 2-113　SIMIT 仿真层级

2. 信号级仿真

耦合（Couplings）可以理解成 SIMIT 与外部系统进行数据交换的一种方式，不同的耦合代表不同的通信类型，是自动化系统与仿真模型之间的接口，可以实现高效的数据交换和协作，满足不同通信仿真和自动化环境的需求。SIMIT 支持与真实的 PLC 硬件通信（硬件在环）和仿真的 PLC 虚拟控制器通信（软件在环）。SIMIT 支持的耦合类型如图 2-114 所示，其中"Emulation"代表 SIMIT 与默认支持的虚拟控制器之间的仿真，属于标准的基本仿真类型；而"Co-Simulation"则代表与第三方仿真软件，如 NX MCD 之间的数据耦合，未来则可能会支持耦合更多的联合仿真软件。

3. 设备级仿真

在实际的工业自动化现场，自动化系统负责发送控制信号到设备层级的执行设备（如电机、阀门等），同时这些执行设备将现场的实际状态反馈回自动化系统。在 SIMIT 仿真系统中，使用图形化的编程方式，将上述设备的仿真模型程序以组件（Component）的形式呈现，软件内部集成了丰富的组件库。如图 2-115 所示，在 SIMIT 基本组件中涵盖了用于设备级仿真的大部分组件，如阀门、泵、电机、驱动器等。

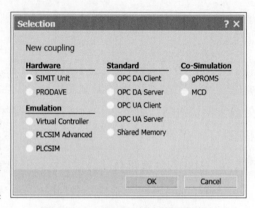

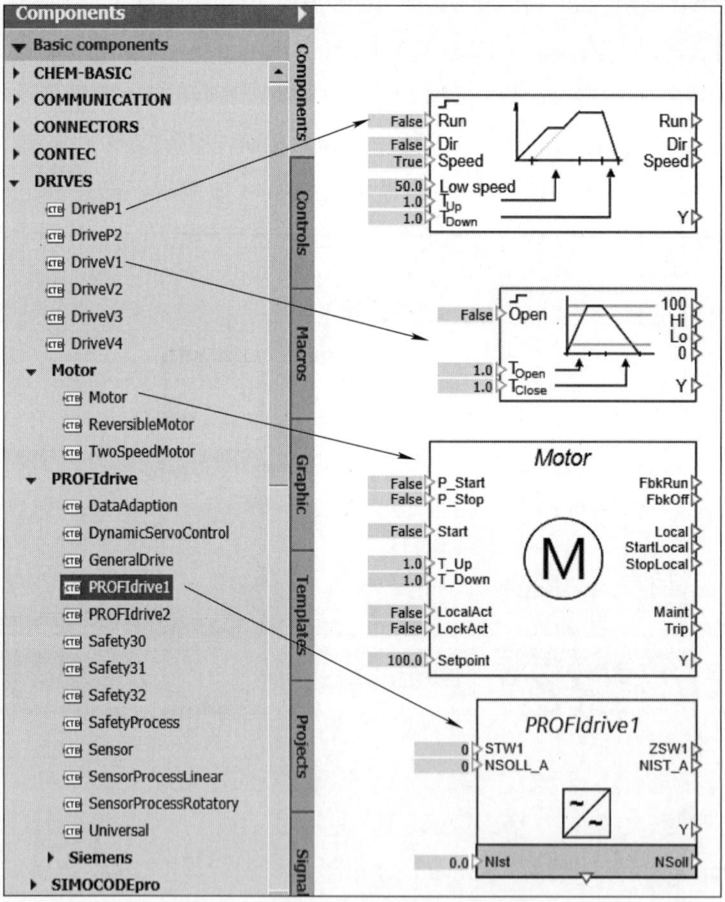

图 2-114　SIMIT 支持的耦合类型

图 2-115　SIMIT 基本组件示例

在虚拟调试解决方案中，SIMIT 可以进行传感器、执行器、温度、压力、液压和气动等对象的仿真，通过实时数据通信，将自动化系统发来的控制信号输入组件中，随后将组件的状态和信号输出反馈到自动化系统中，形成控制闭环回路，反馈的信息就代表着仿真对象的行为和状态。

4. 自定义组件开发

通过 SIMIT 的扩展模块 CTE（Component Type Editor，组件类型编辑器），用户可以根据自己的需求开发自定义的仿真组件，或者调整现有的组件以适应非标准的应用需求。图 2-116 所示为在 CTE 模块中开发一个简单的水箱液位控制的组件示例，用户可以定义组件的行为和外观，简要的开发步骤如下：

1）创建组件并确定其连接和属性。

2）确定组件的外观。

3）描述组件的行为。

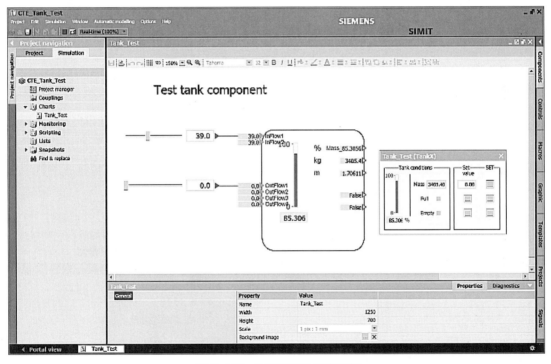

图 2-116　自定义组件开发示例

5. 联合虚拟调试

SIMIT 作为数据中转平台，既可以与 SIMATIC S7-PLCSIM Advanced 交换 I/O 数据，也可以读写 NX MCD 中仿真对象的实时信息，三个软件可以组合起来进行联合调试，使自动化系统和机械模型协同工作，模拟整个机械设备的行为和状态。如图 2-117 所示，SIMIT 与其他两款仿真软件可以通过信号耦合的方式组态所需交换的数据区域，例如通过拖拽的方式将 PLC 中的变量与 SIMIT 仿真组件进行关联，SIMIT 与 PLCSIM Advanced 就可以按照组态的数据进行通信。

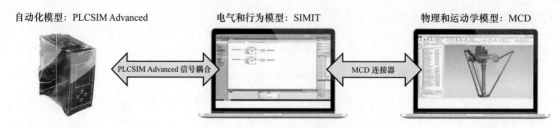

自动化模型：PLCSIM Advanced　　　电气和行为模型：SIMIT　　　物理和运动学模型：MCD

PLCSIM Advanced 信号耦合　　　MCD 连接器

图 2-117　多平台联合虚拟调试

2.6.4　自动化模型

　　虚拟调试的自动化模型部分主要功能是仿真自动化控制系统，例如仿真 PLC 程序运行来测试控制功能、仿真人机界面运行来模拟人员操作等。西门子用来仿真 PLC 程序的软件主要是 PLCSIM 和 PLCSIM Advanced 两种不同等级的 PLC 仿真器，其中 PLCSIM 可以认为是基本型仿真器，PLCSIM Advanced 则为高级型仿真器，支持更多的功能和通信方式。

1. PLCSIM 和 PLCSIM Advanced 简介

　　如图 2-118 所示，为了方便联合调试，从 TIA Portal V18 版本开始，PLCSIM 推出了新的用户界面，可以同时访问 PLCSIM Advanced V5.0 版本的特性，增加了 PLC 仿真器用户界面的统一性。PLCSIM 的用户界面分为紧凑视图和项目视图，紧凑视图包括快速概览和CPU 接口信息，项目视图则具有更多功能特性，可以操作仿真项目并使用仿真表和顺序编辑器。

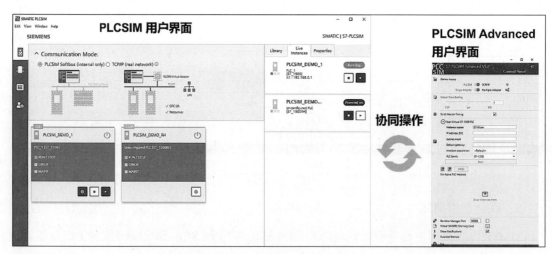

图 2-118　通过 PLCSIM 的界面访问 PLCSIM Advanced

　　目前 PLCSIM V18 可以仿真的控制器系列如下：

- S7-1200、1200F。
- S7-1500、1500F、1500T/TF。
- S7-1500 驱动控制器。

- S7-1500R/H、ET 200SP、ET 200SP F、ET200 pro。
- SIPLUS CPU。

与 PLCSIM Advanced 相比，PLCSIM 是集成在 TIA Portal 平台下的功能组件，可以一键启动仿真并直接与 HMI 仿真协同工作，而不像 PLCSIM Advanced 一样需要进行相应的通信和功能设置。PLCSIM 作为 TIA Portal 下的免费 PLC 仿真软件，主要的应用场景是用于测试简单的 PLC 逻辑。

在虚拟调试的应用场景中，如果需要仿真 PLC 更多的功能、同时仿真多个 PLC 控制器实例，或者测试 TCP、OPC UA 这样的高级通信，则需要使用 PLCSIM Advanced。作为西门子 S7-1500 系列 PLC 的虚拟仿真器，目前 PLCSIM Advanced 可以仿真的控制器系列有 S7-1500（F/T/TF/C）、ET 200SP（F/T/TF）CPU、S7-1500 驱动型控制器、S7-1500R/H、SIPLUS CPU。随着版本的更新，PLCSIM 未来会支持更多控制器系列的仿真。

使用 PLCSIM Advanced 可以创建 PLC 的虚拟控制器，用于测试和验证 S7-1500 控制器的程序逻辑、功能和性能等，同时也支持通过 API、标准通信协议等方式与其他系统或设备展开联合仿真，是西门子虚拟调试解决方案中的关键软件。

2. PLCSIM Advanced 的功能特点

（1）**丰富的模拟功能**　PLCSIM Advanced 提供了包括通信、受保护的知识块、安全功能和 Web 服务器等在内的丰富的模拟功能。

（2）**API**　可以与其他仿真或测试软件交换数据，进行联合调试，工程师可以将虚拟控制器的结果输出到其他软件中，进行更全面的测试和分析。

（3）**支持多个实例或分布式实例**　PLCSIM Advanced 可以在单台计算机或网络中同时仿真多个控制器，也可以将虚拟的多个控制器分布到不同的计算机中，并通过网络进行协同工作。

（4）**虚拟时间管理和同步**　可以模拟和控制控制器在不同时间条件下的操作，并确保它们的行为按照所需的时间表进行。

（5）**启动、停机和故障处理**　可以模拟 PLC 系统在启动、停机以及故障时的处理程序，用于验证系统在对应状态下的处理逻辑是否满足设计要求。

（6）**位置和速度输出**　模拟工艺对象的位置和速度输出，可用于测试运动控制系统以及验证它们的性能。

借助 PLCSIM Advanced 进行软件在环的虚拟调试不需要实际的 PLC 硬件，可以节省成本。通过仿真控制器的功能和 TIA Portal 程序，可以进行提前测试和验证，提高 PLC 程序的代码质量，缩短自动化系统开发时间。

2.6.5　机械设备虚拟调试解决方案实例

1. 机械设备虚拟调试实施步骤概览

上文分别介绍了虚拟调试中三个主要组成部分所涉及的内容以及对应的仿真软件，在实际的虚拟调试实施中我们还需要将这些工具结合起来使用，创建完整的数字孪生模型，主要的步骤如下：

（1）**创建物理和运动学模型仿真**　基于设备的三维模型数据在 NX MCD 中创建物理和运动学模型，例如刚体、位置控制、速度控制等。

（2）**创建电气和行为模型仿真**　根据设备的工艺和组件，在 SIMIT 中搭建设备中电气组件的模型，例如驱动器、按钮、张力传感器等。

（3）**创建自动化模型仿真**　在 TIA Portal 中完成 PLC 控制程序和 HMI 画面的开发，启动 PLCSIM Advanced 创建虚拟 PLC 运行实例，将 PLC 控制程序下载到虚拟 PLC 中，随后启动 HMI 仿真器来模拟设备的触摸屏。

（4）**建立仿真模型间的数据交换**　在各个仿真软件中组态与其他软件之间需要交换的数据，并指定数据交互协议。例如在 NX MCD 中通过信号映射来建立内部变量与 PLCSIM Advanced 中变量的关联，在启动仿真运行后，两个软件会自动进行指定变量的数据同步。

（5）**启动虚拟调试仿真进行测试**　完成仿真模型的创建和数据交换的组态后，启动虚拟调试仿真并进行设备的功能测试，例如在线监控 PLC 程序的运行情况，查看加热对象的温度控制效果，并通过分析仿真结果，进行温度控制器的自整定功能测试，或者手动优化 PID 参数，再通过仿真验证优化参数后的控制效果。

2. 虚拟调试案例分析

下面我们以一个注塑机设备的虚拟调试项目为例，了解如何搭建一台机械设备的虚拟调试项目。注塑机是用于生产塑料制品的关键设备之一，通过将塑料颗粒加热至熔融状态，然后将具有流动性的塑料注射到预制的模具中，经过冷却后成型为需要的塑料产品，例如乐高玩具、塑料饭盒等。在注塑机自动化程序的开发和调试中，往往需要对设备的结构设计、液压系统、工艺流程都有深入的了解，而虚拟调试技术的应用，不仅可以帮助工程师在虚拟环境下提前熟悉设备，也可以高效地进行程序功能测试。此注塑机的控制器使用 SIMATIC S7-1515SP PLC，ET200SP 作为分布式 I/O 从站，Unified 面板作为触摸屏，SINAMICS S120 和 1FK7 伺服电机作为取料机械手驱动系统。在注塑机样机现场调试之前，设备制造商提出了一些在虚拟调试方面的需求：

1）提前测试程序，根据设备实际传感器和编码器等测试相应安全逻辑，测试设备发生故障时的响应是否正确，例如设备的急停响应。由于注塑机开合模与机械手动作，以及注射和输料动作都需要严格的时序动作配合，需要通过虚拟仿真来降低调试时可能出现的机械干涉风险。

2）提前让操作人员熟悉注塑机界面，测试不同工艺参数的控制效果，进行操作培训。

（1）**注塑机虚拟调试方案组成**

1）PLCSIM Advanced：用于仿真实际的 S7-1500 控制器硬件，需要通过 TIA Portal 将 PLC 的程序下载到 PLCSIM Advanced 创建的 PLC 仿真实例中，测试程序的功能和逻辑。

2）SIMIT：用于仿真设备中活动组件的行为（例如伺服驱动、真空阀岛、光电开关等）。在 SIMIT 中，用户也可以在虚拟的环境中模拟设备的故障场景并分析其状态反馈。通过信号耦合 SIMIT 可以和 NX MCD 进行设定值和实际值的数据交换。

3）NX MCD：用于创建设备虚拟环境下的物理和运动学模型，机械工程师提供的 CAD 数据可以直接导入 MCD 模块中，而不需要重新进行建模，在设备的 CAD 数据基础上，可以创建刚体对象来组成设备的机械部件，并为不同的机械部件创建运动副来指定运动的自由度，最终组成设备的运动学模型，在 NX MCD 的物理引擎支持下同时测试设备的物理特性。

4）TIA Portal STEP 7 和 WinCC 组态软件：在西门子工程软件 TIA Portal 中，可以组态和编辑 PLC 的程序和人机界面，进行自动化系统的开发。

图 2-119 中展示了虚拟调试解决方案的简要结构，并标示出了各个软件之间的数据传递关系：SIMIT 与 NX MCD 之间通过 SIMIT 的 MCD 耦合进行数据交换，SIMIT 与 PLCSIM Advanced 之间同样是通过 SIMIT 集成的信号耦合进行通信。

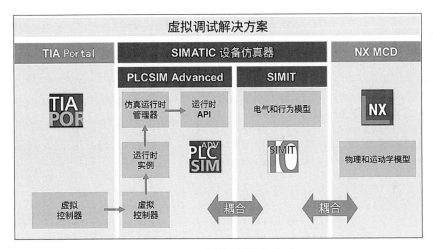

图 2-119　虚拟调试通信方式

（2）**虚拟调试模型创建流程**　由于 NX 软件具有 CAD 三维建模功能，因此可以直接创建注塑机零部件的三维模型，并在软件中进行注塑机设备的虚拟装配，以验证机械设计是否存在问题，当然 NX 也可以非常便捷地导入第三方 CAD 建模软件的三维图样。在设备三维模型的基础上，切换到 NX MCD 应用模块，根据设备机械动作、工艺过程创建对应的仿真对象。首先创建刚体，代表设备中需要运动的各个零部件，由于 MCD 中有物理引擎，完成刚体的质量、质心等参数的组态后，运行仿真时系统可以运算出转矩、力等数据，也可以帮助我们分析系统的动力学特性。随后我们需要创建铰链副、滑动副、固定副等运动副，分别代表机械部件中的旋转、线性和固定安装等运动约束，例如在肘杆的连接关节处添加铰链副并确定旋转中心轴，来确定关节连接的位置。在运动副的基础上创建位置控制、速度控制等执行器对象，代表系统中的运动部件，例如液压油缸、熔胶螺杆电机、机械手伺服电机、伸缩气缸等，在图 2-120 中可以看到 NX MCD 目前支持的执行器对象列表。除了以上执行器对象，NX MCD 中也可以创建光电传感器、位置传感器、吸盘等种类丰富的仿真对象，可以涵盖机械设备中的大多数运行机构。

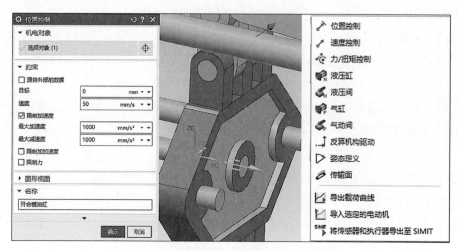

图 2-120　创建注塑机开合模位置控制对象

在 NX MCD 中建立注塑机的物理和运动学模型后，在 SIMIT 软件中搭建电气和行为模型，如图 2-121 所示，可以组态通信报文模块来模拟机械手部分所使用的 SINAMICS S120 伺服驱动器与 PLC 之间的通信数据，组态按钮控件来模拟设备中的急停和操作按钮等。对于复杂系统的仿真，还可以使用 Amesim 仿真软件，例如创建注塑机液压系统的仿真模型。

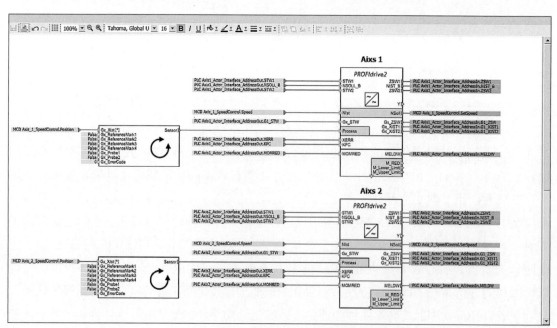

图 2-121　SIMIT 中创建驱动通信报文仿真

配合西门子 TIA Portal 平台完成注塑机完整的 PLC 程序和操作界面的开发。注塑机完整的虚拟调试项目如图 2-122 所示。随后将 PLC 程序下载到运行的 PLCSIM Advanced 中，由此建立起自动化控制系统的仿真。此时可以通过 TIA Portal 的在线 PLC 并使用运动控制的调试面板测试轴的点动功能。接下来我们可以继续对模型进行完善，并测试 PLC 中编写的程序功能是否满足设计要求，在仿真的过程中查找程序中存在的问题。

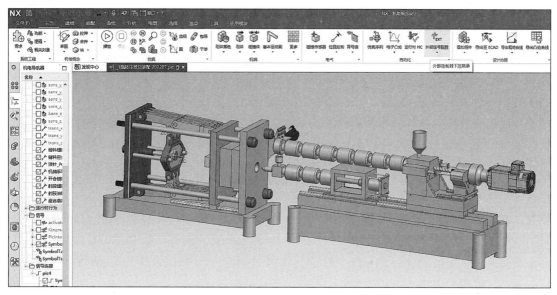

图 2-122　注塑机完整的虚拟调试项目示例

（3）**客户收益**　在注塑机样机开发的过程中应用虚拟调试技术，可以在设备现场调试之前提前进行程序功能测试，例如测试设备自动、半自动、手动和调试模式下的工艺逻辑，测试料筒加热闭环控制算法等，可以显著地缩短最终在现场调试的时间，同时提高工作效率。在虚拟的环境中可以进行注塑机的低压模具保护、开模提前顶针等具有危险性的功能测试，保证控制程序的安全性和稳定性，进而降低损坏实际设备的风险。同时也可以利用虚拟调试模型进行操作人员的培训，让他们能够提前测试注塑机工艺参数，熟悉生产时的操作流程。设备制造商利用注塑机虚拟仿真的方式向其用户演示设备的机械设计优势和丰富完善的系统功能，可展示企业的实力，带来实际的业务订单增长。

应用数字孪生技术进行虚拟调试，企业在实际投入物理硬件（如设备、生产线）之前即能在虚拟环境中进行设备和生产线仿真、测试和优化等，在测试过程中发现存在的问题，及时对自动化系统或机械设计进行改进优化，在降低设备开发风险的同时，可以将项目周期缩短 20% ～ 30%，减少 50% 以上的工程现场调试时间，最终实现高效的柔性生产，提高企业核心竞争力。

3. 软件在环与硬件在环

根据仿真环境的不同，虚拟调试可以分为软件在环（Software-in-the-Loop，SIL）和硬件在环（Hardware-in-the-Loop，HIL）。软件在环是将仿真模型全部建立在仿真软件中，在 NX MCD 中建立物理和运动学仿真，在 SIMIT 中建立电气行为模型，而自动化模型则是由

TIA Portal 进行 PLC 程序和上位软件的开发，然后在 PLCSIM Advanced 中进行虚拟控制器的仿真，软件平台之间通过集成的标准通信接口进行数据交换形成闭环，通过虚拟调试验证和测试仿真对象的行为和状态。在这个仿真环境下，所有的调试都可以在计算机虚拟的环境中进行，而不需要实际的硬件。其优势在于不依赖任何硬件设备，最大限度地降低仿真模型建立的成本，软件的开放性也允许将一些第三方的软件数据集成到整个软件在环的仿真系统中，例如数据统计与分析软件可以从仿真模型中获取允许数据，用以测试数据的获取和分析方法。同时在虚拟的环境中可以进行许多极端边界条件的行为测试和功能验证，进行一些在实际设备中难以实施的测试。但由于其处于完全虚拟的环境下，受软件功能和仿真置信度的限制，加上其运行所处的系统也通常为非实时系统，很难完全仿真实际硬件的所有特性，例如实际的通信速率、PLC 的运行负荷、压力传感器的实际反馈值、电机的实际转矩等。而硬件在环则是使用一部分真实硬件与虚拟的仿真模型进行连接，建立虚实结合的仿真数据闭环，例如使用真实的硬件控制器运行 PLC 程序，电气行为模型也不再运行于 SIMIT 仿真软件，而是加载到实际的 SIMIT 仿真单元（SIMIT Unit）中，真实的 PLC 与 SIMIT Unit 通过 PROFINET 通信交换数据。如图 2-123 所示，将部分真实硬件（如 PLC、I/O 从站）接入整个仿真环路，此时硬件与 SIMIT 之间通过 API 或 OPC UA 进行通信，而 NX MCD 则仍然以原有的 API 或共享内存（Shared Memory，SHM）等方式进行连通。硬件在环的仿真由于使用实际的控制器和专用的仿真单元，能显著地提高仿真模型的置信度，实现了仿真模型和实际系统间的实时数据交互，其仿真结果的验证过程非常直观，大大缩短了产品开发周期。进行实际的虚拟调试时，可以根据仿真的目的和需求选择合适的仿真方式。

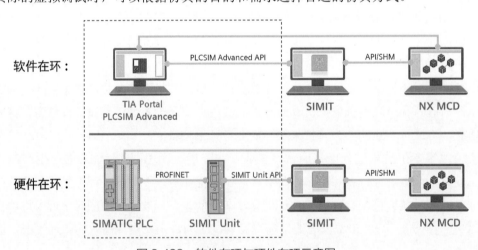

图 2-123　软件在环与硬件在环示意图

4. 成本收益曲线

虚拟调试作为设备制造的数字化工具，并不是零成本实施的，其成本投入和收益回报存在一定的曲线关系。成本投入：在前期用户需要投入一定的成本，例如安装软件并购买授权。为了有效使用虚拟调试工具，工作人员可能需要进行培训，但经过培训和学习后，

118

工程师能够更加高效地使用虚拟调试技术。随着设备设计和开发的推进，工程师需要花费时间进行设备数字孪生仿真模型的搭建，并进行多方面的测试和验证，这些都将是成本的投入。收益回报：随着时间的增加，长期来看，虚拟调试可以带来显著的收益。这包括数字化虚拟样机可以帮助研发团队更加高效地进行设计和优化，基于虚拟样机进行的测试可以降低设备后期调试风险；虚拟调试技术的应用加强了机械工程师、电气工程师和自动化工程师之间的信息沟通；闭环的快速迭代开发模式能够形成有效的协作开发，大大缩短细节工程设计阶段的时间，进而缩短设备研发的周期，使得设备制造商能够快速针对变化的市场推出相应产品，提高自身的竞争力。同时，随着虚拟调试技术在企业内部的推广，设备的数字孪生以及虚拟调试产生的数据和结果，可能形成新的业务模式，例如帮助最终用户优化工艺参数、通过虚拟测试查找问题原因等；也可以在虚拟调试模型的基础上提供更加直观高效的操作人员培训服务。应用虚拟调试的数字化解决方案，也能够一定程度上提升企业在创新和技术发展上的形象，从而吸引更多客户，增加市场份额。如图 2-124 所示，在虚拟调试还未进入应用和测试之前投入将大于收益，但随着时间的推移，成本和收益两条曲线经过交点后，收益将逐渐大于投入的成本。因此从长远的角度来看，虚拟调试的收益将覆盖投入，为企业在多方面带来提升和机遇。但设备制造商仍然需要根据自身的实际情况以及对新设备研发的需求，结合成本收益曲线，选择是否推广虚拟调试技术，或者选择合理的实施范围，考虑是对部分关键部件进行虚拟调试还是建立设备完整的数字孪生。

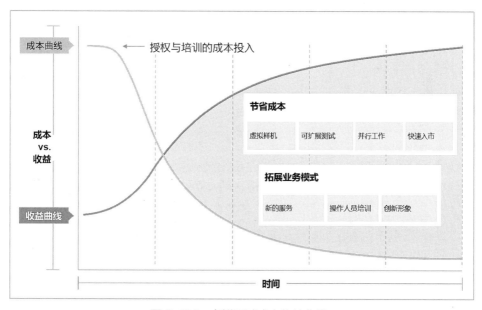

图 2-124　虚拟调试成本收益曲线

5. 虚拟调试方案的优势

在开发新设备、扩展现有设备、改造和优化设备性能等应用场景下，虚拟调试能够缩短调试时间，降低实际成本和风险，带来显著的优势：

（1）**提高质量**　在虚拟环境中，可以优化控制器项目和设备功能，以确保它们在实际运行中的性能更加卓越。这有助于提高产品质量和性能。

（2）**提高速度**　虚拟调试减少了在最终客户工厂进行投运所需的时间。这意味着项目可以更快地交付并投入使用，满足了市场对快速交付的需求。

（3）**机械和自动化工程的并行化**　虚拟调试允许机械和自动化工程同时进行，而不是按顺序进行。这节省了时间，并促进了不同领域之间的协同工作。

（4）**降低成本**　虚拟调试降低了投运成本，并降低了项目总体成本。

（5）**降低风险**　在虚拟模型中进行安全和高效的测试可以降低实际投运的风险，降低运行故障的可能性。

（6）**灵活性**　虚拟调试提供了一个"实验室"，用于创建替代的控制概念，并在运行过程中评估设备的修改。这有助于不断改进和创新。

虚拟调试除了具有上述的优势外，也可以用于操作人员培训这样的应用场景，为设备制造商带来新的业务形式。虚拟调试不仅能给设备制造商的产品开发调试带来显著优势，还可以作为对设备操作员进行培训的工具，成为设备制造商服务中的亮点。虚拟生产培训：虚拟调试使设备操作员有机会在实际使用设备之前熟悉设备的操作流程、参数设定等，其带来的优势如下：

1）经过培训的操作员已经提前熟悉了设备的操作和维护，在设备实际投产时能够更快地操作设备进入正常生产。

2）在虚拟调试模型中积累经验后的操作员可以更加快速地排查并解决问题，从而缩短了设备的停工时间。

3）通过事先的虚拟培训，操作员可以提高操作的准确性和可靠性。

4）利用虚拟调试可以模拟实际设备的诸多工作环境条件，在不同的条件下对操作员进行培训。

5）可重复的故障场景，使操作员能够多次实践，尝试应对问题的最佳方法。

基于数字孪生的操作培训内容可以包括：通过仿真 HMI（人机界面）与设备的仿真模型交互，进行设备单元的操作培训；测试设备的各类行为和状态；模拟关键生产场景下的故障处理。此外，虚拟调试不仅可以模拟单个设备，还可以模拟整个生产线。这为操作员提供了更全面的培训，使他们能够更好地理解整个生产过程，提高生产率和质量。因此，虚拟调试为设备操作带来了许多优势，包括提前培训、高效的生产启动和故障排除，以及避免操作错误。这些优势不仅有助于操作员的能力提升，还为设备制造商提供了一个独特的服务亮点，使他们能够吸引更多客户并提供增值服务。

虚拟调试是现代工程领域的关键工具，它通过提前发现和解决问题，加速投运，降低成本和风险，提高质量和灵活性，为项目的成功和可持续性提供了坚实的基础。无论是开发新设备、扩展现有设备还是进行改造和设备优化，虚拟调试都具有显著的优势。

2.7　工艺性能虚拟调试方案

上一节介绍了机械设备虚拟调试方案,而本节介绍的主题是工艺性能虚拟调试方案。与机械设备虚拟调试方案不同,工艺性能虚拟调试方案的侧重点在于性能,该方案可以分析复杂的机电一体化系统,优化机械设计和控制策略,从而提高机械设备的性能。

接下来,我们将首先介绍工艺性能虚拟调试方案的基本结构,然后讨论工艺性能虚拟调试方案和机械设备虚拟调试的区别,最后通过一个实例来展示工艺性能虚拟调试方案的应用。

2.7.1　工艺性能虚拟调试方案结构概览

以图 2-125 所示的液压压力机为例,工艺性能虚拟调试方案可以提供以下价值:

1)分析液压系统中的温度、压力和流量随设备运行的变化情况,优化液压系统设计。

2)分析和优化液压、机械、控制系统三者之间的关系,提升压力机整体的性能。

3)优化 PLC 的控制参数,从而优化冲压力,最终提高工件质量。

4)获得和分析真机运行过程中不能被直接测量的过程参数,优化控制方案。

图 2-125　液压压力机示意图

如图 2-126 所示,工艺性能虚拟调试方案由三个部分组成,分别是多物理场仿真、通信和自动化。

图 2-126　工艺性能虚拟调试方案总览

工艺性能虚拟调试方案中的多物理场仿真指的是对多种物理领域对象的联合仿真,例如液压、气动、机械、电气等多种对象的联合仿真。与之相对的是对单一物理场的仿真,例如单一的电气仿真、单一的机械仿真。在现实世界中,机械设备通常是由多个物理场组成的系统。图 2-126 所示的液压压力机就包含电气、液压、机械三种物理场。电机驱动液压泵旋转,液压泵给液压回路提供流量和压力,液压缸带动机械部分动作进行冲压,电气、液压、机械三部分连接在一起,共同作用完成了冲压动作,这就是一个典型的多物理场系统。在机械设备中,多个物理场是连接在一起相互作用的,因此对多物理场进行联合仿真,比起对单一物理场进行仿真,更能反映机械设备的真实情况,对提高机械设备的性能更加有帮助。

Simcenter Amesim 是工艺性能虚拟调试方案中进行多物理场仿真的主要软件。图 2-127 展示了 Simcenter Amesim 软件的截图。在软件画面的左半部分是主工作区,可以在该区域进行机械设备虚拟模型的搭建；软件画面的右半部分是模型库，提供了丰富的已开发好的模型可供使用。可以说 Simcenter Amesim 很大程度上是依靠模型工作的，把各个物理领域的模型拖拽到工作区中，连接到一起，设置好模型的参数，然后就可以运行仿真获得结果。

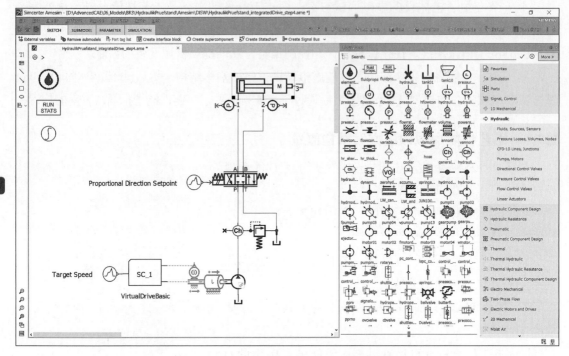

图 2-127　Simcenter Amesim 软件截图

Simcenter Amesim 软件中提供的多物理场模型库涵盖了多个物理学领域，图 2-128 展示了其中的一部分。在同一个软件环境中，Simcenter Amesim 既可以进行单个领域的专业仿真，也可以把不同领域的物理模型耦合在一起，进行多物理场联合仿真。

图 2-128　Simcenter Amesim 软件中提供的多物理场模型库

工艺性能虚拟调试方案中的通信部分指的是将多物理场仿真和自动化部分连接通信的接口，主要由 Simcenter Automation Connect 组件实现。该组件可以连接多物理场仿真部分和自动化部分，图 2-129 为该组件的截图示例，该示例中，Simcenter Automation Connect 组件连接了 Simcenter Amesim 和 PLCSIM Advanced 两个部分。PLCSIM Advanced 是西门子 PLC 的软件仿真组件，相当于在计算机上运行的虚拟 PLC。在图 2-129 中，左右两侧都是 Simcenter Amesim 和 PLCSIM Advanced 中的变量，配置好对应关系之后，左右两侧的变量中间会出现连接的横线，这样通过 Simcenter Automation Connect 组件，可以让多物理场仿真和自动化部分的仿真连接在一起，并同时运行。

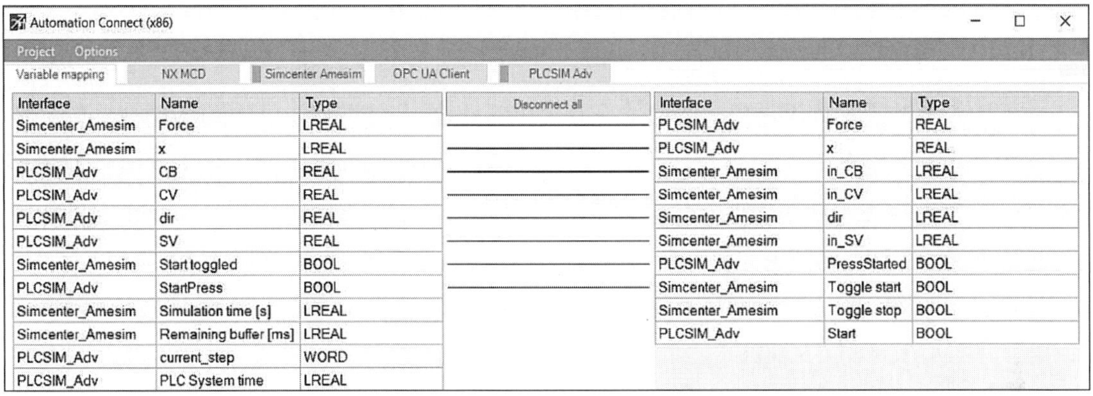

Interface	Name	Type		Interface	Name	Type
Simcenter_Amesim	Force	LREAL		PLCSIM_Adv	Force	REAL
Simcenter_Amesim	x	LREAL		PLCSIM_Adv	x	REAL
PLCSIM_Adv	CB	REAL		Simcenter_Amesim	in_CB	LREAL
PLCSIM_Adv	CV	REAL		Simcenter_Amesim	in_CV	LREAL
PLCSIM_Adv	dir	REAL		Simcenter_Amesim	dir	LREAL
PLCSIM_Adv	SV	REAL		Simcenter_Amesim	in_SV	LREAL
Simcenter_Amesim	Start toggled	BOOL		PLCSIM_Adv	PressStarted	BOOL
PLCSIM_Adv	StartPress	BOOL		Simcenter_Amesim	Toggle start	BOOL
Simcenter_Amesim	Simulation time [s]	LREAL		Simcenter_Amesim	Toggle stop	BOOL
Simcenter_Amesim	Remaining buffer [ms]	LREAL		PLCSIM_Adv	Start	BOOL
PLCSIM_Adv	current_step	WORD				
PLCSIM_Adv	PLC System time	LREAL				

图 2-129　Simcenter Automation Connect 组件截图

工艺性能虚拟调试方案中的自动化部分指的是自动化控制器，例如 PLC 控制器、SIMATIC T-CPU 运动控制器或 SINUMERIK 数控系统。该部分可以是仿真的软件控制器，例如 PLCSIM Advanced；也可以是真实的硬件控制器，例如西门子 SIMATIC PLC 控制器或其他品牌的 PLC 控制器。

在不同的应用场景下，性能仿真方案三个组成部分对应的具体内容有所不同。

工艺性能虚拟调试方案主要分为以下三种应用场景：

1）针对西门子 S7-1500 PLC 的应用。

2）针对西门子所有 SIMATIC PLC 及第三方 PLC 的应用。

3）设备运行中的状态监控和虚拟传感器应用。

图 2-130 展示了针对西门子 S7-1500 PLC 的应用方案，多物理场仿真部分为 Simcenter Amesim，通信部分为 Automation Connect，自动化部分为 PLCSIM Advanced。

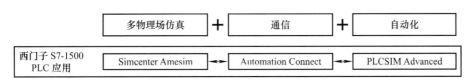

图 2-130　针对西门子 S7-1500 PLC 的应用方案

该方案有以下特点：

1）只能配套 S7-1500 系列 PLC 使用，因为 PLCSIM Advanced 只能仿真 S7-1500 系列 PLC。

2）该方案是一种软件在环的仿真，因为 PLCSIM Advanced 是仿真的软件 PLC。

3）适用于硬件组态没有确定或没有完成的情况。在机械设备开发的初期，硬件组态还可能面临很多更改，不能完全确定，这时通过软件在环的仿真方案，可以提前对控制策略进行仿真。

4）可以为设备运行中的仿真应用做准备。设备运行中的仿真应用对应真实的硬件控制器，在程序运行于真实的硬件控制器之前，可以首先在仿真的软件 PLC 中进行测试。

5）仿真周期短，可以用来优化控制策略。

图 2-131 展示了针对西门子所有 SIMATIC PLC 及第三方 PLC 的应用方案，多物理场仿真部分为 Simcenter Amesim，通信部分为 Automation Connect，自动化部分为硬件控制器 +SIMIT Unit 或 OPC UA。自动化部分中，可以使用 SIMIT Unit（一种用于仿真方案的西门子硬件产品）或 OPC UA（一种基于以太网的通信标准，英文全称为 Open Platform Communications-Unified Architecture）作为硬件控制器和 Automation Connect 连接的接口。

与使用 PLCSIM Advanced 的仿真方案不同，这种应用方案使用了真实的硬件控制器（例如西门子 SIMATIC S7-1500 PLC），属于硬件在环的仿真方案，可以直接对真实的硬件控制器进行编程。

由此可以得出，硬件在环和软件在环的区别在于仿真方案中使用何种控制器：如果使用 PLCSIM Advanced 这种仿真的软件控制器，就是软件在环；如果使用真实的 SIMATIC S7-1500 PLC 硬件控制器，就是硬件在环。

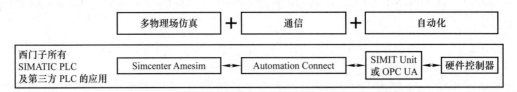

图 2-131　针对西门子所有 SIMATIC PLC 及第三方 PLC 的应用方案

SIMIT Unit 是西门子的一种硬件产品，可以通过 PROFINET 或 PROFIBUS 总线连接西门子 SIMATIC PLC 硬件，用来仿真 PROFINET 或 PROFIBUS 总线接口的 I/O（输入输出）系统，例如 ET200SP 系列的输入输出系统。Automation Connect 组件可以通过 API 读取和写入 SIMIT Unit 中仿真的变量（例如 ET200SP 的输入输出信号或 SINAMICS 驱动器的控制字和状态字）。

除了 SIMIT Unit，Automation Connect 组件还可以通过 OPC UA 接口连接硬件控制器。Automation Connect 内部集成了 OPC UA 客户端，可以和任意的 OPC UA 服务器交互数据。通过 OPC UA，Automation Connect 可以把 Simcenter 和支持 OPC UA 标准的第三方 PLC 连接起来。

该方案有以下特点：

1）硬件组态可以在 SIMIT Unit 中被测试。

2）使用真实的硬件控制器，更加贴近实际使用场景。

3）可以连接第三方 PLC，不局限于西门子控制器。

图 2-132 展示了设备运行中的状态监控和虚拟传感器应用方案。多物理场仿真部分是将 Simcenter Amesim 中建立的机械设备模型，通过 LiveTwin（一种西门子工业边缘应用）运行在工业边缘设备上，相当于一个虚拟设备；自动化部分则是真实的硬件控制器，控制着真实的设备运行。该方案有两种典型应用，分别是设备的状态监控和虚拟传感器应用。

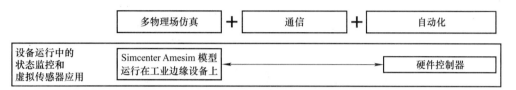

图 2-132　设备运行中的状态监控和虚拟传感器应用方案

在设备运行中的状态监控和虚拟传感器应用方案中，运行中的真实设备和虚拟设备连接在一起，也就是真实设备与其数字孪生模型连接在一起，如图 2-133 所示，真实设备运行产生了真实的实际数据，虚拟设备运行产生了理想的理论数据，实际数据和理论数据两者可以进行对比。

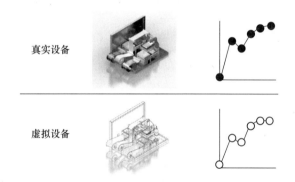

图 2-133　真实设备和虚拟设备同时运行

图 2-134 展示了设备运行中的状态监控应用。通过将真实设备产生的实际数据和虚拟设备产生的理论数据相对比，可以进行在线的数据对比分析，评估设备的健康状况，实现状态监控。例如可以对数据的趋势进行对比，在虚拟设备模型正确的前提下，如果发现真实设备的实际数据与虚拟设备的理论数据有偏离的趋势，说明设备可能存在故障或异常，可以发出预警提示，由此实现对运行中设备的状态监控。

图 2-135 展示了设备运行中的虚拟传感器应用。在真实设备中，由于空间、费用、物理条件、操作条件的限制，不能将真实传感器装在每一个需要的地方。当机械设备的某个位置需要通过传感器获得状态值，而真实传感器不能安装时，虚拟传感器可以派上用场。通过运行在工业边缘设备上的 Simcenter Amesim 模型，也就是和真实设备同时运行的虚拟设备，可以获得模型中任意变量的当前数值，作为虚拟的传感器数值，提供给真实设备的控制器使用。

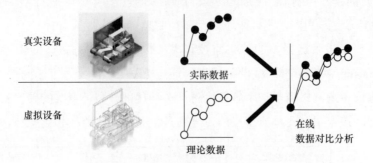

图 2-134　设备运行中的状态监控应用

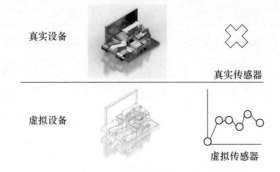

图 2-135　设备运行中的虚拟传感器应用

　　图 2-136 展示了机械设备中的一个螺旋式加热管部件。在该部件中可以应用虚拟传感器来预测温度在整个加热管上的分布。该示例中用户希望知道加热管上的温度分布，以调整生产过程，减少废料，但是很难在整个加热管长度范围内都安装传感器。通过建立图 2-137 所示的 Simcenter Amesim 模型，当该模型和真实设备同时运行时，可以获得加热管上任一段的温度数值，从而了解加热管上的温度分布，起到虚拟传感器的作用。

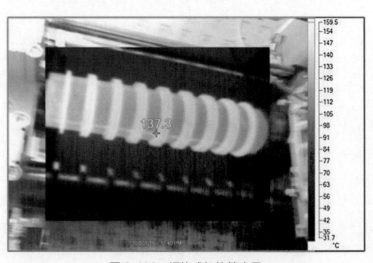

图 2-136　螺旋式加热管应用

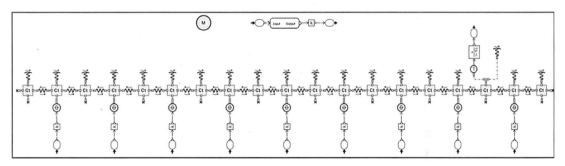

图 2-137　螺旋式加热管对应的 Simcenter Amesim 模型

2.7.2　工艺性能虚拟调试方案与机械设备虚拟调试方案的区别和联系

如图 2-138 所示，工艺性能虚拟调试方案中的 Simcenter Amesim 软件和机械设备虚拟调试方案中的 NX MCD 软件从外观上看存在着很大不同，那么这两种方案具体有哪些区别和联系呢？

工艺性能虚拟调试方案中的
Simcenter Amesim软件

机械设备虚拟调试方案中的
NX MCD软件

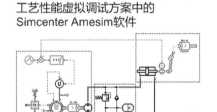
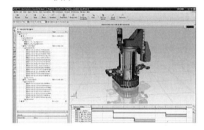

图 2-138　工艺性能虚拟调试方案和机械设备虚拟调试方案对比

总的来说，工艺性能虚拟调试方案和机械设备虚拟调试方案的区别在于，它们仿真的目标不同、仿真的对象不同，而且仿真的呈现方式不同。但是同时两种方案也有联系，它们可以连接在一起仿真。

1.　仿真的目标不同

机械设备虚拟调试方案的目标是验证机械的运动学是否正确，验证机械设计的功能能否实现，以及验证 PLC 程序的逻辑是否正确；以 Simcenter Amesim 为核心的工艺性能虚拟调试方案，仿真的目标是分析和优化设计，提升机械性能，找到控制系统的最佳参数。

具体来说，机械设备虚拟调试方案中，NX MCD 软件可以验证机械的运动学算法。运动学（Kinematics）从几何的角度描述和研究物体位置随时间变化的规律，是运用几何学的方法来研究物体的运动，通常不考虑力和质量等因素的影响。例如在机械手应用中，机械设备制造商针对一个新研发的机械手结构，设计了配套的正运动学和逆运动学算法，可以用 NX MCD 进行仿真验证；机械设备虚拟调试方案中，NX MCD 仿真可以验证机械设计的功能能否实现，例如各部件之间是否存在干涉和碰撞；NX MCD 仿真还可以验证 PLC 程序的逻辑是否正确，例如把 PLC 程序和 NX MCD 中的机械三维模型进行联合仿真，直观地验证 PLC 程序的逻辑，验证机械动作的先后顺序是否正确。

而以 Simcenter Amesim 为核心的工艺性能虚拟调试方案，仿真目标是通过分析和优化设计，最终提升机械的性能。例如可以通过 Simcenter Amesim 进行机械传动链的设计改进，优化滚珠丝杠、同步带、联轴器、减速器等机械传动部件的选型，提升机械的性能；也可以通过 Simcenter Amesim 去测试不同的控制方案及控制参数，分析其对机械性能的影响，找到最佳控制方案和最优的控制参数，提升机械性能。

2. 仿真的对象范围不同

在以 NX MCD 为核心的机械设备虚拟调试方案中，常见的仿真对象是刚体。刚体在运动中和受力作用后，形状和大小不变，而且内部各点的相对位置不变。也就是说，当仿真对象被定义成刚体后，其变形不被考虑。

在以 Simcenter Amesim 为核心的工艺性能虚拟调试方案中，仿真对象可以是刚体，也可以是柔性的材料。具体来说，Simcenter Amesim 可以仿真材料的张力和拉伸变形，对于纸张和塑料薄膜这样的柔性材料，软件中包含了预定义的模型，通过输入材料的密度、弹性模量等相关参数，可以仿真材料收放卷的过程，验证收放卷过程中的张力波动情况。

3. 仿真呈现方式不同

以 NX MCD 为核心的机械设备虚拟调试方案呈现在三维环境中，机械的动作过程可以通过动画直观地被验证，适合用于验证运动学、碰撞和干涉，以及工件物流过程。

与此相对，以 Simcenter Amesim 为核心的工艺性能虚拟调试方案，主要采用一维仿真，即仿真模型通过一维的模型库搭建，仿真的结果以曲线为主，例如张力的波动随时间变化的曲线、速度随时间变化的曲线，适合通过对曲线的分析进行性能的优化提升。

4. Simcenter Amesim 和 NX MCD 两款软件的结合

虽然工艺性能虚拟调试方案和机械设备虚拟调试方案有着诸多不同，但是 Simcenter Amesim 和 NX MCD 这两款软件可以进行联合仿真。如图 2-139 所示，Simcenter Amesim 可以通过 Automation Connect 组件连接 NX MCD，Simcenter Amesim 仿真结果对应的数据，例如某个轴的速度随时间变化的曲线，也可以被映射到 NX MCD 上，在这里 NX MCD 可以作为一个外部的三维环境，直观地展示三维的仿真结果，起到辅助的显示作用。

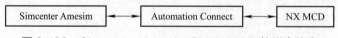

图 2-139 Simcenter Amesim 和 NX MCD 的联合仿真

2.7.3 工艺性能虚拟调试方案实例

接下来，我们将通过一个收放卷演示设备的仿真实例，来说明工艺性能虚拟调试方案的具体应用。

图 2-140 展示了该收放卷演示设备的结构,该演示设备主要包含两个放卷机构和一个收卷机构,设备左侧和设备右侧的两个放卷机构向外放出两种不同类型的材料,经过中间的若干被动辊和张力辊,然后被送料辊向前驱动,最终由中间的收卷机构收卷到一起。

其中张力辊也被称为摆辊,是在收放卷过程中用作张力控制的机构。张力辊可以通过反馈自身摆动角度变化,来反映材料上的张力变化,控制器可以根据张力辊的摆动角度值来调节放卷速度,从而保持材料上的张力稳定。以设备左侧的张力辊 1 为例,假设其设定的平衡位置为水平位置,当张力辊 1 向下摆动时,代表材料上的张力小于设定值,此时控制器获取到张力辊 1 的位置值之后,可以减小放卷机构 1 的放卷速度,从而使材料上的张力接近设定值。

图中除了放卷机构、收卷机构、张力辊、送料辊以外,其他未特殊标明的辊子都是被动辊,被动辊没有电机驱动,而是在运行过程中被材料通过摩擦力带动旋转,因此被称为被动辊。与之相对的送料辊是由电机驱动的,伺服电机通过联轴器或其他机械传动部件连接到辊子上,驱动辊子旋转,送料辊的旋转是主动的。

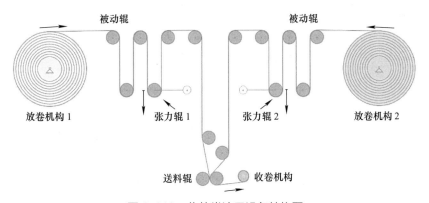

图 2-140　收放卷演示设备结构图

该收放卷演示设备和真实的收放卷设备一样,在设计过程中都遇到了以下挑战:

1）材料价值昂贵,用真机测试成本非常高。

2）材料脆弱敏感,容易被损坏。

3）材料的张力是关键的质量参数,如何在设计阶段确定运行中张力波动范围是一个难点。

4）需要获得收放卷系统中任意位置的材料张力数值。

5）需要尝试不同的机械布局,以确定何种布局可以取得最佳的张力效果。

6）需要尝试不同的控制策略和控制参数。

通过使用工艺性能虚拟调试方案,可以解决上述挑战。

在 Simcenter Amesim 中,为了对收放卷工艺进行仿真,西门子专门开发了收放卷元件库(英文名称是 Converting Library,也称为连续物料加工元件库,其主要功能为收放卷工艺的仿真)。如图 2-141 所示,在 Simcenter Amesim 中,收放卷元件库包含在二维机械(2D Mechanical)元件库中。

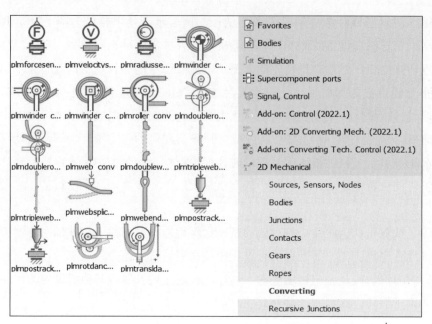

图 2-141 Simcenter Amesim 中的收放卷元件库

　　收放卷元件库的作用在于把收放卷相关的机械元件都做成可以直接拖放使用的元件模型，节省了对这些机械元件进行建模的时间。图 2-142 展示了收放卷元件库中的一些关键元件，包括收放卷、跳舞辊（张力辊）、普通辊、异形辊、复合辊。这些关键元件的模型已经建立，并可以在 Simcenter Amesim 建模的过程中直接使用。其中收放卷模型可以被设置为收卷或放卷，其卷芯的直径可以被设置，并且模型中考虑了收放卷的直径和惯量变化；跳舞辊即前文中提到的张力辊，其机械结构可以被设置为由电机、弹簧或气缸驱动，跳舞辊的运动形式可以被设置为直线或旋转；普通辊指的是有动力的主动辊或无动力的被动辊，普通辊和材料之间的滑动效应也可以被仿真；异形辊指的是非圆形的辊子，辊子的外形轮廓可以自定义，例如锂电池卷绕机的某些卷芯就是非圆形的；复合辊指的是经过这一对复合辊之后，两种材料被复合成为一种材料，复合形成的新材料相对于原来的两种材料，其弹性模量发生了变化，该复合过程也包含在模型中，可以被仿真。以上模型可以将机械的布局结构用二维的方式表示出来，例如辊子位置的横向和纵向坐标都可以输入模型，这样不同辊子之间的位置关系可以被表示出来。

图 2-142　收放卷元件库中的关键元件

　　除了收放卷、跳舞辊、普通辊、异形辊、复合辊这些关键元件的模型，收放卷元件库中还包含材料的模型，用来仿真收放卷过程中的材料。该材料的模型由 Simcenter Amesim

中绳子的模型扩展演变而来，绳子的模型相当于一条线，而把这条线扩展开来，成为一个面，就变成了当前收放卷元件库中的材料模型。

从上面的演变过程可以得出，当前收放卷元件库对材料的仿真有以下限制，而并不是万能的：

1）材料的拉伸和张力只能沿材料运行的方向被仿真，垂直于材料运行方向的材料跑偏、褶皱、展平不能被仿真。

2）只能仿真均匀的材料。

3）只能仿真在线性弹性拉伸范围内材料的拉伸，弹性范围指的是在该范围内，材料的拉伸量和材料上的张力呈线性关系。

4）只考虑材料的拉伸，不考虑材料的压缩、弯曲、褶皱。

通过使用收放卷元件库中的模型，可以对收放卷演示设备进行建模。图 2-143 展示了 Simcenter Amesim 中收放卷演示设备的二维仿真动画截图。

图 2-144 展示了 Simcenter Amesim 中收放卷演示设备的放卷部分的截图。这部分截图非

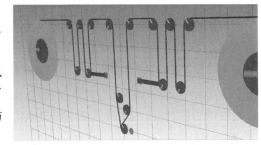

图 2-143　Simcenter Amesim 中收放卷演示设备的二维仿真动画截图

常有代表性，从中可以看出整个模型建立的框架包含三个部分，即张力控制器模型、伺服驱动器控制模型、材料和机械模型。这三个部分相互连接，组成了整个多物理场仿真的模型。

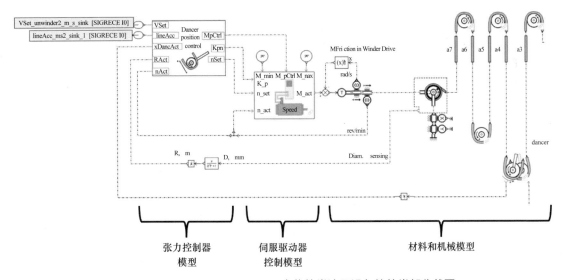

图 2-144　Simcenter Amesim 中收放卷演示设备的放卷部分截图

Simcenter Amesim 中收放卷演示设备建模的三个部分，也诠释了西门子机电一体化咨询服务的工作方法。让我们回顾前面章节中提到的机电一体化的系统视角，如图 2-145 所示，一个机械设备包含控制部分、电气部

图 2-145　用系统的视角看机械设备

分和机械部分，这三部分连接在一起，互相影响，组成一个系统。图 2-144 中张力控制器模型、伺服驱动器控制模型、材料和机械模型分别与控制、电气、机械这三个部分相对应。

从图 2-145 可以看出，模型中三部分互相连接和影响。控制信号首先由张力控制器产生，然后传递给伺服驱动器，经过伺服驱动器内部控制回路以及能量转换之后，输出转矩到材料和机械部分。除了控制部分影响电气部分、电气部分影响机械部分以外，电气部分影响控制部分，机械部分也影响电气部分和控制部分。张力控制器需要接收伺服驱动器反馈的转速实际值，调整输出的命令；伺服驱动器模型输出的转矩实际值，也受机械部分的影响；机械部分的摆辊位置实际值，也可以直接反馈到张力控制器中，使张力控制器做出调整。

由此可见，在对机械设备进行建模仿真和性能提升的过程中，不要孤立地看待控制部分、电气部分、机械部分，而应从系统的角度进行考虑，注重这三部分之间的联系和互相影响。

在 Simcenter Amesim 中，我们可以针对收放卷过程，在时域和频域进行分析，以及测试不同的机械设计、控制策略、控制参数。

时域分析的对象是动态信号随时间的变化情况。如图 2-146 所示，在收放卷演示设备中，材料被辊子间隔成若干段，每两个辊子之间可定义为一段材料，以 a1 ～ a7 命名，Simcenter Amesim 能够仿真其收放卷过程中的张力数值变化情况，反映收放卷设备的性能水平。图 2-147 展示了 Simcenter Amesim 中的仿真结果，即在收放卷过程中四段材料的张力数值随时间变化的曲线。

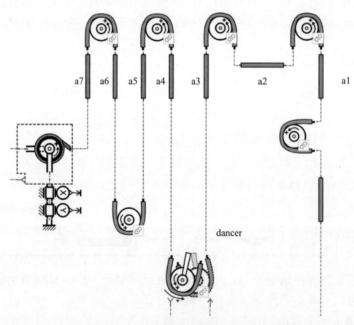

图 2-146　收放卷演示设备中材料的分段定义

Simcenter Amesim 帮助机械设备制造商验证不同的机械布局。具体来说，当机械设备制造商设计新的收放卷设备时，需要验证不同的机械布局对张力波动的影响，通过调整 Simcenter Amesim 模型中辊子位置的参数，更改其坐标，或者把辊子的驱动形式在主动和被动之间切换，然后进行仿真，分析图 2-147 所示的张力数值变化曲线，能够得出最佳的机械布局。

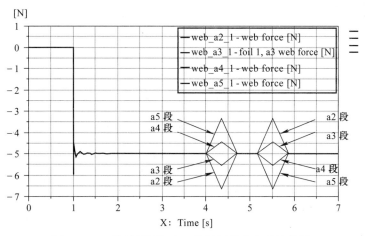

图 2-147　收放卷过程中四段材料的张力数值曲线

除了验证机械布局，Simcenter Amesim 还能够测试不同的控制策略对性能的影响。图 2-148 展示了在 Simcenter Amesim 中，西门子开发的若干可以和收放卷元件库共同使用的控制模型。前两种是张力控制器模型，分别是通过跳舞辊的位置反馈调节张力和间接张力控制（指的是不通过跳舞辊位置反馈的一种开环张力控制策略）；后两种是伺服驱动器的控制模型，对应收放卷时，可以让伺服驱动器工作在速度控制模式或转矩控制模式下。通过切换张力控制器的模型，以及切换伺服驱动器的控制模型，然后观察不同模型对张力数值变化的影响，能够得出最佳的控制策略。

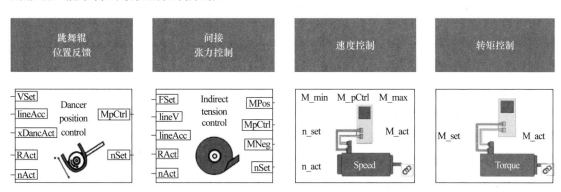

图 2-148　可以和收放卷元件库共同使用的控制模型

除了时域分析，频域分析也给性能提升带来很多价值。例如可以在频域分析不同的控制参数对跳舞辊摆动幅度的影响。机械制造厂商都希望跳舞辊摆动的幅度越小越好，因为摆动的幅度小代表材料上的张力稳定。在收放卷设备中，收卷轴或放卷轴伺服驱动器中的控制参数不同，会对跳舞辊摆动的幅度产生影响。频域分析可以帮助机械制造商在设计阶段就找到合适的控制参数，让跳舞辊摆动幅度尽量小，节省在调试现场反复试错的时间，从一开始就设置最优的控制参数。

伯德图是频域分析的重要工具，图 2-149 是跳舞辊机械系统频率响应的伯德图。通过伯德图可以看出在不同频率下系统输出信号和输入信号的比例关系及相位关系，也就是系统输出信号和输入信号的比例关系及相位随频率变化的趋势。伯德图分为上下两个图形，上面的图形是幅值图，展示幅值的变化，也就是系统输出信号和输入信号比例的幅值随频率变化的趋势，幅值图的纵坐标代表输出信号和输入信号幅值的比例值，单位是分贝（dB），0dB 对应的比例值为 1，表示输出信号和输入信号的幅值相等，纵轴方向上，数值越大，表示输出信号相对输入信号的幅值越高，幅值图的横坐标代表频率值；下面的图形是相位图，展示相位的变化，也就是系统输出信号和输入信号之间的相位差随频率变化的趋势，相位图的横坐标同样代表频率值，相位图的纵坐标表示相位差的角度值，单位是度（°）。

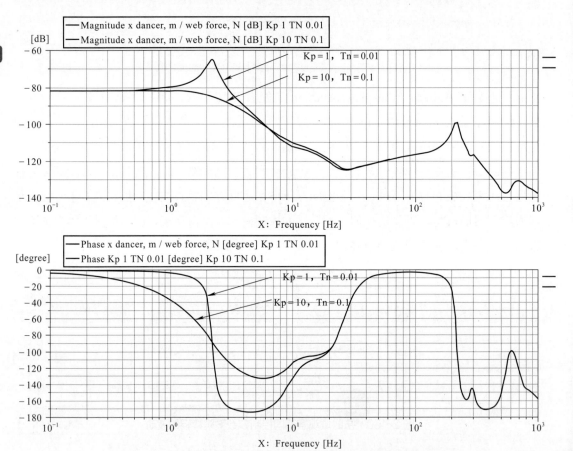

图 2-149　不同控制参数下跳舞辊机械系统频率响应的伯德图

对于图 2-149 所示的跳舞辊机械系统，其输入信号为材料上的张力，输出信号为跳舞辊摆动的位置。图 2-149 中对比了两种放卷轴控制参数对跳舞辊机械系统的影响，分别是 Kp=1、Tn=0.01 和 Kp=10、Tn=0.1 这两种放卷轴驱动器速度环的参数设定组合，其中 Kp 代表速度环的增益，Tn 代表速度环的积分时间。我们称 Kp=1、Tn=0.01 为组合一，称 Kp=10、Tn=0.1 为组合二。从图 2-149 的幅值图中可以看出，在 2Hz 附近组合一比组合二的曲线多了一个尖峰，代表在 2Hz 附近，当材料上的张力波动相同时，采用组合一对应的控制参数，将使跳舞辊摆动幅度更大。

图 2-149 中的伯德图是在频域下分析的结果，该结果也可以在时域得到验证。图 2-150 就是从时域观察不同控制参数下跳舞辊的波动，其中横轴为时间，纵轴为跳舞辊的位置值，组合一和组合二两种控制参数对应着两条跳舞辊位置波动的曲线，可以看到组合一（Kp=1，Tn=0.01）对应的跳舞辊位置波动值大于组合二对应的波动值，这个结果和图 2-149 是吻合的。

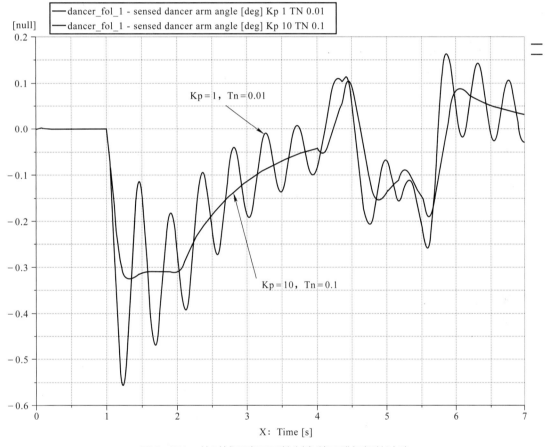

图 2-150　从时域观察不同控制参数下跳舞辊的波动

总结来说，工艺性能虚拟调试方案以提升机械的性能为仿真目标，可以从系统的角度，将控制部分、电气部分和机械部分连接在一起进行多物理场仿真；可以进行机械传动链的设计改进，优化滚珠丝杠、同步带、联轴器、减速器等机械传动部件的选型；也可以测试不同的控制方案及控制参数，分析其对机械性能的影响，找到最佳控制方案和最优的控制参数；特别是对于收放卷设备，除了机械传动链、控制方案、控制参数的改进，工艺性能虚拟调试方案还可以帮助优化机械布局。

第 3 章
机械设备使用环节的数字化

3.1　机械设备使用环节的数字化概览

在第 2 章中，我们了解了机械设备制造环节的数字化。这些数字化解决方案涵盖机械设备生命周期中的概念、工程、调试这三个阶段，帮助机械设备制造企业（如啤酒灌装机制造商）以更低的成本、更快的速度制造高质量的机械设备，使他们的设备更容易被销售并安装到产品生产企业（如啤酒生产厂）。此时，我们就进入了机械设备生命周期的后两个阶段——运行和服务，这对应着机械设备的使用环节。在机械设备使用环节，企业可能会遇到什么样的问题，又该如何解决呢？

为了了解机械设备使用环节企业的痛点，我们首先来看看典型生产线的组成。为实现产品生产，企业通常具有多条生产线及其辅助设施，每条产品生产线由多台设备组成，用于完成某种产品的生产或加工。这些设备可能来自不同的制造商。以饮料灌装和包装生产线为例，它由一台或多台灌装机、包装机、输送与缓冲装置、自动控制系统、信号及检测系统等设备和装置构成。灌装机和包装机是该生产线最重要的设备，没有它们就无法完成饮料的灌瓶和装箱等关键作业，并且灌装机的产量决定整条生产线的产量；输送和缓冲装置用来保证物料在生产线的不同机器间顺畅地传送，使整条生产线高效地运行；自动控制系统使生产线上的各台机器既可按其工艺要求自行运转，又能使它们相互协同地工作，达到理想的产品质量和产量要求，自动控制系统还负责进行生产线和各个单机工作状态的采集、记录、汇总、存储、分析和显示；信号和检测装置配合自动控制系统的工作，将机器各部分（包括物料、辅助装置等）的实际运行状况（如位置、速度、温度、高度等）信息传送给控制系统。图 3-1 是一条玻璃瓶啤酒灌装和包装生产线的示意图。从图中可以看到，设备与设备之间都通过宽度不同的输送带连接起来。输送带在这里起到输送和缓冲装置的作用，输送带越宽，可缓冲的物料就越多。

如上所述，产品生产厂或生产车间由一条条完整的生产线组成，每条生产线由多台单机和辅助装置组成。每台单机由不同的功能模块组成，每个功能模块中含有不同的功能部件，也就是说产品生产线或生产厂具有典型的模块化结构。机械设备生产企业提供的往往只是生产线中的一台或数台机器。一台单机内的不同功能模块间需要在时序关系和运动关系等方面协调配合，才能完成单机的整体功能。同理，生产线的整体运行受到各台单机及辅助设施的影响和牵制，单机本身的性能好，并不能确保整条生产线的性能好。一支高水平的足球队，不仅要求各个球员自身的水平高，还需要球员之间能够很好地配合，才能踢出好成绩。为提高整个生产厂或车间的生产能力，需要生产线上所有单机设备及各种辅助设施很好地协同配合，才能达到最佳生产效果。

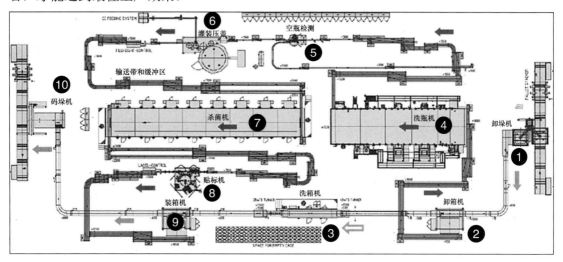

图 3-1　玻璃瓶啤酒灌装和包装生产线的示意图

由此可见，产品生产是一个复杂的过程，并且随着市场需求越来越多元化，企业需要不断适应新的需求，在满足成本效益、灵活性、可持续性、快速交付的同时，提供高质量、个性化的创新产品。在实现这一目标的过程中，企业面临着多种多样的问题，而数字化正是解决问题的重要手段。下面，我们将结合图 3-2 简单介绍机械设备使用环节的数字化方案，及它们所解决的问题。

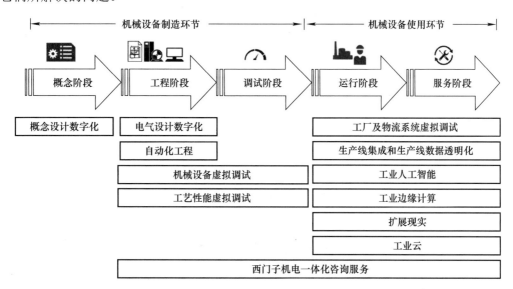

图 3-2　机械设备全生命周期的数字化方案概览

1. 生产线设计与优化

在生产现场，经常出现设备到位但难以协同工作，导致生产率低于期望的情况。调整整体生产线来解决这个问题通常需要耗费大量的时间和成本。如何确保这些机械设备能够高效配合以实现生产的顺利进行呢？

企业可借助生产线的数字孪生技术，通过将生产线仿真技术与自动化、电气系统的仿真技术结合，实现在虚拟环境中对系统进行全方位的仿真及验证。为此，西门子提供工厂及物流系统虚拟调试解决方案，助力产品制造企业缩短设计与调试周期，降低风险，节约成本，提升质量与灵活性。

2. 生产线集成

由前文可知，一条产品生产线由多台设备组成，这些设备通常采购自不同的机械设备制造企业。若使用不同的数据接口，这些设备间的数据传输就会变得困难。与此同时，数字化工厂的一个重要特征是信息技术（Information Technology，IT）和运营技术（Operational Technology，OT）的融合。那么如何实现各机械设备及辅助装置的数据融合与高效配合呢？这就需要生产线集成。

首先，生产线通信需要标准化，借助统一的数据通信协议，如 PROFINET、OPC UA、TSN 等，以最大限度地实现 IT 和 OT 数据的融合。其次，若要实现生产线设备间的高效配合，需要掌握设备的生产状态，消除各个设备的程序结构、接口数据和人机界面的不一致性。因此，产品制造企业还需将生产线设备程序进行标准化，比如西门子控制器遵循的 OMAC PackML 标准化编程规范。通过这些方法，企业可以更好地实现数字化生产线的集成和协同，提高生产率和灵活性。

3. 生产线数据透明化

当设备在生产线上能够互联互通时，其产生的数据变得极为有意义。这些数据可以提供有关设备性能、生产状态和生产质量的重要信息，但如何有效地掌握这些信息，并在需要时快速发现潜在问题成了一项挑战。

为了解决这一问题，企业可以采用生产线数据透明化的方法，其中关键在于使用数字化工具和系统来实现对生产线数据的实时监控和分析。通过数字化的方式，企业可以更好地了解其生产过程，并及时识别和解决问题，从而提高生产率和质量。

在这一方面，西门子提供了名为"生产管家系统"的数字化解决方案。这一系统充分利用了数字化技术，将设备和生产线的数据集成到一个统一的平台上，使操作人员能够实时监控并管理整个生产过程，帮助企业提高生产率、质量和可靠性，从而取得竞争优势。

4. 生产过程中的优化

在经过生产线数据透明化后，一旦发现生产过程存在的问题，比如产品质量需要提升，企业该如何应对？面对市场不断变化的需求，企业又该如何让生产变得高效、智能？为此，工业人工智能可谓企业的得力助手，它能从产品质量提升、异常检测、质量检测与分析、智能系统等多方面提供支持。

5. 预测性维护

企业面临的另一个挑战是生产线上设备的维护和管理。设备的停机可能导致生产中断和损失，同时维护成本也可能相当高昂。为了有效应对这一问题，企业需要采用预测性维护的方法，即提前发现设备的老化或损坏趋势，以便在问题影响生产线之前采取干预措施。

在这一领域，西门子提供了数字化解决方案，如工业边缘计算和 SIMICAS® 智维宝。工业边缘计算允许企业在设备本地进行数据分析，通过实时监测设备状态和性能来识别问题的迹象，从而提前采取维护措施，减少停机时间。SIMICAS 则是一种综合性的维护管理系统，它结合了数据分析、设备健康监测和维护管理，帮助企业制定维护策略，提前预测设备故障，以降低维护成本和生产中断风险。

通过这些数字化解决方案，企业可以实现对设备的预测性维护，提前发现问题并采取措施，从而最大限度地减少生产中断和维护成本，提高生产率和可靠性。

6. 生产过程中的虚拟革新

生产线的复杂性对员工的培训和设备的维护提出了挑战。员工需要熟练掌握各种设备的操作，但传统的培训方式可能效率不高，而且存在一定的风险，尤其是在涉及大型或危险设备时。此外，远程调试也是一个关键问题。设备制造商需要能够快速响应客户的需求，远程协助解决问题，以减少设备停机时间和生产中断。

在应对这些挑战时，扩展现实技术提供了创新的解决方案。虚拟培训和远程支持是扩展现实技术的重要应用领域。通过虚拟培训，员工可以模拟真实的操作场景，学习如何正确操作设备，而无须实际接触物理设备。远程支持则利用扩展现实技术，使设备制造商可以通过远程连接查看客户设备的状态，识别问题，并以增强互动的方式提供实时指导和支持。

7. 产品生命周期管理

产品生产涉及多个部门，企业需要确保不同部门之间的数据共享和协同操作。西门子提供的产品生命周期管理系统，如 Teamcenter，可以帮助企业应对这一挑战。Teamcenter 是一款全面的产品生命周期管理软件，它可以协助各个部门在产品的不同阶段进行协同工作，使用数字孪生连通和优化设计、系统、软件、仿真和可视化流程。通过 Teamcenter，企业可以更好地协调各个部门的工作，提高生产率，缩短产品上市时间。

8. 工业云

在数字化工厂的环境中，数据的集中管理和远程访问是至关重要的需求。企业可以利用工业云技术来满足这些需求。工业云提供了可靠的数据存储和管理，同时允许远程访问和监控设备和生产过程，为企业提供了更大的灵活性和可扩展性，使其能够更好地适应不断变化的市场需求。

以上内容为读者构建了机械设备使用阶段的整体数字化解决方案框架，具体方案细节将在本章的后续部分逐一详细介绍。与此同时，有关产品生命周期管理和工业云的内容将在第4章中进行深入讨论。

总而言之，数字化在机械设备使用环节为企业提供了丰富的解决方案，这些数字化工具和技术不仅提高了生产率和质量，还降低了成本，使企业更加灵活、竞争力更强。随着科技的不断进步和创新，我们可以期待数字化在机械设备使用环节继续发挥重要作用，为未来的制造业带来更多的机遇和挑战。要充分利用这些数字化解决方案，企业需要积极采纳并不断适应持续变化的市场环境，以确保其在竞争激烈的市场中保持竞争力。

3.2 生产线的数字孪生及其应用

如前所述，为提高生产线、车间或工厂的生产率和产品质量，所有单机设备及各种辅助设施需要实现良好的配合。如果将所有设备和辅助设施完全生产制造出来，安装到车间并运行起来后才发现某些设备之间或设备与辅助设施之间不能很好地协调配合，使生产率或质量不能达到预期要求，这时就只能对物理设备或辅助设施自身或它们的布局进行修改或调整。对物理设备的修改或调整通常需要花费大量的时间和资金。如同机器的数字孪生一样，我们也可以利用软件工具（如西门子公司的 Plant Simulation）建立生产线、车间或工厂的数字孪生。利用这些数字孪生，便能够在实际建造物理生产线、车间或生产厂之前，在虚拟的环境中对生产线、车间或生产厂的布局、生产物流设计、产能等生产系统进行仿真和验证，并根据结果对生产线、车间或生产厂的设计进行优化，直到满足设计要求后，再开始物理生产线、车间或生产厂的建造和布局。在物理生产线、车间或生产厂建成之后，在日常的生产和维护过程中，生产线、车间或生产厂的物理实体和其对应的数字孪生之间仍可不断地进行数据和信息的交互，以实现生产过程的持续优化。这样不仅可节约大量的资金，而且可以大大地节省时间并提高工作效率。

利用虚拟生产线还可以对生产线的操作人员进行操作培训，其优点是可以避免新员工在真实的物理生产线上练习操作时可能造成的机器损坏或物料损失。

3.2.1 生产线数字孪生及其优越性

在本书第1章对数字孪生的介绍中，曾提到了部件数字孪生（Component Twin）、资产数字孪生（Asset Twin）、系统数字孪生（System Twin）和过程数字孪生（Process Twin）。这些不同规模的数字孪生刚好与生产线的模块化结构相对应：部件数字孪生对应于功能部件，资产数字孪生对应于功能模块，系统数字孪生对应于单台机器，过程数字孪生对应于生产线、车间或生产厂。如上所述，过程数字孪生是物理生产线、车间或生产厂所对应的数字虚体，它由多个系统数字孪生构成，如图3-3所示。与物理世界的真实生产线类似，过程数字孪生中的多个系统数字孪生之间也需要在时序、速度、运动、物料供给等方面协调配合，确定准确的整线时序规划才能达到最佳的虚拟生产效果。与构建机器的数字孪生类似，构建生产线的数字孪生同样是建立反映生产线不同特征的各种数字模型的过程，如可根据需要建立缓冲区和机械设备的尺寸模型、物料处理流程模型、机器及辅助设施的布局模型、机器控制及流程同步所需的控制模型等。与物理世界中模块化的生产线相对应，生产线的数字孪生还可能包括不同规模的多种数字孪生模型。我们可以利用生产线数字孪生进行生产线的仿真、分析和优化。

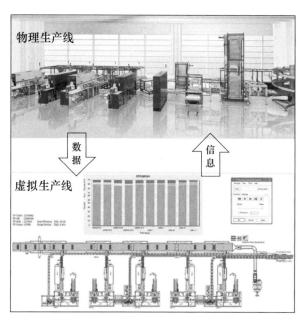

图 3-3　物理生产线及其数字孪生（虚拟生产线）

　　　构建生产线数字孪生的目的在于解决与整个生产线或生产厂的生产率有关的问题。在物理世界实际建造生产线之前，可在计算机提供的虚拟环境中，通过合理规划，使生产线的生产能力更好地适应产品的产量要求；通过选择合适的机械设备和合理的机器布局，来充分发挥生产线上各种机械设备的能力，并提高各种资源的利用率；通过数字孪生验证生产线的布局和生产能力、缓冲装置的设置和物料调度等方面的合理性；通过仿真、评估、分析和优化措施，消除生产线瓶颈，减少后续生产执行阶段对于物理实体系统进行更改的情况，以实现提高生产力、节省系统成本、缩短机器和生产线制造周期的目的。如上所述，构建生产线数字孪生的重要意义在于：在虚拟世界中对生产线进行仿真、分析和评估，并将结果信息传递给物理世界中的生产线，从而对其进行优化；在物理生产线或生产厂建成之后的日常运行和维护过程中，物理生产线和虚拟生产线之间继续进行信息交互，实现不间断的迭代和优化。图 3-4 给出了对生产线进行仿真和优化的示意图。

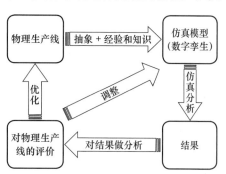

图 3-4　对生产线进行仿真和优化示意图

具体来讲，构建生产线、车间或工厂数字孪生的目的是通过仿真的方法来帮助人们完成如下工作：

1）建设新工厂或扩建旧工厂前，提前进行规划和布局。要确定场地面积的大小、机械设备的台套数、机械设备的布局、所需员工的数量等。

2）当根据市场需求，准备生产新产品时，检查并确认原有生产线的能力是否满足要求、是否需要调整生产线、调整后的生产情况怎样、是否可与原产品混流生产、新的作业计划是否合理等。

3）对现有生产线做评价并制定效率改善计划，如检查并确认作业流程是否流畅、设备是否有闲余、现场空间利用率高低等。如果评估结果不理想，要确定对生产线的改进办法，如：生产线上是否要添加设备？添加什么设备？添加的设备需具备什么性能？传输设备的能力是否够用？物料传输路线是否可进一步优化？

4）对生产线的日常操作进行仿真，确定当天的生产计划是否可以完成、每份订单可在什么时间内完成、怎样安排生产更合理、怎么才能更充分利用现有资源等。

3.2.2　生产线数字孪生应用实例

2022 年 6 月 17 日，西门子数控（南京）有限公司新工厂正式投入运行。新工厂运行之前，该公司在两处不同的工厂生产驱动器、电机和数控机床控制器等产品，仓储物流也位于不同的区域，这样工作方式使得流程复杂且效率不高。新工厂的建设充分使用了数字化技术，借助 NX 和 Plant Simulation 等软件工具，在新工厂实际建造之前就已经在数字世界中完成了工厂布局、生产流程和工艺的设计、仿真、测试、验证和优化工作，从而在新工厂批量投产之前充分保证了生产线的灵活性，并大幅提高了实际的生产率，同时帮助工厂实现了高水平的可持续发展能力。

新工厂有机结合了工厂数据、生产线数据、绩效数据甚至建筑模型等数据以实现完整的数字孪生，从而大幅提高了工厂的生产率和绩效，使其成为西门子在德国之外最大的数控机床控制器、驱动器以及电机的研发和制造中心。新工厂具有如下优势：

（1）**更大的生产灵活性**　该工厂生产的电机、控制器和变频器、伺服驱动器等产品种类繁多，生产线换型也很频繁。通过 Plant Simulation 优化厂内物流方案并改进日常生产规划，极大地提升了生产的灵活性。借助高位货架能够根据生产顺序优化物料存储，从而保证物料能够及时地运送到对应的生产线和生产单元上。

（2）**更高的空间利用率**　新工厂的高位货架在施工前就已在虚拟环境中完成了优化，从而在实现更高生产率和更大灵活性的同时，减少了对工厂空间的需求。为了确保物料以更高效的方式进行存储，工程师们在虚拟环境中创建了仓库、生产线和生产单元，并对其进行了全面仿真和测试，在充分验证之后才进行实际的施工。

（3）**更快的物料补充**　物料补充效率的高低很大程度上影响着工厂的生产率和产量。在旧工厂中，只有机器操作员了解物料的缺失状况，很容易导致生产线延误和停工。而在新工厂中，生产线所需物料的信息会自动发送给仓库管理员，从而保证了正确的物料在正确的时间运送到正确的设备。

（4）**更好的产品交付能力**　利用 Plant Simulation 进行数字化生产规划时，可在虚拟环境中提前验证当前的机器和操作工人是否能够满足客户的订单需求。工厂再根据验证后的规划在物理世界中完成生产线构建，交付时间自然也得到优化。如果客户需求发生变化，反过来可根据数字孪生对生产能力进行再评估，随后再对物理世界的生产线和生产单元进行必要的改造。

（5）**更高的产品质量**　除人工品质控制流程外，通过自动化解决方案可进一步提高质检的精度和效率。此外，检测设备上的物联网（IoT）硬件可收集数据供给边缘计算设备或工业云，并以此实现可预测性维护。

（6）**更高的生产率**　考核新工厂的一个重要指标就是生产率。以前由手工完成的喷涂、包装等工序在现阶段借助机器人实现了完全自动化，从而大幅提高了生产率。从环境、健康与安全的角度来看，这种转变也有效地避免了搬运重物过程中潜在的风险，保障了员工的人身安全。

根据西门子官方网站的介绍，与旧工厂相比，新工厂的关键绩效指标得到明显提升，如物料补充速度提高 50%，生产灵活性提高 30%，生产率提高 20%。

3.3　生产线集成和生产线数据透明化

正如前文所述，产品生产线由多台单机和其他辅助装置组成，它们极有可能是来自不同制造商的设备，并且这些设备的硬件、程序结构及通信协议存在多样性。我们除了可以利用生产线数字孪生进行生产线的规划和提升，还需借助标准化手段，让生产线上的设备融合得更好，实现生产线集成。生产线集成的核心理念在于将各个分散的机械设备、工序和系统融合为一个高度协同的整体，实现更协调的生产流程。这就需要生产线通信和设备程序的标准化。与此同时，大量的生产数据也需要被充分利用，以实现生产过程的全面监控和管理，即所谓的生产线数据透明化。数据透明化意味着制造企业能够实时监测生产数据、设备状态和质量信息，使这些信息更加清晰、易于理解和分析。生产线集成和生产线数据透明化的结合不仅提高了生产率和产品质量，还为制造企业赋予了更大的竞争优势，推动了数字化转型的实现。

3.3.1　生产线通信标准化

1. 生产线通信标准化的意义

机械设备之间的通信一直是工业面临的主要挑战，如果要实现自动化的生产，设备之间的信息共享尤为重要。在制造业的工厂车间，一件产品的生产通常包含众多工序，而每道工序所使用的设备又可能来自不同的设备制造商。如果这些来自不同厂商的设备使用自己的专有硬件接口和通信协议，就如同一个团队的成员来自不同的国家，使用不同的语言，沟通时需要翻译才能相互理解。不同的硬件接口和通信协议，导致设备的"语言"不通用，生产线设备无法直接地相互使用数据。此时的生产线集成需要大量且复杂的数据转译工作，使得设备之间的信息共享变得困难，也同样增加了项目成本和风险。试想一下，如果整条生产线上的所有设备均使用同样的"机器语言"，即使用同样的数据接口和通信协议，那么整个生产线的数据集成将会变得简单、高效，而这正是生产线通信标准化的意义。

标准化使得生产线上的设备能够以统一的方式进行通信和数据交换，实现设备数据的实时共享和集成。这为整个生产线的监控、调度及优化提供了坚实的基础。通过标准化的通信协议，数据采集系统和制造执行系统（MES）可以更容易地获取并使用来自设备的数据，实现对生产线数据的实时监控、分析，甚至是决策。如此一来，企业就可以更好地了解生产线的运行状况，并依托数据对生产线进行优化。除此以外，标准化还使得生产线更加灵活、更易扩展。借助统一的通信标准，企业可以更容易地添加、升级或更换设备，而不必担心与其他设备的兼容性问题。这样，企业可以很灵活地调整生产线配置，以快速响应市场需求的不断变化。

2. 数字化企业的通信方式

在现今的工业4.0和工业物联网时代，数字化为通信和数据连接领域带来了全新的可能性，即通过生成数据为客户带来利益，工厂中大量的数据对于优化流程、提高效率和生产力至关重要。与此同时，传统上独立开发和运行的OT和IT也在不断融合，OT侧即现场级设备，IT侧则包含MES、ERP、PLM、工业边缘和云等。通过数字化，设备数据需要从现场层的传感器、驱动系统，通过控制层的控制器、人机界面、工业控制计算机（IPC）等，传输到操作层的数据采集与监视控制系统（SCADA），再传输到管理层的制造执行系统，最后传输到云端。当然，还必须确保数据的安全性。

工业以太网作为一种基于以太网（Ethernet）技术的网络协议，专门用于工业自动化和控制领域，在生产线设备通信方面发挥重要作用。与传统的以太网相比，工业以太网在实时性、可靠性、安全性和稳定性方面进行了优化和扩展，以满足工业环境中复杂的通信需求。一些常见的工业以太网协议包括PROFINET、Ethernet/IP、EtherCAT、MODBUS TCP等。这些协议在不同的工业领域和应用中被广泛使用，为工业自动化提供了可靠的通信基础。工业以太网的发展促进了工业数字化转型，使制造业能够更加智能化、高效化和灵活化。工业以太网作为一种网络技术，通常会涉及一些标准化的设备接口规范。例如，不同的工业以太网协议可能会规定设备之间的物理接口、通信协议、数据格式等。这些规范有助于确保不同厂商生产的设备能够在工业以太网上进行通信和交换数据，从而实现设备之间的互联和协同工作。

为了最大限度地利用OT和IT数据，西门子将工业以太网PROFINET和OPC UA数据通信标准的优势结合在一起，在一个通用的工业以太网网络中作为互补，如图3-5所示。性能可靠的PROFINET为现场级通信带来实时性，而具有灵活性和数据语义的OPC UA则在控制层及以上层级提供可靠的数据传输。除此之外，西门子将时间敏感网络（TSN）标准应用于以太网，从而在工业网络中实现预留带宽、服务质量（QoS）机制、低传输延迟以及多种协议（包括实时协议）的并行传输，为 PROFINET 和 OPC UA 提供了额外的功能扩展。

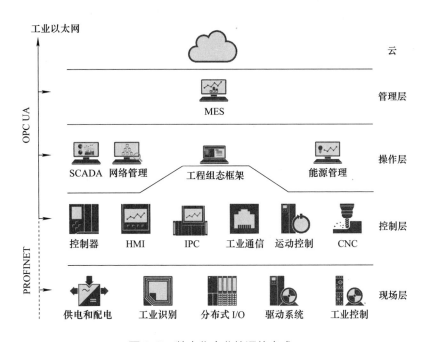

图 3-5　数字化企业的通信方式

3. OSI 模型

在对 PROFINET、OPC UA 和 TSN 展开介绍之前，我们先结合开放式系统互联（OSI）模型整体了解一下它们所处的位置。生产线通信使用不同的网络协议在以太网上交换数据，我们将这些协议放置在一个框架中，以便对它们进行跟踪。这个框架被称为 OSI 模型，它将计算机网络体系结构划分为 7 层，从下至上分别为：物理层、数据链路层、网络层、传输层、会话层、表示层、应用层。

1）物理层：定义物理设备标准，如网线的接口类型、光纤的接口类型、各种传输介质的传输速率等，主要作用是传输原始数据流。

2）数据链路层：定义网络中数据的格式。

3）网络层：决定数据使用哪种物理路径进行传输。

4）传输层：使用 TCP（Transmission Control Protocol，传输控制协议）或 UDP（User Datagram Protocol，用户数据报协议）传输数据。

5）会话层：负责在网络中的两节点之间建立、维持和终止通信。

6）表示层：确保数据以可用格式在网络服务和应用间传输，并在此进行数据加密与解密。

7）应用层：人机交互层，应用可在此层访问网络服务。

145

如图 3-6 所示，PROFINET 和 OPC UA 位于第 5 ～ 7 层，TSN 位于第 2 层。

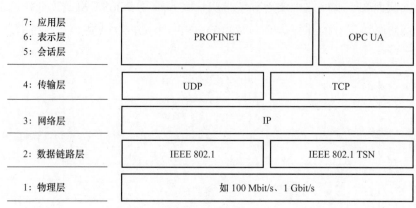

图 3-6　OSI 模型

4. PROFINET

（1）**PROFINET 简介**　PROFINET 是通过工业以太网进行数据通信的行业技术标准，旨在收集数据并控制工业系统中的设备，尤其擅长在时间紧迫的情况下传输数据。它广泛应用于工厂自动化和过程控制等领域，其实时以太网解决方案适用于各个行业的不同需求，无论是用于简单的控制任务，还是用于高精度的运动控制，都可以通过一根电缆实现。该标准由总部位于德国卡尔斯鲁厄的国际组织 PI（PROFIBUS & PROFINET International）负责维护和支持。

PROFINET 已成为市场上领先的工业以太网标准。这项全球公认的、面向未来的技术得到了许多产品供应商的支持，从而确保了长期可用性。根据 PI 的数据，2021 年，市场上新安装 850 万台 PROFINET 设备，设备总数已达到 4820 万台。

（2）**PROFINET 组件**　PROFINET 网络是一个复杂的节点集合，可能包括多种不同的设备。根据 PI 的定义，网络中的所有设备都可归为三类，即三种组件：设备、控制器和监视器。

1）设备是独立的单元，用于将实时信息传送给控制器。它们不会直接与其他设备进行通信。相反，它们将会把实时（循环）数据直接报告给控制器，并将一些报警或诊断（非循环）数据发送给监视器。

2）控制器是一个或多个设备发送的实时（循环）数据的聚合器。控制器不仅与设备的实时数据保持一致，而且还收集关于每个设备维护状态的信息和报警消息，并将这些信息提供给用户。

3）监视器与控制器类似，但不能访问设备上的实时数据。用户可使用监视器来执行某些操作，例如从设备读取诊断信息、分配 IP 地址或排查有问题的网络连接等。

需要注意的是，PROFINET 组件是通过它们之间的相互作用来定义的。控制器可以支持与许多设备的循环和非循环连接，而监控器只支持与其他 PROFINET 节点的非循环连接。

那么对应到生产线上的实际情况是什么样呢？实施 PROFINET 的大多数 PLC 都是控制器，而与现实世界连接的大多数组件都是设备，监视器则通常包含在 PLC 制造商的配置实用程序中，如西门子的 TIA Portal。总而言之，PROFINET 设备通常安装在现场，与物理过程进行交互。控制器和监视器离操作员较近，汇总来自设备的信息。监视器只有在用户应用程序的指示下才与控制器或设备进行交互。与此同时，控制器在正常运行过程中会定期与设备进行交互。

（3）PROFINET 数据传输机制　根据传输数据量和时效性等需求，PROFINET 提供三种数据传输机制：非实时通信（NRT）、实时通信（RT）、同步实时通信（IRT）。通信通道使用不同的网络协议在以太网上交换数据，如图 3-7 所示。

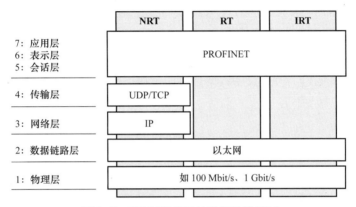

图 3-7　PROFINET 的数据传输机制

1）非实时通信：非实时通信，即 Non-Real-Time 通信，简称 NRT。NRT 可能使用 OSI 模型的全部层级。在第 1 层和第 2 层中，PROFINET 指定了开放且通用的 IEEE 802.1 以太网协议，这意味着每个 PROFINET 设备都有一个 MAC（媒体访问控制）地址。而在网络层和传输层中，NRT 使用 TCP/IP 或 UDP/IP 进行通信。因此不仅 MAC 地址，IP 地址、TCP 或 UDP 端口也可以用来帮助交换、发送和处理 PROFINET 数据。但增加灵活性的同时也增加了通信成本，多一个层级意味着需要更多的时间进行数据的打包和拆包，而打包和拆包所占据的时间甚至比数据在线路上传输的时间长得多。NRT 反应时间约为100ms，因此，PROFINET 只有在进行时间敏感性较低的通信时才使用 NRT，如组态、参数设置和诊断。

2）实时通信：实时通信，即 Real-Time 通信，简称 RT。RT 仅使用 OSI 模型中的第 1、第 2 和第 7 层，PROFINET 跳过中间层的 TCP/IP 或 UDP/IP 协议，数据直接从第 2 层发送到第 7 层。因此，RT 的反应时间小于10ms，更适合实时性要求高的场合，如 PROFINET 控制器和设备之间的周期性数据交换。

3）同步实时通信：同步实时通信，即 Isochronous Real-Time 通信，简称 IRT。RT 可以满足大部分工厂自动化通信场景，但对于时间要求严格同步的通信，比如运动控制，RT 的 10ms 数据交换周期则不能满足要求，这种情况下需要采用 IRT。IRT 在 RT 的基础上做了提升，它采用三种机制来实现所需的性能：

① 同步：所有参与通信的设备使用一个共同的时钟，并确保最大周期时间偏差为 1μs。

② 带宽预留：在一个时钟周期内，一部分时间用来进行 RT 和 NRT 通信。另一部分时间段被预留出来，用来传输 IRT 通信数据，非 IRT 通信数据则被缓存。一旦 IRT 通信数据传输结束，交换机则传输缓存的非 IRT 通信数据，并恢复普通的以太网通信。这就如同多条机动车道中的公交车专用道，在堵车时，公交车依旧可以快速通行。在所有公交车通过后，私家车也可使用公交车专用道。预留带宽可保护时间敏感数据免受其他数据造成的延迟。

③ 调度：为了进行实时通信，控制器为 IRT 通信制定了时间表，精确指示每个帧的发送时间。

此外，使用以下三种补充机制，可使支持 IRT 通信的设备拥有 31.25μs 的时钟周期：

① 快速转发：每个以太网帧的开头位置都有一个内置 ID。ID 能告诉节点，数据包是发给自己还是发给网络上的其他设备。这样，设备就能尽快分辨是处理数据还是转发数据。

② 动态打包：将线路上所有设备数据打包进行通信，而不是给每个节点单独发送数据。一旦某个设备处理了数据包中自己的部分，处理过的数据就会留在相应的设备中，从而最大限度地减少了剩余数据包的数据量。

③ 碎片化：标准 TCP/IP 数据可与 PROFINET 数据共存于同一条线路上。通过将大的 TCP/IP 帧分割成较小的帧，更多的 PROFINET 数据得以传输。

（4）PROFINET 的优势　PROFINET 以四大决定性优势——开放性、灵活性、高效率和高性能，来提高产线生产力。

1）开放性：凭其优秀的开放性，PROFINET 可实现统一的机器 / 工厂自动化网络，连接自动化设备和标准以太网设备，且可与不同制造商的组件实现连接和互操作。此外，开放性也意味着更多可能性。作为工业 4.0 通信的理想基础，PROFINET 支持 TCP/IP 协议，让工厂可以借助网络技术进行调试、诊断和远程维护。PROFINET 还可与 OPC UA、TSN 等标准完美协同，使得工业以太网在带宽、速度、安全性和性能等方面保持持续发展。当然，即使未来使用了和尖端标准结合的新通信模式，工厂依旧可以继续使用现有的 PROFINET 项目和程序，投资得以保护。

2）灵活性：除总线拓扑外，PROFINET 还支持星形、树形和环形拓扑，从而提供高度的灵活性。PROFINET 网络安装无需专业知识，满足所有工业环境要求，并且无需任何附加措施，即使在运行期间，也可根据需要扩展节点。工厂可根据不同的工艺步骤，添加或更换组件，也可以增加整个生产线上的设备，以满足市场需求的快速变化。此外，基于安全通信的工业无线局域网（IWLAN）技术为自动导引车（AGV）和移动面板间的无线通信带来可能。

3）高效率：PROFINET 仅通过一根电缆即可实现机器数据与标准 IT 数据一起传输，减少布线成本。在现场设备中使用交换机能防止某段网络中的故障影响整个工厂网络。PROFINET 支持光纤，尤其适合在对电磁干扰非常敏感的区域使用。借助标准网站和实用工具，工程师可快速、轻松地进行设备和网络诊断。而在更换 PROFINET 设备时，I/O 控制器会检测新设备并自动分配名称。在节能减排方面，PROFINET 的配置文件 PROFIenergy 能够协同集中关闭不使用的单个设备或整个生产单元，从而可在生产暂停时节省能源，提高工厂效率。

4）高性能：性能和精度决定了市场的成功。精确的运动控制、动态驱动性能、高速控制器是实现高效生产的关键因素。PROFINET 循环时间短，可显著提高机器和工厂效率。结合西门子 SINAMICS 驱动技术，可确保设备以需要的速度运行，同时还极大限度地提高精度。此外，PROFINET 也可轻松实现大型网络结构。采用 PROFINET，一个 SIMATIC 控制器可管理多达 512 台设备，并可在不影响 I/O 数据传输的情况下实现大数据量的无故障传输。借助外部交换机或直接通过集成 PROFINET 接口，可实现冗余安装。借助快速启动功能，PROFINET 可在 500ms 内检测到新机器或工厂组件，将其与 I/O 控制器相连。

5. OPC UA

（1）**OPC UA 简介**　在制造业的工厂中，不同的网络会使用多种工业以太网协议，以满足特定的拓扑要求、通信速度或延迟保证。尽管这些通信协议都是开放的，但它们往往互不兼容，导致网络支离破碎，无法相互"对话"。OPC UA（开放平台通信统一架构）就是为了解决这一问题而开发的，它允许在不同平台上使用不同协议的工业设备进行相互通信，适用于从机器到机器间的水平通信和从机器到云端的垂直通信。智能且语义化的 OPC UA 在建设数字化工厂方面起到关键作用，它提供了对工业物联网和企业数据连接至关重要的成熟技术，并可通过配套规范实现整个行业或公司的标准化。

OPC UA 协议是一项开放标准，由 OPC 基金会开发。该基金会成立于 1996 年，西门子是其创始成员之一。作为一个国际性非营利组织，OPC 基金会拥有来自各行各业的 850 多名成员。它与用户和供应商密切合作，不断优化开放的、独立于供应商的标准。

（2）**OPC UA 的通信机制**　按照不同的需求，OPC UA 支持两种通信机制：

1）OPC UA 客户端 / 服务器：OPC UA 客户端 / 服务器（Client/Server）通信机制广泛应用于自动化领域。通过这种基于 TCP/IP 的成熟的一对一通信机制，每个 OPC UA 客户端都可以通过点对点通信访问 OPC UA 服务器上的数据。OPC UA 客户端向 OPC UA 服务器发送请求，并从服务器接收响应，如图 3-8 所示。这种通信形式能够实现可靠、安全、加密的数据交换，减小带宽，并且在环境和网络质量不佳或受到干扰时不会丢失数据。在西门子工业边缘中，OPC UA 客户端 / 服务器通信机制主要用于边缘设备与现场控制器间的数据连接。

2）OPC UA 发布 / 订阅：在 OPC UA 发布 / 订阅（Pub/Sub）模型中，使用一对多或多对一的通信机制，即发布者发布数据，网络中任意数量的订阅者可接收数据，如图 3-9 所示。OPC UA 发布 / 订阅通信可通过 UDP 或直接在数据链路层传输。根据所使用的技术，可缩短循环时间。与时间敏感网络（TSN）相结合，OPC UA 发布 / 订阅能够在控制层实现实时通信，满足时间关键型应用的需求。

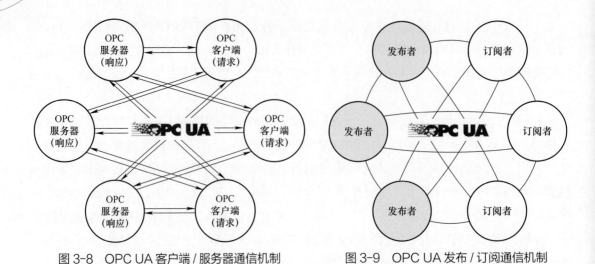

图 3-8　OPC UA 客户端 / 服务器通信机制　　　图 3-9　OPC UA 发布 / 订阅通信机制

（3）OPC UA 的优势

1）语义化带来的平台独立性：OPC UA 不受供应商和平台的限制，支持与第三方应用程序的无缝通信，并且可以灵活地扩展以满足特定的需求，其关键在于它的信息模型。为了更清晰地解释数据的含义和上下文，信息模型采用了面向对象的建模方法，将数据组织成对象，每个对象都具有特定类型和属性。例如，包装生产线的 OPC UA 信息模型可以以"包装机"对象为基础，包含各种组件（如放卷轴、收卷轴和张力传感器）的子对象，并且每个组件都被定义了相应的属性。当生产线运转时，支持 OPC UA 的 PLC 会读取张力传感器的测量值，并将其存储在名为"TensionSensor"的参数中，即描述其为张力传感器的数值，该值将作为 PLC 逻辑的一部分不断更新。有了标准化的语义描述，任何支持 OPC UA 的设备都能找到并使用所需的数据。HMI 以及控制层之上的 SCADA 系统可以访问该参数，实现生产线监控。

OPC UA 借助信息模型，以数字化的方式描述自动化工厂中的物理对象和过程，建立机器或传感器等设备的信息结构。工厂可以实时汇总和分析来自生产线的数据，为预测性维护、流程优化、质量控制、能源管理等场景提供决策基础。

2）安全的生产线集成：在工业通信中，从标准化直至信息安全和智能数据功能方面的需求正在迅速增长。基于以太网的开放式通信标准 OPC UA 为数字化提供了基础条件，每台设备上都有标准化接口，可直接进行生产线整合。OPC UA 已成为从控制层直至云端的开放式且独立于供应商的通信标准。西门子将 OPC UA 与 PROFINET 结合在一个通用的工业以太网中，通过将各自的优势组合在一起，两个标准相互促进，确保了整个 OT 与 IT 环境的无缝垂直通信。

此外，OPC UA 提供了一系列安全机制，包括身份认证、加密传输、数字签名等，以确保通信的安全性和保密性。

6. TSN

（1）TSN 简介　TSN 是时间敏感网络（Time-Sensitive Networking）的缩写，是一组用于以太网的标准和技术，旨在实现实时和时间敏感的数据通信，位于 OSI 模型的第 2 层数据链路层。TSN 的主要目标是使以太网网络适用于需要高度可靠的实时通信的应用，例如工业自动化、汽车领域、音视频传输等。

按照 IEEE 的定义，TSN 涉及一种网络流量管理方式，旨在确保数据的端到端传输延迟在不可协商的时间框架内。这意味着所有使用 TSN 的设备必须彼此同步时钟，并共享相同的时间基准，以支持实时通信，特别是在工业控制应用中。也就是说，TSN 为确保数据在准确的时间传输到指定位置提供了一种标准和统一的基础设施。它为实时通信提供了可靠的框架，确保数据传输不会受到延迟或抖动的影响。此外，TSN 协议组合非常灵活，用户可以根据其特定应用的需求选择适当的协议组合，以满足不同情况下的时间敏感性和性能要求。这种灵活性使 TSN 成为适用于多个领域的通信解决方案。

（2）TSN 的优势　从汽车行业、机械制造行业到食品和饮料行业，TSN 依托不同的协议为工业生产提供了关键优势，包括时间同步、低延迟、高可用性和稳健性。这些优势听起来很熟悉，因为 PROFINET IRT 也采用了类似的概念。那么我们为什么还需要 TSN 呢？或者说，与当前的以太网相比，具有 TSN 的以太网有哪些优势？答案在于稳健性和更能适应未来的发展需求。

随着工厂不断增加的 OT 及 IT 数据，我们希望借助工业 4.0 让多种通信协议共享同一个基础设施。然而，随着协议的增加，网络流量也会相应增加。拥有 TSN 的以太网在现有以太网之上补充了保证服务质量（QoS）方面的机制。上层应用程序在网络上指定其通信需求，网络负责提供所需的 QoS 保证。各种连接以数据流的方式运行，利用以太网交换机内存中的资源分配，因此每个数据流都可以实现实时通信。由于这些数据流的内部封装，TSN 允许在单个网络中同时运行多个实时协议，实现网络融合。这与当前基于以太网的实时协议有根本不同，后者通常只允许一种实时协议在网络中运行。

7. 网络融合

随着制造业数字化进程不断深入，工业通信的要求也变得越来越高，需要具备开放性、稳健性、确定性和灵活性。只有具备高效通信和快速响应能力的生产线，才能确保在满足严格交货计划的同时，迅速可靠地生产个性化产品。在这一背景下，PROFINET、OPC UA 及 TSN 的网络融合应运而生，如图 3-10 所示。PROFINET 和 OPC UA 是两种在 OSI 模型的第 5 ～ 7 层使用的协议，而它们都将 TSN 作为第 2 层的基础技术。未来几年，TSN 将成为推动 PROFINET 和 OPC UA 发展的强大引擎。

在这个融合网络中，不同应用的数据可以通过同一根电缆同时传输。这意味着基于 TSN 的 PROFINET 和 OPC UA 实时数据可以并行传输。对于现场层，基于 TSN 的 PROFINET 不只适用于需要 IRT 的应用，如等时运动控制，也适用于 RT 所解决的问题。在对控制层及以上层级的时间敏感应用中，我们可以依靠 OPC UA 发布 / 订阅模式和 TSN 技术，实现机器与机器之间、机器与制造执行系统、工业边缘和云之间的快速、安全和可靠的通信。

融合网络在工业自动化领域具有广泛的应用前景。它可以实现不同供应商的机器之间的实时通信，例如输送带、机器人和加料系统的同步，从而提高生产线的协同效率。此外，融合网络还能够将实时数据流传输到本地私有云，为生产过程提供了更强大的数据支持。

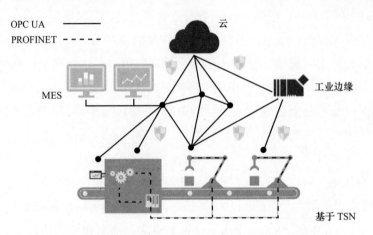

图 3-10　基于 TSN 的 PROFINET 和 OPC UA 融合网络

另一方面，融合网络使机器制造商能够对销售到最终用户工厂的设备进行远程维护，减少了维护成本和停机时间。操作人员也可以通过远程控制实现对生产线执行器和传感器的管理，提高了生产线的灵活性。而可扩展的虚拟功能，如虚拟 PLC，更进一步增强了生产的灵活性和可配置性。

总之，融合网络为工业自动化带来了革命性的变革，使生产过程更加智能、高效，提高了工厂的竞争力和可持续性。这一技术的广泛应用将继续推动工业自动化领域的发展，为未来创造更多可能。

3.3.2　生产线设备程序标准化

1. 生产线设备程序标准化的意义

在现代制造业中，工厂的生产线通常涵盖多个工序，每个工序都需要使用不同的设备来完成。除了生产线通信标准化，为了确保生产线的顺畅运行，这些设备还需要相互协作并掌握彼此的生产状态。例如，如果一台设备突然停机，其前后的设备必须知道以避免产品堆积。然而，不同设备的控制程序通常由不同的控制系统工程师或自动化工程师编写，这些程序的形式和风格各异，有些是模块化的，有些是整体化的。这导致了编程的复杂性，特别是当不同设备来自不同制造商时。而越是大型工厂的生产线，就越是使用越多来自不同供应商的机械设备，整个生产线的设备就越需要有高度的步调一致性。比如在先进的包装生产线中，从送料、灌装、封口，到装箱、码垛、运输，整个生产线包括许多工艺段，而这些工艺段会用到来自不同厂商的诸如机械手、机器人、灌装机、封口机等设备，各个设备需要相互配合、节拍一致。同时生产线还需要有高度的灵活性，以适应不同尺寸、形状、颜色的产品生产，不同的工艺流程，特别是在增加新的设备时，要做到轻松调试、尽快投产。除此以外，操作层、管理层，甚至是云端的 SCADA、MES 等系统，也要能以一致的规范采集并显示机器的状态，以便能够分析生产线性能，完成定制化、自动化生产的任务。这些需求正是生产线设备程序标准化的意义所在。

生产线上设备程序标准化的目标是消除设备之间的不一致性，即各个设备的程序结构、接口数据和人机界面的不一致性，以提高生产线的效率、稳定性和可维护性。通过制定一套统一的编程规范和操作逻辑，可以降低编程的复杂性，使不同设备之间的控制逻辑保持一致。这不仅使操作人员能够更容易地理解和操作各种设备，还降低了维护和培训的成本。标准化的设备程序可以涵盖设备的启动、运行、停机、故障处理等各个方面。通过消除不一致性，工厂可以更好地适应市场的变化和创新需求，降低生产成本，提高产品质量，促进数字化转型。在这一背景下，PackML（Packaging Machine Language，包装机器语言）崭露头角，作为标准化的编程规范，它可以帮助工厂更好地管理和控制其生产线上的设备，实现更高效的生产和更强的竞争力。

2. OMAC 与 PackML 简介

OMAC（Organization for Machine Automation and Control，机器自动化和控制组织）是一个面向机械自动化和控制专家的组织，致力于支持制造业的机器自动化和操作需求。OMAC 包装工作组是由大型国际用户倡议成立的。在该工作组中，终端用户、机器制造商和控制器制造商共同讨论生产机器的自动化标准，以减少不同产品、技术和应用的差异。

其目标是在交付时间、调试时间、机器尺寸、机器性能、集成能力、格式更改时间、灵活性、机器模块化、机器停机时间等方面实现重大改进。

在 OMAC 包装工作组内，PackML 工作组参与制定准则和标准，以实现标准的自动化软件结构。PackML 由 OMAC 开发后，被国际自动化学会（International Society of Automation，ISA）采纳为自动化标准 TR88.00.02，旨在提供一种统一的方式来描述和控制不同制造商生产的机械设备，特别是离散制造业的机械设备。PackML 基于标准化模型，详细描述了机械设备的各个方面，包括状态、模式、状态转换和操作流程。它建立了一套通用的术语和概念，使不同类型的机械设备能够以一致的方式进行编程和操作。这种标准化方法通过一致的界面和操作方式，简化了操作人员的培训过程，并降低了设备切换的复杂性。通过使用 PackML，制造业企业能够实现更高效、更灵活、更可靠的生产线控制。

3. PackML 的三要素

根据 PackML 的观点，一台设备具有不同的模式，设备在每种模式下有不同的工作状态。此外，对于设备之间和设备与更高层级控制系统间的跨机耦合，PackML 还定义了标签作为标准化变量结构。结合 PackML 最新标准 ISA-TR88.00.02-2022，我们分别来看看这三个要素具体包含什么。

（1）**模式**　机械设备的模式包括：

1）生产模式（Production Mode）：该模式用于日常生产。机器依照命令执行相应的逻辑，其命令可由操作员直接输入，亦可由其他监控系统发出。

2）维护模式（Maintenance Mode）：该模式允许适当的授权人员来运行某个机器，该机器独立于整个生产线上其他机器。其通常被用于故障检查、机器测试或测试操作改进。该模式还允许调整机器的速度。

3）手动模式（Manual Mode）：该模式提供了对机器某模块的直接控制。这一功能是否可用取决于被执行机器的机械约束。该模式可用于调试驱动器、验证同步驱动器的运行等场景。

4）用户自定义模式（User-defined Mode）：用户定义模式根据机器及其应用的不同而不同。例如，灌装机典型的用户自定义模式是清洗模式。

（2）**状态** 为了完整地描述机器的状态，PackML 定义了一个包含 17 种机器状态的模型作为基准，如图 3-11 所示，该基准状态模型也是生产模式下的机器状态模型。

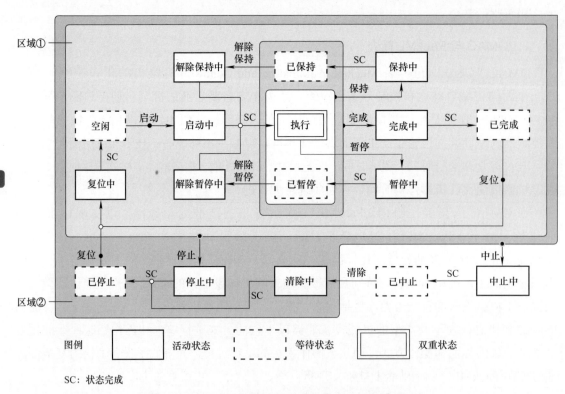

图 3-11 基准状态模型（生产模式下的机器状态模型）

为了便于理解，PackML 定义了三种状态类型，分别为活动（Acting）状态、等待（Wait）状态和双重（Dual）状态。

1）活动状态代表某种正在处理的活动，是瞬态状态，状态完成（State Completed，SC）之后设备将进入等待状态。活动状态在图中以实线框表示。

2）等待状态是用于确定机器已达到一组规定条件的状态，若无后续操作，机器将保持此类状态，是最终状态或静止状态。等待状态可通过控制命令转换为活动状态，在图中以虚线框表示。

3）双重状态具备活动状态和等待状态的双重特征，指使机器行为与活动状态相同的等待状态。"执行"状态是机器基准状态模型中唯一的双重状态。双重状态在图中以双实线框表示。

表 3-1 列出了这 17 种状态及它们的类型。

表 3-1　机器状态及其类型

数值	机器状态		状态类型	
	中文	英文	活动状态	等待状态
1	清除中	Clearing	√	
2	已停止	Stopped		√
3	启动中	Starting	√	
4	空闲	Idle		√
5	已暂停	Suspended		√
6	执行	Execute	√	√
7	停止中	Stopping	√	
8	中止中	Aborting	√	
9	已中止	Aborted		√
10	保持中	Holding	√	
11	已保持	Held		√
12	解除保持中	Unholding	√	
13	暂停中	Suspending	√	
14	解除暂停中	Unsuspending	√	
15	复位中	Resetting	√	
16	完成中	Completing	√	
17	已完成	Completed		√

机器状态可通过控制命令进行转换，控制命令驱动设备从等待状态转为活动状态。控制命令见表 3-2。

表 3-2　控制命令

数值	控制命令中文	控制命令英文
0	未定义	Undefined
1	复位	Reset
2	启动	Start
3	停止	Stop
4	保持	Hold
5	解除保持	Unhold
6	暂停	Suspend
7	解除暂停	Unsuspend
8	中止	Abort
9	清除	Clear
10	完成	Complete

结合机器运行过程及图 3-11 基准状态模型，我们来看一下机器的状态转换过程。

1）机器的开启过程：通电后，机器处于"已停止"状态，此时机器静止，但与其他系统的所有通信均正常。"复位"命令通常会使安全装置通电，并将机器从"已停止"状态转换到"复位中"状态。机器在"复位中"状态完成后进入"空闲"状态，等待"启动"命令。当收到"启动"指令后，机器进入"启动中"状态，进而过渡至"执行"状态，直到收到使状态发生转换的控制命令。在不同的模式下机器会执行特定类型的活动。例如，如果机器处于生产模式，其"执行"状态是指产品的生产；而在用户定义的清洗模式下，"执行"状态将导致机器的清洗操作。

2）机器执行过程的中断和结束：当机器处于"执行"状态后，根据机器自身及生产线上下游设备的不同情况，机器的状态将进入以下三个转换过程：

①执行的保持过程：当本机器内部的工艺条件不允许机器继续生产时，"保持"命令将发出，机器进入"保持中"状态。这通常用于需要操作员进行少量维护才能继续生产的常规情况。例如，一台机器需要操作员定期补充胶水分配器或纸箱库，而由于机器设计原因，这些操作无法在机器运行时进行。由于这些任务属于正常的生产操作，因此不希望通过中止或停止过程来完成，而且由于这些任务与机器不可分割，因此不被视为本机器外部的因素。在"保持中"状态下，机器通常会受控停止，并过渡到"已保持"状态。为了能够在"已保持"状态后从中断点正确地重新启动生产，在执行保持程序时，必须在机器控制器中保存接收"保持"命令时的所有相关过程的参量值。当内部条件、材料水平等恢复到可接受的程度时，机器通常会自动进入"解除保持中"状态。如果需要操作员进行小规模维修以补充材料或进行调整，则可由操作员启动"解除保持"命令，使机器过渡到"解除保持中"状态。在"解除保持中"状态完成后，机器重新回到"执行"状态。

②执行的暂停过程：当本机器外部工艺条件不允许机器继续生产时，即由于生产线上的上游或下游条件，机器离开"执行"状态，进入"暂停中"状态。这通常是由于堵塞或短缺事件造成的。这种情况可由本地机器传感器或基于监控系统的外部命令检测到。在"暂停中"状态下，机器通常会受控停止，然后在状态完成后过渡到"已暂停"状态。为了能够在"已暂停"状态后从中断点正确地重新启动生产，在执行暂停程序时，必须将收到"暂停"命令时的所有相关过程的参量值保存在机器控制器中。当外部工艺条件恢复正常后，"暂停解除"命令启动，"已暂停"状态将过渡到"解除暂停中"状态，通常无须操作员干预。"解除暂停中"状态会启动任何必要的操作或序列，将机器从"已暂停"状态转回"执行"状态。

③执行的完成过程：当处于正常"执行"状态的机器完成设定的工作量时，或处于"已保持"或"已暂停"状态下，导致生产中断的内外因素无法消除时，机器收到"完成"指令并进入"完成中"状态。"完成"命令可由内部生成，例如达到预定的生产数量，此时正常运行已经完成；也可能由外部生成，例如由监控系统生成。"完成中"状态通常用于结束生产运行和汇总生产数据。机器在结束"完成中"状态后将进入"已完成"状态，并等待"复位"命令，然后再次过渡到"复位中"状态。

3）机器的停机过程：当机器处于图3-11基准状态模型区域①中的任意一个状态时，

若收到"停止"命令，机器转入"停止中"状态。"停止"命令通常是由操作人员或上层软件系统发出的正常停机指令。此时，机器会执行逻辑，使其进入受控的"已停止"状态。当机器处于区域②（包含区域①）中的任意一个状态时，若机器发生故障或紧急停机按钮被按下，则"中止"命令被触发，机器因为异常中断而进入"中止中"状态。中止逻辑将使机器迅速安全停机，并进入"已中止"状态。当机器故障被排除或紧急停机按钮被复位后，"清除"命令启动，使机器转入"清除中"状态，并清除已发生并存在于"已中止"状态的故障。待清除工作完成后，机器进入"已停止"状态。通过"复位"命令，故障和停止原因会被重置，机器再度进入"复位中"状态。在大多数的应用中，"清除"命令和"复位"命令需要人工干预，如通过操作员按下清除按键或复位按钮发出。

　　上面内容介绍了机器的基准状态模型及其中的全部 17 种机器状态。要注意的是，每种机器模式下的机器状态数量可以不相同。生产模式的状态模型一般被视为最大数量结构，可以减少，不可增加。手动模式、维护模式和用户自定义模式的状态机通常是生产模式状态机的一个子集。在某个模式下使用哪些状态，这不是标准化的，用户可以根据需求自己定义它们，例如图 3-12 所示为维护模式下的机器状态模型。

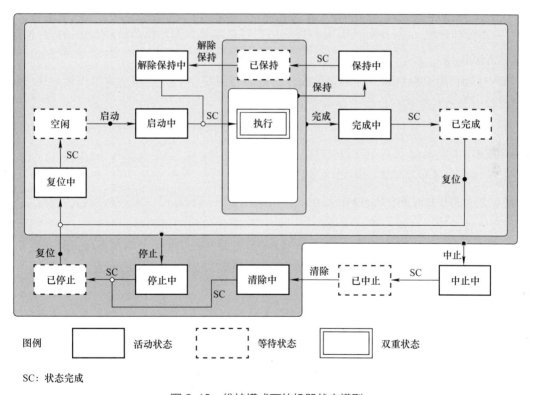

图 3-12　维护模式下的机器状态模型

　　（3）**标签**　标签是为状态机、模式提供的统一的数据元素命名规范，适用于机器之间、机器与更高级别的信息系统之间的数据交换。标签分为三种主要类型：命令标签、状态标签和管理标签。

1）命令标签用于控制和参数化机器。

2）状态标签提供有关机器状态的信息。

3）管理标签提供有关机器效率（OEE 数据）和机器诊断信息。

4. PackML 的优势

PackML 在制造业中具有许多显著的优势，无论是对终端用户还是原始设备制造商都有利。对于终端用户而言有以下益处：

1）更强大、更可靠的软件：PackML 提供了高度可靠的机器控制和状态管理，有助于降低故障率，缩短维修时间，并提高生产线的可用性。

2）启动速度更快：PackML 将机器的操作和状态标准化，使机器启动和切换模式更加迅速和高效。

3）操作一致性：PackML 提供了一致的操作界面，降低了操作人员误操作的可能性。

4）减少交接成本：采用统一的程序框架，编程人员能够在不同的项目中迅速且一致地定位到各个区域，最小化搜索和解释不同代码及函数所需的时间，从而实现项目的快速交接。

5）跟踪和管理工具：PackML 允许终端用户轻松跟踪和管理机器性能，包括停机时间、产量等关键指标，有助于提高生产率。

6）有效利用工程资源：标准化的软件结构和界面减少了工程开发的工作量，使工程资源可以更有效地分配到其他关键任务上。

7）降低成本：通过提高操作一致性、减少故障时间和提高生产率，PackML 有助于降低生产成本。

对于原始设备制造商而言有以下益处：

1）更短的开发时间：PackML 提供了标准化的软件结构，可以加速新机器的开发过程。

2）更短的调试时间和更强大的编程功能：标准化的状态机和界面简化了调试过程，并提供了更强大的编程功能，有助于提高机器性能。

3）独立于控制平台：PackML 可以与各种控制平台兼容，使原始设备制造商更灵活地选择适合其机器的控制技术。

4）减少终端用户的定制要求：标准化的操作界面减少了终端用户对定制软件的需求，降低了机器交付和集成的复杂性。

由此可见，PackML 为终端用户和原始设备制造商提供了一种更高效、更可靠、更经济的方式来设计、开发和操作机械设备，从而促进了制造业的发展和创新。

5. 西门子 SIMATIC LPML 库

为了方便更加快速的编程，西门子针对 SIMATIC 控制器开发了可直接使用的 OMAC PackML TIA Portal 标准应用库 LPML，为配置和兼容 OMAC 的控制器的标准模式和状态管理器提供了用户友好的基础，用户可通过调用相关程序块快速完成编程工作。

西门子目前提供两个版本的 LPML 软件库，分别为 LPMLV30 和 LPMLV2022。其中 LPMLV30 基于 2014 年 6 月更新的 OMAC PackML V3.0 版标准。LPMLV2022 软件库则基于 2022 年修订的 PackML 标准。后者更新了状态模型，改进了状态转换，并添加了更多标签，使该标准更容易在各种制造应用中实施。

读者可以通过以下链接下载软件库、使用手册及相关应用示例。

1）LPMLV30 库：https://support.industry.siemens.com/cs/ww/zh/view/49970441。

2）LPMLV2022 库：https://support.industry.siemens.com/cs/ww/zh/view/109821198。

3.3.3　生产线数字化生产管理系统——生产管家

有了生产线集成，设备的生产数据也能更加方便地加以利用，此时，我们就可以借助生产线数字化生产管理系统实现数据透明化。

1. 生产线数字化生产管理系统的意义

（1）**制造企业生产管理的痛点**　在数字化时代，制造业正经历着前所未有的转型和变革，企业面临着管理和生产的三大痛点：信息孤岛、管理盲点和数据不全。

1）信息孤岛：企业通常拥有大量的数据，但这些数据通常散布在不同的系统和部门之间，缺乏关联和集成。生产线上的生产数据、质量报告、库存情况以及供应链信息都可能分散在不同的数据库和文件中。这种分散的信息导致企业难以获取全面的洞察，无法快速做出决策，因为他们没有完整的数据图景。因此，企业需要一种方式来连接和整合这些分散的信息源，以便全面了解其运营状况。

2）管理盲点：即使企业拥有大量的数据，但如果这些数据可信度低或者无法实时访问，那么也无法进行有效的监控和管理。管理者需要准确的、实时的数据，以便及时发现问题并采取措施。然而，在传统的制造环境中，数据通常需要手动收集和整理，这导致了数据滞后和不准确。由此可见，企业需要一种能够提供实时监控和可信数据的工具，以便更好地管理其运营过程。

3）数据不全：企业拥有的大量数据可能是不完整的，或者缺少某些关键信息。这使得数据分析和决策变得困难。此外，随着企业不断发展和扩张，他们通常会引入新的系统和设备，这些系统和设备可能不兼容现有的数据收集和管理工具。对此，企业需要一种能够帮助他们建立完整的数据体系，并确保数据完整性和一致性的解决方案。

（2）**数字化引领制造业生产管理趋势**　数字化已经成为引领制造业的关键趋势，其中互联化、智能化和灵活的自动化被认为是未来制造业的发展方向。

1）互联化：互联是指将制造设备、传感器和系统连接到一个统一的网络中，以实现实时数据共享和远程监控。通过互联，企业可以实现更高效的运营和更好的决策支持。

2）智能化：智能制造借助机器学习等人工智能技术，分析大量数据，自主识别问题、瓶颈和机会，自动化地做出决策，并采取行动以解决问题或优化生产过程。

3）灵活的自动化：灵活的自动化要求制造系统具备整合响应机制的能力。这意味着系统能够动态地调整和优化资源的分配，协调人员、机器、物料和任务，以满足不断变化的生产需求。

（3）**生产线数字化生产管理系统**　为了应对这些挑战和机遇，制造企业越来越需要一种强大的工具来帮助他们实现数字化转型，而这个工具之一正是生产线数字化生产管理系统。

生产线数字化生产管理系统基于 SCADA 系统，即数据采集与监视控制系统。它通过集成、监视和控制各种制造设备和进程，帮助企业实现信息的连接、实时监控和数据的可信。通过与新兴技术相结合，生产线数字化生产管理系统成为数字化制造时代的关键工具之一，帮助企业解决信息孤岛、管理盲点和数据不全等痛点，同时满足了数字化制造的互联、智能和灵活的自动化需求。西门子为此研发了生产线数字化生产管理系统——生产管家系统。

2. 生产管家系统功能

西门子生产管家系统是一款基于标准功能模块并可根据客户需求定制的生产线数字化生产管理系统。该系统旨在提供全面的生产线管理和监控功能，包括设备数据和状态采集、工艺数据收集与质量分析、能源信息统计等。生产管家系统的独特之处在于能够打通生产线设备与管理层或云数据之间的连接，更进一步地实现数字化工厂管理。

该系统不仅有助于实现产品生命周期管理，还能支持企业资源规划、仓储与物流管理等关键方面。通过生产管家系统，制造企业能够更有效地监控生产过程、优化资源利用、提高产品质量，并在数字化工厂的构建中发挥关键作用。这一系统的定制性使其能够适应不同行业和生产需求，为企业提供强大的工具来提高生产率和竞争力。

生产管家系统的具体功能如下：

（1）**完整的生产数据自动采集**　这个功能在现代制造业中至关重要，因为它为企业提供了实时的生产数据，有助于监控和优化生产过程，提高效率，并确保产品质量。

1）数据接口标准化：生产管家系统通过规范与机械设备控制系统以及上层管理系统的数据交互，如依托 OPC UA，实现了数据的接口标准化。这意味着无论生产线上使用何种制造设备，都可以与生产管家系统连接，实现数据的自动采集和共享。这种标准化的接口不仅简化了系统集成的复杂性，还提高了设备信息的可复用性。

2）通过控制系统采集多种数据：生产管家系统通过与机械设备的控制系统连接，可以采集各种类型的数据，包括电机轴温度、冷却水流量、切割液流量、切割室张力、报警等。这些数据反映了生产过程中关键的参数和状态，对于实时监控和生产线控制非常重要。例如，电机轴温度的监测可以帮助预防设备过热，冷却水流量的监测可以确保设备正常运行，切割室张力的监测可以保证产品质量。后期这些数据可与生产线或设备的质量数据关联，建立完整的产品可追溯数据系统。

3）生产数据分类：为了更好地组织和管理这些来自生产线的数据，生产管家系统还对采集到的生产数据进行分类。这些数据包括生产监视类、报警类、生产控制类、统计信息类、质量数据类、追踪类、人员类、环境类以及物流调度控制类数据，用于满足不同层级的需求。例如，生产监视类数据用于实时监控生产线状态，而质量数据类用于跟踪产品质量。

4）打通数据连接：生产管家系统的上层接口将采集到的生产数据连接到了多个层级的系统，包括 ERP 系统、制造执行系统（MES）、云平台（Web 客户端）、移动端应用以及生产监控大屏。这种多层级的数据连接确保了不同级别的管理和运营人员都可以访问实时的生产数据，并根据这些数据做出决策。例如，生产监控大屏可以显示生产线上的实时状态，而管理层可以通过云平台查看生产线的整体性能。此外，生产管家系统还可将 MES 的工单任务下发给各个工艺段的生产线设备，实现自动化生产。

（2）**透明化的生产信息一体化系统**　生产管家系统的第二个重要功能是实现生产过程的透明化，将车间的生产情况以信息一体化的方式呈现在用户面前。

1）生产过程监控：生产管家系统通过连接到各种机械设备和传感器，可以实时监控整个生产线的状态，包括机器的启动、停机、暂停等。操作人员可以在系统中清晰地看到每台机器的状态，并及时采取必要的操作。这种实时监视不仅提高了设备的利用率，还有助于预防潜在的问题。一旦某个设备出现故障或报警，系统会立即发出警报并记录相关信息。维护人员可以迅速采取行动，减少了生产中断的风险，提高了生产率。

生产管家系统还具备监控生产过程参数的功能，如监测工艺参数、温度、压力、速度等。通过实时采集和记录这些参数，系统可以帮助企业保持生产过程的稳定性，并在参数超出正常范围时发出警报。这对于确保产品质量和生产率至关重要。

2）信息一体化平台：生产管家系统将所有这些信息集成到一个信息一体化的平台上，这个平台可以由不同级别的用户访问，包括操作人员、管理人员和决策者。通过查看实际产量与目标产量之间的差距，管理层可以清晰了解生产进度。例如，假设一家制造企业的目标产量是每小时生产 1000 件产品，但实际产量只有 800 件。生产管家系统可以将这一信息实时展现给管理层，同时分析生产过程中的瓶颈和问题。系统可能会发现某个设备的产能瓶颈，或者发现某个工艺参数需要调整以提高产量。这让管理层可以迅速采取行动，优化生产过程，确保目标产量的实现。

此外，通过监视产品批次、型号和数量等信息，生产管家系统可以帮助企业了解生产的具体细节。这对于追踪产品的来源和去向以及确保生产过程的准确性非常重要。

（3）**可视化的生产过程**　可视化的展示方式是生产管家系统的一大亮点，通过图形化界面的显示，用户可以更直接地掌握生产线的整个过程状态。

1）图形化显示生产状态与操作提示：生产管家系统提供了直观的图形界面，以图形化的方式显示生产状态与操作提示。这使操作人员可以一目了然地了解车间内各个设备和生产线的状态，包括运行状态、故障报警、生产参数等。这种图形界面是高度可定制的，可以根据不同用户的需求进行调整和配置。操作人员可以根据需要查看整个车间的实时数据，也可以查看特定设备或工艺的详细信息。这样，他们可以更好地掌握生产情况，迅速发现和解决问题。

例如，在一个大型制造业的车间中，可能有数十台设备和工作站，每台设备都有不同的运行状态和参数。生产管家系统通过图形化界面将这些信息集中呈现，操作人员可以在一个屏幕上查看所有设备的状态。如果某台设备出现故障或停机，系统会立即在界面上显示相关的警告标志，同时提供操作建议。这让操作人员可以快速响应，减少生产中断的时间。

2）生产线的三维虚拟仿真：生产管家系统通过建立生产线的三维虚拟仿真，将虚拟和实际生产环境紧密连接在一起，实现了虚拟车间与实体车间的虚拟联动。这一功能具有多重价值和优势：

①快速故障定位：当实际生产中出现问题时，如某个设备停机，系统可以在虚拟仿真中模拟设备的运行过程，并识别出故障原因。

②运行过程的回放：生产管家系统可以记录和存储生产过程的所有数据和事件，三维虚拟仿真可以使用这些历史数据进行生产线运行过程回放和分析。这对于审查生产过程中的问题、优化工艺和培训操作人员非常有价值。

③辨识流程缺陷：系统可以通过模拟生产过程，发现工艺中的潜在问题和瓶颈。这有助于企业优化工艺，提高生产率。

④协助精益提升：精益生产是一种优化生产流程、减少浪费的方法。通过虚拟仿真，系统可以模拟不同的生产场景，找到最优的生产方案，减少资源浪费，降低生产成本。

（4）**数字化的设备管理方式**　在获取设备数据后，生产管家系统可以依托设备数据，对设备进行停机原因分析和效率计算，这一数字化的设备管理方式可以帮助企业更好地管理和维护机械设备，提高设备的可用性。

1）设备停机管理：其主要目的是建立停机事件模型，分析造成停机的原因和频率，以减少不必要的停机时间。停机事件通常分为不同的类别，包括故障停机、计划停机、非计划停机等。这种分类有助于更精确地了解设备的运行情况。

生产管家系统可以将设备停机的原因分配到相应的停机事件中，例如非计划停机的原因可能包括工艺停机、物料短缺、能源短缺、机械故障等。通过准确地识别停机原因，企业可以采取措施来预防和减少停机事件的发生。这对于提高整个生产线的可用性和生产率非常关键。

2）设备效率计算：生产管家系统可以计算设备的效率。它可以根据设备的运行时间和产量数据，分析车间生产的瓶颈，进而帮助企业采取相应的措施来优化生产过程。

（5）**全面的质量管理**　生产管家系统可以帮助企业建立全面的质量管理系统，旨在实现对产品质量的实时监控和管理，为企业提供更好的产品质量保障。

1）实时统计各机台的产品质量信息：生产管家系统实时统计各机台设备的产品质量信息，它可以监测产品的各项关键质量指标，如尺寸、重量、外观等，并在线显示良品率，帮助生产人员实时了解产品质量情况。系统还可以统计和记录不合格品的信息，包括不合格原因、数量、时间等。借助质量追溯功能，这些信息可以随时查询，帮助企业分析质量问题的根本原因。

2）建立知识库，保存优质生产工艺数据：生产管家系统使用工艺配方参数统一管理的方式，并结合质量数据，帮助企业分析工艺参数对产品质量的影响，以确定最佳的工艺参数。生产管家系统可以自动筛选出与优质产品相关的工艺参数，将其保存在知识库中。这有助于提供优质生产工艺的参考和依据。

与此同时，生产管家系统还可记录质检数据，这些数据可以由 MES 接入，也可以手动输入，并与生产过程数据相关联，为寻优与绩效管理提供数据依据。

（6）**高效的能源管理**　西门子生产管家系统的第六大功能是能源管理，它可以用于实时采集和分析用电量数据，有助于企业高效管理能源资源。

1）能源数据采集：通过现场设备层的智能数字电度表，生产管家系统汇总各供电电源的电压、电流信号，监测和记录每个设备的实时用电量。一旦系统检测到能源消耗异常，如某个设备的用电量突然增加，系统将自动发出预警，帮助企业及时发现问题并采取措施。

2）能源数据分析：对采集到的用电量数据进行统计与分析，生产管家系统可以帮助企业全面了解生产线车间的能源消耗情况。这包括电能消耗的趋势，以及不同时间段内的能源消耗情况。基于能源数据的分析结果，系统可以提供优化生产线的建议。例如，根据电能消耗计算，结合批次质量分析，系统可以确定能耗成本最佳的生产批次，并将最佳批次的生产参数用于指导再次生产。这有助于企业在生产中实现能源消耗的最优化。

此外，生产管家系统还可以对企业的能耗数据进行对比分析，与同行业其他企业进行比较。同时，系统也能够分析企业的节能潜力，提供节能建议，帮助企业降低能源消耗成本。

163

（7）**生产数据的归档与电子报告**　生产管家系统提供生产数据的归档与电子报告，帮助企业有效地管理和分析生产数据，以支持决策制定和监控生产过程。

1）定制开发报表：系统允许企业根据其特定需求定制开发各种报表。这些报表可以包括但不限于产量报表、OEE（设备综合效率）报表、批次报表、能源消耗报表等。通过定制开发报表，企业可以根据实际需求选择关注的指标和数据，并将其以直观的方式呈现出来。这有助于管理层更好地了解生产状况，监控生产绩效，并做出更明智的决策。

2）车间电子看板：企业在生产车间内可以设置电子屏幕，实时显示关键的生产数据和报告。这些电子看板可以用于向操作人员展示当前生产状态、产量情况、设备运行状况等信息。这种可视化的方式有助于生产车间内的沟通和协调，使操作人员更容易了解生产目标和绩效指标。

3）远程客户端数据展示：借助私有云或公有云，生产管家系统还可以将生产数据推送至云端系统，以便更广泛地进行数据分析、存储和共享。这意味着生产管家系统的数据可以远程访问，使得用户可以从任何地点通过互联网浏览器或手机应用程序获取生产数据。这种远程客户端数据展示的方式具有极大的灵活性，无须受限于特定的地理位置，这对于跨地域或分布式团队的企业来说尤其有用。

（8）**开放的系统结合方式**　生产管家系统可以与其他现有系统进行无缝集成，以实现更广泛的数字化运营管理。以下是两个与现有系统结合的例子：

1）与数字化立体仓库结合的进出库管理：通过与数字化立体仓库结合，生产管家系统可以实现进出库管理的数字化，实现对生产过程中所需原材料和零部件的准确跟踪和管理。系统可以自动记录材料的进出，并生成相应的库存报告。这有助于优化物料采购和库存管理，减少物料浪费，降低生产成本。

2）与仓库配送系统的订单管理：生产管家系统可以与仓库配送系统进行数字化运行管理的结合，生产过程中的产品可以被跟踪到仓库，然后准确地分配到相应的订单。这种数字化运行管理方式可以提高订单处理的效率，减少错误，加快产品交付速度。

3. 生产管家系统的部署方式

如图 3-13 所示，西门子生产管家系统从现场设备采集数据，并可与上层 MES、ERP、云以及其他系统进行数据互通。

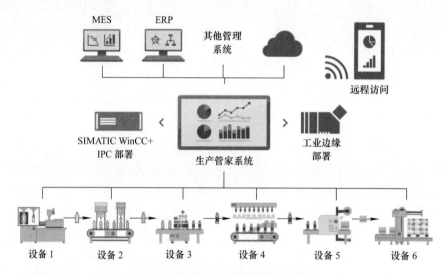

图 3-13　生产管家系统架构及部署

生产管家系统目前有两种部署方式：

（1）**基于 SIMATIC WinCC**　生产管家系统可以借助西门子工业软件 SIMATIC WinCC 实现，并运行在 IPC（工控机）中。SIMATIC WinCC 是西门子公司与微软公司共同开发的一款工控软件，用于自动化领域。它构建在 Windows 平台上，提供了功能强大的监控和数据采集能力。该软件可以通过 PROFINET 协议直接从 SIMATIC 及 SIMOTION 控制器中采集数据。此外，它还支持 TCP/IP、PROFIBUS、Modbus、OPC UA 等多种通信协议，实现与 OT 及 IT 系统的数据交互。WinCC 适用于广泛的应用场景，从小规模简单的过程监控到复杂的工业应用。

（2）**基于工业边缘**　随着工业 4.0 和物联网的崛起，工业边缘计算作为一项重要的技术趋势开始引起广泛关注。工业边缘计算是一种将计算能力直接部署到现场控制层设备上的方法，以便更快速地处理数据并采取实时决策。这种崛起反映了工业界对于更快速、更灵活、更可靠的生产环境的需求，以及对于降低数据延迟的迫切要求。

在这一潮流中，生产管家系统作为一种强大的工业自动化解决方案，已经准备好了适应工业边缘计算的需求。生产管家系统可以作为工业边缘应用，轻松地部署在工业边缘设备上，充当数据采集和监控的枢纽。通过使用开放标准如 OPC UA 协议，它可以直接与现场控制层设备通信，实时采集关键数据。

有关更多工业边缘相关内容，读者可以查看 3.5.1 节。

4. 生产管家系统的应用案例

（1）基于 SIMATIC WinCC　图 3-14 ～图 3-16 是西门子生产机械工艺与应用技术中心的生产管家系统截图。该系统基于 SIMATIC WinCC 并部署在一台 PC 中。图片展示的是对伺服压力机生产线的生产管理，包括图 3-14 所示的生产监控、图 3-15 所示的配方参数，以及图 3-16 所示的能耗管理三部分，可通过左侧导航栏进行切换。

生产监控部分展示实时的生产数据，例如：

1）生产信息：物料编号、产品编号、配方号、班次产量、计划产量、实际产量。

2）电机信息：转速、电机功率、电机转矩、电机电流、电机温度、冷却水流量。

3）模具信息：模具名称、模具号、角度、装模高度、液压垫压力、吨位、冲程。

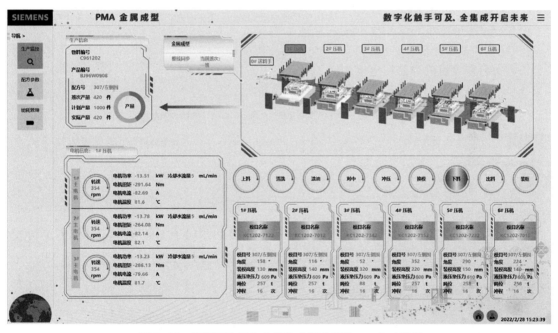

图 3-14　伺服压力机生产线生产管家系统——生产监控

配方参数部分展示生产线的工艺配置，以及各伺服压力机和送料机械手的工艺参数，如：

1）整线运行节拍、整线同步运行模式。

2）当前的加工物料、产品编号与配方号。

3）各伺服压力机的工艺参数：滑块高度、开模角度、合模角度、成型开始角度、成型速度、计算后最大节拍、送料时间。

4）各送料机械手的工艺参数：起始角度、结束角度、送进位置。

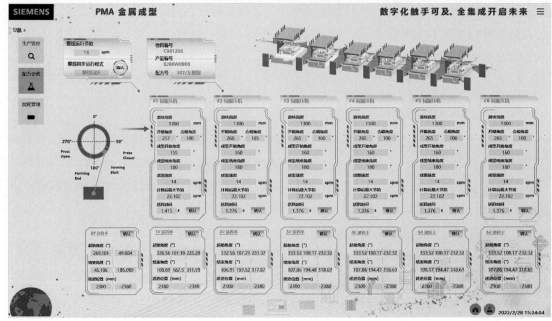

图 3-15　伺服压力机生产线生产管家系统——配方参数

借助数字化智能电度表，生产管家系统可采集能耗情况并进行分析：

1）每台压力机的当前耗电量。

2）能耗分析：本日能耗、本月能耗。

3）能耗查询：用户可输入起止日期查询用电量，并可支持生成报表。

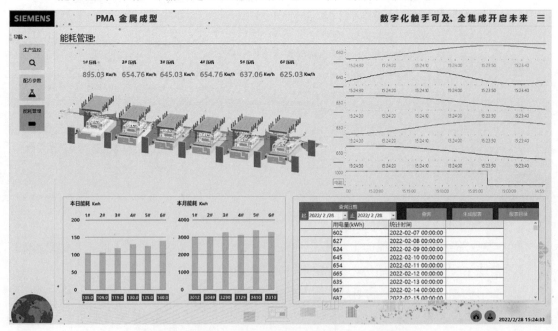

图 3-16　伺服压力机生产线生产管家系统——能耗管理

（2）**基于工业边缘**　图 3-17、图 3-18 是工业边缘版生产管家系统的截图。该系统基于西门子工业边缘平台开发，作为装备制造业设备端的数字化边缘应用，可实现查看设备状态、生产概况等功能。

在图 3-17 展示的设备状态界面中，通过在界面上方选择具体设备，可以查看该设备的状态，包括展示设备状态分布、OEE（设备综合效率）、设备状态班组对比、设备状态变更记录、设备状态趋势数据。

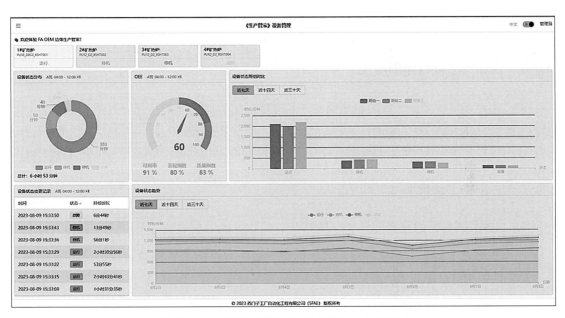

图 3-17　工业边缘版生产管家系统——设备状态

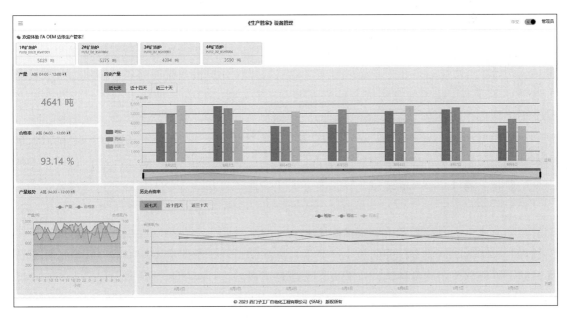

图 3-18　工业边缘版生产管家系统——生产概况

图 3-18 所示的生产概况部分展示了当前的生产数据。用户在界面上方选择特定设备后，界面中间的内容区域展示当前选中设备的数据，包括：

1）当前班组产量、合格率。

2）当前班组每小时生产趋势。

3）各班组每日产量、合格率对比数据。

由以上应用案例可以看到，借助基于 WinCC 和工业边缘的生产管家系统，企业可以实现生产线设备数据的透明化，进而有效利用数据进行数字化生产管理，实现高效的自动化生产。

3.4　生产过程中的优化

通过生产线集成和生产线数据透明化，企业可以更方便地采集和分析数据，这有助于更好地了解生产过程中的瓶颈和潜在问题。然后，利用这些数据来优化生产线是一个自然的选择，例如实施智能工艺优化、异常检测等优化措施。这些优化可以借助工业人工智能技术来实现。

3.4.1　工业人工智能技术

1. 工业人工智能的意义

在现代制造业和生产领域，随着技术的不断进步和市场竞争的加剧，企业面临着一系列挑战。如何预测产品质量、降低运营成本、提高机器的可用性和可靠性、实现自动化检测、降低废品率等问题，都已成为制造企业亟须解决的难题。然而，正是在这些痛点的背后，我们发现了人工智能的潜力。

人工智能（Artificial Intelligence，AI）属于计算机科学领域，旨在开发和构建具有模仿人类智能思维和行为能力的计算机系统和程序。这种智能使计算机能够执行涉及学习、推理、问题解决和感知等复杂任务，类似于人类的智能。人工智能领域包括多种技术和方法，如机器学习、深度学习、自然语言处理等。这些技术使计算机系统能够模拟和执行各种复杂的智能任务，而这些任务在传统上只能依靠人工来完成。随着各种技术迅速呈指数级的发展，人工智能将为众多领域带来无限可能，特别是工业领域，常被称为工业人工智能。

降低运营成本一直是制造业的首要任务之一。传统上，昂贵的手动测试工作和不断增长的劳动力成本对公司的财务状况造成了重大负担。然而，如今的工业人工智能技术正在改变这一现状。通过减少手动测试工作，工业人工智能可以帮助企业大幅降低运营成本。

在产品质量方面，工业人工智能可以实现早期阶段对产品质量的预测，从而节省不必要的后续制造成本。通过降低不确定性，工业人工智能帮助企业及早发现损坏迹象，通过持续的过程监控降低间接成本，并防止生产延误、废品率上升、维修成本增加等一连串的问题。通过基于机器学习的质量预测，工业人工智能还可以减少耗时的测试场景，提高生产率。而在生产过程中，通过工业人工智能可以对设备工艺实现优化控制，更高效地生产高质量的产品。

此外，工业人工智能还可以提高机器的可用性和可靠性。通过数据分析，借助工业人工智能技术企业还可以提前安排所需备件，降低突发故障对生产计划的影响。

在现代制造业中，工业人工智能不再是未来的趋势，而已经成为提高效率、降低成本、提高生产质量、解决人才短缺问题的不可或缺的工具。工业人工智能不是取代人才，而是与人才合作，将人类的专业知识赋能于机械设备，使企业能够更好地应对复杂的生产挑战，进而为企业带来全新的竞争优势，实现可持续发展。

2.　工业人工智能的实施过程

创建工业人工智能应用的过程通常可以被归纳为获取样本数据并训练一个可执行的模型，再向该模型输入新的数据信息，让它根据我们要完成的任务做出决定，解决问题。然而，当输入数据发生变化或系统出现意外行为时，如何确保模型的有效性？又该如何将工业人工智能应用正确地集成到现有的生产环境中？这就需要来自 IT 的数据科学家和来自 OT 的自动化工程师进行密切合作，将人工智能应用的建立与运行结合在一起，实现一个完整的工业人工智能生命周期（见图 3-19）。

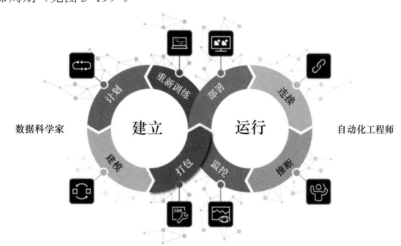

图 3-19　工业人工智能的生命周期

工业人工智能生命周期包含计划、建模、打包、部署、连接、推断、监控、重新训练这八个阶段，它们构成了一个循环，以确保顺利完成任务并实现预期结果。下面，我们看看每个阶段都做了什么。

（1）**计划阶段**　深入了解需要解决的问题，并确定人工智能解决方案的适用性。生产工艺专家和机器学习工程师筛选现有系统中的相关数据源，并为接下来的阶段选择可行的人工智能解决方案和方法。

（2）**建模阶段**　一旦确定了解决方案的方向，就可以开始创建、训练并测试机器学习模型。这涉及数据的准备、特征工程、模型选择和训练。之后，人工智能模型在模拟车间环境中进行测试，以根据预期指标验证结果。如果未到达要求，则重新回到建模初期阶段进行迭代。在这个过程中，我们致力于构建一个准确、可靠的模型，以满足预期的需求。

（3）**打包阶段**　一旦模型满足预定义的要求，模型将被打包成可部署的形式，以备后续部署使用。

（4）**部署阶段**　一旦模型验证通过，我们将其部署到目标硬件上，以便在实际环境中应用。这可能需要考虑硬件和软件的兼容性，确保模型能够正确运行。通常可以将人工智能应用部署在生产线的工控机或边缘设备中，也可根据实际需求部署在云端。

（5）**连接阶段**　为了让模型正常工作，在连接阶段中，我们确保人工智能模型可以访问来自环境的输入数据。这可能涉及与传感器、数据库或其他数据源的连接。连接阶段也是人工智能模型感知生产环境的过程。

（6）**推断阶段**　从此时开始，模型开始处理实时输入的数据，根据其学到的知识做出决策。这些决策被反馈到自动化系统中，作为自动化系统的指令依据。推断阶段是工业人工智能实际发挥作用的阶段，但仅发挥作用是不够的，我们还需随时保证模型的有效性。

（7）**监控阶段**　在监控阶段，通过识别决策能力偏差和异常的指标来观察输入数据和模型性能，这些偏差和异常会触发重新训练阶段。

（8）**重新训练阶段**　如果模型在监控阶段出现问题或需要改进，我们将根据反馈信息对模型进行调整和重新训练。这确保了模型可以适应不断变化的环境和需求。

通过遵循以上步骤，我们能够建立、部署和维护高质量的工业人工智能应用，从而解决复杂的问题。每个阶段都是实现人工智能应用的重要环节，需要专业知识和团队协作，以确保最终的结果符合预期。这种贯穿全生命周期的方法使得人工智能技术可以方便并快速地运用在自动化领域，并确保了平稳运行和长期可用性。

3. 典型人工智能技术

在工业人工智能的实施过程中，我们需要根据实际情况采用不同的人工智能技术。以下内容是对一些典型的人工智能技术概念的介绍。

（1）**机器学习**　机器学习属于人工智能领域的子领域，它关注如何通过使用计算机程序和算法，让计算机系统能够自动地从数据中学习和改进，而无须进行明确的指令编程。机器学习的主要目标是使计算机系统具备从经验中提取知识，以及做出预测和决策的能力，从而不断改进其性能。

（2）**深度学习**　深度学习是机器学习的分支，它模仿人脑的神经网络结构，通过多深度神经网络（多层神经网络）来学习和解释数据。深度学习的核心思想是通过构建深度神经网络来自动地从数据中学习和理解事物，以实现各种任务，如图像识别、语音识别、自然语言处理和预测等。

深度神经网络中包含许多类似人脑神经元的"决策者"，它们通过多个层次相互传递信息。深度神经网络经过训练后，可以从大量数据中识别模式、特征和规律，从而使机器能够自动完成一系列任务。一个常见的例子是图像识别，假设我们有一大堆猫和狗的照片，现在想要一个计算机程序，能够自动区分这些照片中是猫还是狗。我们可以使用深度神经网络来解决这个问题。首先，我们收集了成千上万张带有标签的猫和狗的照片，这些标签告诉计算机每张照片是猫还是狗。接下来，我们构建一个深度神经网络模型，这个模型有很多神经元和多层次的处理单元。我们将这些照片输入模型，模型逐渐学会了从照片中提取特征，例如耳朵的形状、眼睛的位置、颜色分布等。随着模型不断被训练，它逐渐提高了识别猫和狗的准确性。最终，当我们给它一张新的、未标记的猫或狗的照片时，它可以分辨出是哪一种动物。

（3）**深度强化学习**　深度强化学习是强化学习方法与深度学习技术相结合的一种机器学习方法。它的目标是让智能体（如计算机）通过与环境的互动学会如何在复杂任务中做出最佳决策，以最大化长期累积奖励，并使用深度神经网络来表示智能体的策略或价值函数，使其能够处理高维度、复杂的输入数据。

通俗来讲，深度强化学习是让计算机学会像人一样做事情的方法。这个过程类似训练小狗，我们给计算机一个任务，如果它做对了，就会得到奖励，如果做错了，就会受到惩罚。通过让计算机不断尝试，它可以学会如何在不同的情况下做出正确的决策，就像小狗学会坐下或握手一样。战胜世界围棋大师的 AlphaGo 正是使用了这一技术。

4. 基于 AI 的机器视觉

机器视觉技术使机械设备有了视觉感官，使设备能够以与人类视觉系统类似的方式感知和理解视觉信息，并根据此信息做出智能决策。通常情况下，机械设备需要借助工业相机、传感器来获取图像和视频信息，并依靠计算机系统来分析、理解和解释这些数据。

传统机器视觉依赖于人工的特征提取方法，我们需要从图像中提取尽可能多的特征来定义特定的对象，如颜色、边缘、纹理等。然后，系统在其他图像中寻找这些预定义的特征。如果在新图像中找到足够数量的这些特征，就可以推断该图像中存在目标对象。传统的机器视觉可以实现物体测量、有无检测、定位引导、条形码扫描等简单的任务。然而，随着检测对象类别的增加，传统的特征提取方法变得十分复杂，我们可能需要处理海量的数据并调整许多参数。

随着人工智能技术的发展，深度学习算法已应用于机器视觉中。基于深度学习的机器视觉采用深度神经网络自动学习特征，不需要手动设计。深度学习模型能够从原始数据中提取高级、抽象的特征，适用于复杂和多变的任务，如产品分类、质量检测等。

3.4.2　工业人工智能在生产过程中的应用

工业人工智能在各个行业中有许多使用场景，旨在提高产品开发和生产的智能程度和效率。典型的应用领域包括智能工艺优化、异常检测、质量预测与分析、质量检测、智能机器人、设备预测性维护等，适用于电子、电池、设备制造、制药、汽车、机器人、食品饮料等众多行业。

1. 智能工艺优化

工业生产一直以来都对产品质量提出了极高的要求。优质的产品不仅是企业竞争力的体现，还直接关系到客户的满意度和企业的声誉。然而，传统的工艺控制方法存在一定的局限性，包括过度依赖人工、易受主观因素影响、难以应对大规模生产和复杂生产工艺等问题。正因如此，工业界一直在寻求更高效、准确、可靠的工艺优化控制方法，而工业人工智能的

171

应用正是满足这一需求的重要途径。

一个典型的案例是单晶硅生长工艺控制。整个工艺流程如图 3-20 所示，包括化料、熔接、放肩、等径及收尾。

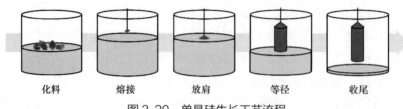

化料　　　熔接　　　放肩　　　等径　　　收尾

图 3-20　单晶硅生长工艺流程

单晶硅生长的质量直接取决于生长过程的工艺参数与执行状态数据。熔接阶段需通过温度控制，使液面温度达到适合结晶的目标温度且保持稳定。晶体通过放肩工艺生长至特定直径，并在等径阶段保持特定直径继续稳定生长，直至成为目标长度的单晶硅锭。这两个阶段的温度和拉速控制都会对单晶硅制备的效率和成功率造成直接影响。目前大多数单晶硅制造工厂仍采用人工观察判断与干预的方法完成对单晶硅生长过程的控制，导致生产质量一致性不高，整个生长过程耗时较长，单个过程控制错误可能导致整个工艺流程重新进行。整个控制工艺高度依赖于工艺人员的经验，人工成本较高。

在这个真实的客户案例中，西门子工业人工智能团队采用基于深度强化学习的 AI 算法，帮助客户找寻最优的工艺参数，实现工艺优化控制。图 3-21 展示了工艺参数的寻优过程：

1）通过深度学习算法使用历史数据进行模型预测，得到下一时刻的预测值。

2）将预测值与设定值的误差通过深度强化学习算法进行动态的参数寻优，返回最优工艺参数作为新的模型输入数据，以再度进行预测。

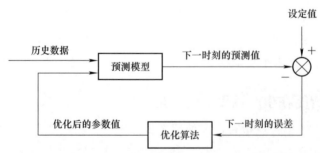

图 3-21　基于深度强化学习的工艺参数寻优过程

借助 AI 模型与晶体生长过程数据，可以预测和分析晶体生长状态，调节控制参数，并持续反馈信息，实现对单晶炉设备工艺的增强控制：

1）熔接阶段：控制晶体生长的热场加热功率，以获得更稳定的热场来优化后续生产环节的成功率。

2）放肩和等径阶段：通过功率和拉速增强控制，减小直径及拉速的波动，稳定热场，以优化晶体的存活率、晶体产量、晶体肩形和直径的一致性。

工业人工智能帮助企业提升单晶硅生长速度与质量，减少了人工时间与对工艺人员的依赖，向工艺控制的完全自动化迈出重要的一步。

2. 异常检测

生产过程中的异常状况会导致产品质量的降低，企业需要尽早发现生产异常，以避免它们对整个生产线的生产力造成严重影响。异常检测是一项关键任务，通过使用人工智能技术，系统能够监测和分析来自多个传感器和生产过程的数据，以及数据随时间变化的情况，以便及早识别异常行为并发出预警。AI 能够适应机器操作员的需求，无须操作员拥有专业的人工智能知识，这使得异常检测系统更易使用。异常检测需要分析大量的时间序列数据，以识别潜在的问题。而 AI 技术能够自动识别这些数据中的特征，从而实现实时的异常检测。这意味着系统可以随时监测并发现异常情况，无须等待人工介入。

异常检测的工作原理基于以下几个关键步骤：

1）多样化数据采集：从多个传感器和生产过程数据源获取分析依据，这些数据包括温度、压力、湿度等多个方面的信息。

2）检测显著变化：AI 系统分析数据，寻找显著的变化，这些变化可能是异常行为的迹象。

3）随时间检查行为：AI 还会考虑数据的时间序列，检查随时间推移的行为，以识别异常的趋势。

4）自动指示异常：在实时生产中，AI 系统会自动指示异常，使操作员能够及早采取行动。

通过引入人工智能进行生产过程的异常检测，企业可以及早发现可能造成损坏的迹象，有助于降低不确定性，防止生产过程中的质量问题与紧急情况。与此同时，AI 技术提供实时生产概览，帮助生产团队更好地了解生产过程，提高效率并迅速应对问题。

3. 质量预测与分析

在传统的生产过程中，产品都是先生产出来再进行测试，产品的质量问题只能在生产的后期被发现。AI 技术通过分析大量的生产过程数据和设备数据，借助先进的算法模型，能够提前预测产品的质量结果。这种能力使制造企业得以提前发现潜在问题，采取必要的干预措施，以确保产品质量的稳定性和一致性。

如何能快速找到影响产品质量的因素，进而加以调整呢？企业可以借助人工智能技术进行相关性分析和根本原因挖掘。通过大数据分析，AI 可以识别与产品质量相关的各种因素和变量，并找出它们之间的关联性。这有助于制造企业深入了解造成质量问题的根本原因，而不仅仅是表面现象，进一步对生产过程进行控制。

基于工业人工智能的质量预测和分析不仅有助于降低不合格率，还能显著降低生产成本。例如，在汽车制造业中，AI 可以识别点焊工艺环节的关键参数，并实时评估每个焊点的质量，以及时调整工艺。

4. 质量检测

传统的人工质检方式存在多个痛点，严重制约了检测效率和产品质量。首先，高昂的人工成本是一个显而易见的问题，雇佣和培训大量的质检人员需要大量的资金和时间。当产

173

品规格发生变化时，企业需要重新培训质检人员，这又会带来额外的时间和成本。人工质检还容易出现错误，不同的质检人员可能会对同一产品有不同的判断，这还可能会导致质量控制的不一致性。此外，人工质检的精度有限，难以检测到微小的缺陷或隐蔽的问题，这可能导致未被检测到的缺陷带来的巨大成本损失。对于大量的产品而言，对每个产品进行全面的人工质检显然是不实际的。传统质检一般采用抽样的方式，这可能导致不合格产品进入市场。

基于 AI 机器视觉技术的质量检测方法，可极大地改善质量检测效果。以金属成型行业中冲压件的缺陷检测为例，视觉质量检测方案可以快速集成到现有的生产线中，无须大规模改变生产流程。通过深度神经网络分析产品图像，异常检测模型能够提供缺陷的类型和位置指示。这意味着可以实现对产品的高精度、高速度的质量检测。这不仅减少了人工干预的需求，还可以在生产过程中对每个产品进行实时质量检测，确保检验率达到 100%。

基于 AI 的机器视觉技术还具备更强大的能力，可以发现更细小的缺陷，这是人工质检难以做到的。它不受疲劳和主观判断的影响，能够在连续运行的生产线上实时执行质量检测任务。此外，机器视觉技术可以处理大规模的数据，分析并存储产品的检测结果，为质量控制提供更多的数据支持和决策依据。

当然，有读者可能会问：现在已有自动化光学检测（Automated Optical Inspection，AOI）的机器质检，可以解决人工质检的诸多问题，那么基于 AI 的机器视觉质检与之相比有哪些优势呢？

尽管 AOI 机器质检相对于传统的人工质检来说可以显著提高产品检测的准确率和效率，但仍存在问题。AOI 系统首先检测潜在的缺陷产品，然后需要人工判断缺陷种类和位置。由于受限于传统的模式识别技术，AOI 机器质检对于一些复杂缺陷的检测仍然存在一定的难度，并且 AOI 机器质检的伪故障率较高，后续仍然需要额外检查的人力。

在一个电子行业的印制电路板（PCB）质检案例中，西门子为客户在 AOI 系统之上增加了人工智能应用，借助机器学习技术分析 AOI 质检结果，剔除非真实的缺陷，减少伪故障，以减少操作员在维修站检查的 PCB 数量。人工智能让质检系统的误报率在原有基础上降低 60%，也减少了一半的手动工作量。

5. 智能机器人

在传统的仓储和生产过程中，零件及产品拣选一直是最耗费成本和劳动力的工作之一。超过 90% 的拣选任务仍然需要手工完成，占据了大部分运营成本。而与此同时，劳动力短缺、消费者需求多样化的增加以及竞争加剧，都给企业带来了更大的挑战。

西门子的 SIMATIC Robot Pick AI 为此提供了解决方案。它是一款基于深度学习的预训练视觉软件，用于机器人的智能抓取应用及更多领域。借助 AI 技术，机器人可以灵活抓取大量未知物体，成功率高达 98%。在几毫秒内，SIMATIC Robot Pick AI 就会根据来自 3D 相机的深度信息（物体到相机的距离）和彩色图像信息做出拾取点决策，并借助智能路径规划，将物品搬运至指定位置，避免与物品容器发生碰撞。

快速的计算速度还可确保系统的最高吞吐量，可实现每小时 1000 次的拣选。预训练的

AI 模型做到开箱即用，使机器人可以处理富有挑战性的任务，如抓放紧密堆放的物品、反光物品、容器边缘的物品等。除此之外，该方案的开放性使其能够在不同品牌的相机和机器人上运行，并且通过将其部署在西门子工控机 SIMATIC IPC 或 SIMATIC S7-1500 系列控制器的扩展模块上，可以轻松集成到 SIMATIC 平台和 TIA Portal 工程框架中，更好地与产线自动化系统进行集成。

6. 设备预测性维护

电子行业中，PCB 分板是电子组装生产中的关键工序，通常用于将大块的 PCB 分割成小块。铣刀式全自动分板机使用高速旋转的主轴带动铣刀进行 PCB 的切割，但铣削过程会产生细小的灰尘，这些灰尘会积聚在铣削主轴中，阻碍主轴的持续旋转，甚至导致停机。为了预防主轴故障和停机，需要实施预测性维护措施。

借助基于人工智能技术的设备预测性维护，我们可以实时监测 PCB 分板机的主轴电流和速度，并进行数据分析来检测异常情况。采集的数据由基于 AI 的应用程序持续进行分析、处理和可视化。AI 能够不断学习和提高异常检测的准确率。该应用程序可让用户随时查看机器的数据，并为企业提供生产线状态和潜在故障的信息报告。根据分析的结果，企业可以提前安排待更换的备件。

人工智能使预测性维护更加可靠，持续的数据分析大大降低了铣削主轴的维护成本，PCB 分板机的设备综合效率（OEE）也得以大幅提升。

3.5　预测性维护

在前文中，我们已经探讨了工业人工智能技术在设备预测性维护中的应用，并举例说明了 AI 如何帮助企业减少维护成本并提升设备效率。现在，让我们深入探讨预测性维护在工业自动化中的进一步应用，并了解西门子其他的预测性维护解决方案。

随着工业自动化的快速发展，机械设备在工业生产中扮演着越来越重要的角色，企业在优化生产过程的同时，还需注意生产线设备本身的质量问题，因为设备的质量对产品的质量构成很大影响。比如，印刷行业对印刷精度及成品率要求很高，但机器磨损在生产过程中不断发生，机器的老化会对印刷质量产生极大的影响，使印刷成品的质量下降，进而导致废品率增加，成品率降低，由此带来的成本损失可能高达几百万元。因此，对机械设备的维护就显得至关重要。

传统的机械设备维护通常是待设备运行至故障再维修的反应性维护，或是基于设备故障率和设备维护周期规律进行的预防性维护。然而，如果维护是在设备发生故障后才进行，可能需要较长的停机时间来修复，导致生产中断和损失；而过早地进行设备维护，又可能会导致不必要的维护成本。那么企业应该在什么时机采购机器备件，又该在什么时机进行设备的维护呢？预测性维护正是针对这一问题的解决办法。机械设备的预测性维护是一种基于设备数据分析技术的主动性维护方法，旨在通过对机械设备的数据进行分析和处理，提前预测设备可能的故障和问题，并采取预防性维护措施，例如更换零部件、润滑设备、调整设备参数等，以避免设备故障和停机，降低维护成本和生产损失，提高设备的可靠性和稳定性，进而提高生产率和质量。

西门子工业边缘计算和 SIMICAS® 智维宝均可应用在机械设备使用环节的预测性维护环节中。以下章节将分别对这两个解决方案展开介绍。

3.5.1　针对预测性维护的工业边缘计算

经过前文介绍，我们已经了解到预测性维护的意义与用途。在预测性维护中发挥重要作用的是来自机械设备的数据。通过对数据进行采集、分析、诊断，可以预先发现机械设备存在的问题。而工业边缘计算的出现，为机械设备的预测性维护提供了新的思路和方法。

1. 什么是工业边缘计算？

工业物联网技术的发展为离散制造业提供了更多的智能化、数字化和自动化的解决方案。作为工业物联网技术的延伸和应用，工业边缘将计算和数据处理功能集成到机器边缘设备中，对数据进行实时且快速的处理和分析，一方面弥补控制器在大量数据处理和数据存储上的短板，另一方面，其实时性和响应速度也优于云计算技术。

2. 如何使用工业边缘进行预测性维护？

我们在体检中会进行抽血、化验，再根据检验结果判断是否感染某种疾病，或是在疾病发生的初期及时检测到异常，再通过吃药、打针等早期治疗方式抑制病情的继续恶化。如果把设备比作人类，实现设备的预测性维护，就如同对设备进行健康检查。同样的，我们也需要对设备进行"抽血"，拿到化验样本，而此时的样本就是设备的运行数据。接下来是"化验"，即对采集到的样本数据进行分析的过程。最后借助检验结果，我们就可以确认设备的"治疗"方式，并进行早期维护治疗，避免设备往损坏、停机方向的恶性发展。

通过工业边缘计算应用，机械设备可以采集和处理大量的数据，例如温度、振动、电流、压力、张力等来自控制器或传感器的数据，以及机器日志、维修记录等信息。通过对这些数据进行分析和预测，可以提前发现设备故障趋势，并进行预测性维护，避免停机和维修时间，提高生产率和质量。

在机械设备的使用环节，用工业边缘计算实现预测性维护的步骤主要包括：

（1）**采集设备数据——为设备"抽血"**　在机械设备使用环节，实时采集来自设备的关键性能指标数据，例如温度、振动、电流等，为之后的分析做准备。

（2）**分析处理设备数据——为设备"化验"**　通过工业边缘计算对这些数据进行处理和分析。在数据处理过程中，可以使用机器学习等人工智能技术，对设备数据进行分析和异常检测，以发现可能的故障和问题。

（3）**实施预测性维护——为设备"治疗"**　依靠分析结果，提前准备要更换的机器部件，将停机风险降到最低。

3. 西门子工业边缘计算是什么?

西门子工业边缘计算作为西门子工业物联网四层架构(见图 3-22)的重要一环,连接现场控制层与云服务平台,将云端优势下沉到现场层,是 OT 与 IT 之间的桥梁。

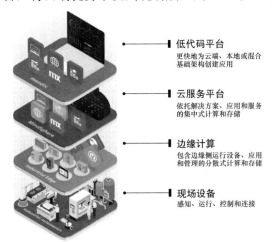

图 3-22　西门子工业物联网四层架构

西门子工业边缘计算提供包含边缘管理、边缘设备、边缘应用的解决方案,整体部署拓扑结构如图 3-23 所示。

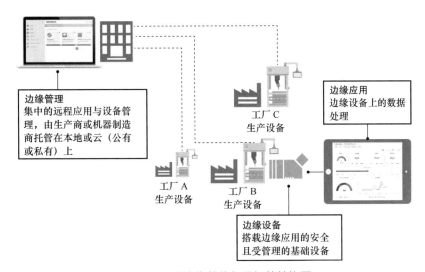

图 3-23　工业边缘整体部署拓扑结构图

这三部分的功能如下:

(1)边缘管理(Industrial Edge Management)——**管理边缘设备的中央基础平台**　西门子工业边缘管理系统是用于集中管理所有已连接边缘设备的基础设施。它可监控所有连接设备的状态,在目标边缘设备上安装边缘应用和软件功能,并将功能从云端转移到生产系统。具体使用场景诸如将边缘应用大规模部署到合适的边缘设备、定义管理规则并提供给用户合适的边缘应用、轻松实现边缘应用的更新等。

（2）**边缘设备**（Industrial Edge Device）——**模块化、安全和可扩展的运行载体**　西门子工业边缘设备是部署了工业边缘运行系统的西门子工业计算机硬件设备，并通过确保安全性和可靠性来适应工业环境。边缘设备向下可与现场设备、传感器等硬件连接，并运行边缘应用，在数据生成之地即可进行采集和处理，将计算能力直接应用到生产系统中；在工业边缘层可与其他边缘设备扩展集成，共同构建边缘侧分布式网络；向上亦可与云系统进行数据连接，使远程数据访问成为可能。

（3）**边缘应用**（Industrial Edge Apps）——**基于智能数据的应用**　西门子工业边缘应用运行在边缘设备上的系统中，借助高级编程语言和容器技术实现创新应用，以诊断和分析大量来自机器的数据，完成例如预防性维护或质量分析和优化等任务。容器技术是一种虚拟化技术，它允许开发人员将应用程序及其所有依赖项（如库和配置文件等）一起封装。在工业边缘上使用容器技术，可实现在边缘设备上高效部署、运行、管理和扩展工业边缘应用，并可方便地使用网页浏览器访问这些工业边缘应用。

边缘应用分为三个层级（见图3-24），自下至上分别是连接层、数据层、应用层。连接层包含与自动化系统构建数据采集的应用，如连接 SIMATIC PLC 的 SIMATIC Trace Buffer、连接 SIMOTION 并可执行数据追踪的 SIMOTION Trace Connector、连接云服务平台的 Cloud Connector 等。数据层是基于 MQTT 协议的工业边缘数据总线，实现各个边缘应用的互通互联。应用层包含实现不同功能的众多应用程序，如进行设备数据频域分析的 Frequency Analyzer、运行仿真模型的 LiveTwin、低代码应用创建工具 Flow Creator 等。

西门子工业边缘是一个开放式平台，西门子和其他公司都是该工业边缘生态系统的一部分，作为认证合作伙伴来开发和发布边缘应用。当然，用户也可以运行自己的应用程序。

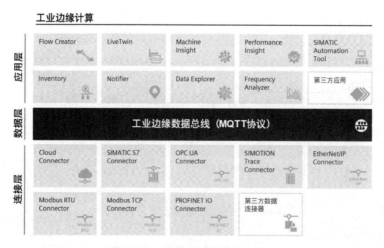

图 3-24　边缘应用的三个层级

在了解了边缘管理、边缘设备和边缘应用的功能后，我们再回到图 3-23 工业边缘整体部署拓扑结构图。生产商或设备制造商将边缘管理托管在本地、私有云或公有云中，并集中对生产商的所有工厂或设备所售卖到的最终用户工厂处的边缘设备及其搭载的边缘应用进行远程管理，实现远程部署、更新边缘应用、及时监测并发现设备问题等。

4. 工业边缘通信协议

前文内容给出了边缘应用的基本信息，那这些应用如何与控制器进行数据传输，又如何完成相互之间的数据通信呢？在工业边缘中，数据通信协议是保证设备间数据传输的关键。在详细介绍用于预测性维护的边缘应用之前，我们先了解一下工业边缘中使用的数据通信协议。

西门子工业边缘支持多种通信协议，如 MQTT、OPC UA、PROFINET 等。其中，PROFINET 和 OPC UA 协议已在 3.3.1 节进行了介绍，下面将重点介绍 MQTT 协议。

MQTT（Message Queuing Telemetry Transport，消息队列遥测传输）协议是物联网中最常用的消息传输协议，它定义了物联网设备如何通过互联网发布和订阅数据。MQTT 协议用于工业物联网设备之间的消息传递和数据交换，例如嵌入式设备、传感器、工业 PLC 等。该协议由事件驱动，并使用发布 / 订阅（Publish/Subscribe）模式连接设备，此模式包括客户端和代理两个部分：

1）MQTT 客户端：MQTT 客户端是指使用 MQTT 通信的任何设备。当 MQTT 客户端发送消息时，它被视为发布者，当其接收消息时则被视为接收者。消息被发布者发送至指定的 MQTT 话题（Topic），并由接收者从中获取。

2）MQTT 代理：MQTT 代理是后端系统，负责协调不同客户端之间的消息。它的职责包括接收和筛选消息、识别订阅每条消息的客户端并向其发送消息，以及授权和身份验证。

发送方和接收方通过话题进行通信，并彼此空间解耦、时间解耦。这种通信方式就像把消息放在一个虚拟的盒子中，任何人都可以发送消息给这个盒子，也可以从盒子里接收消息，而不会影响其他人。这个方式使得消息的发送者和接收者之间不会互相打扰，每个人都能独立地发送或接收消息。此外，发送者和接收者不必同时在线，发送者可以随时发送消息，而接收者可以随时接收，就像你给朋友发信息，他们可以稍后再查看信息，而不必实时聊天。这种通信机制使得 MQTT 协议具有轻量、高效、可扩展、安全可靠等特点。

图 3-25 展示了一个典型的 MQTT 发布/订阅框架。MQTT 客户端温度传感器作为发送方，将消息"24℃"发布到话题"温度"中交给 MQTT 代理。MQTT 客户端手机和后端系统作为接收方，通过 MQTT 代理订阅"温度"这一话题，MQTT 代理将消息"24℃"发布给所有的此话题订阅者，从而实现数据的通信传输。

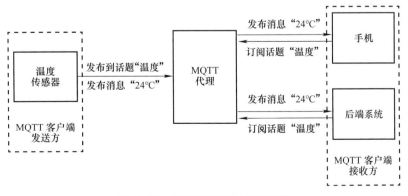

图 3-25　MQTT 发布 / 订阅框架

在西门子工业边缘中，MQTT 协议是最主要的通信协议，用于各个边缘设备之间、边缘应用之间，以及边缘设备到云端的数据通信。

5. 用于预测性维护的工业边缘应用

用于预测性维护的边缘应用包含设备数据获取、设备数据分析和设备服务三个方向，它们也分别对应了在机械设备的使用环节实现预测性维护的三个步骤。

下面我们依次来看看这三个方向分别有哪些边缘应用可供使用。

（1）**设备数据获取** 从设备端获得的样本数据可以是控制器中的设备运行速度、张力传感器中的实际张力值、摄像头中的图像数据等。在不额外增加传感器的情况下，获得设备数据的低成本且高效率的方法是使用机器控制器中已经存在的数据。控制器中的数据一直是预测性维护过程分析的重点。西门子为此提供了多种数据采集的连接层边缘应用，如连接 SIMATIC 控制器提取数据的 SIMATIC Trace Buffer（SIMATIC 跟踪缓冲器），连接 SIMOTION 控制器并提供数据采集的 SIMOTION Trace Connector（SIMOTION 数据跟踪连接器）等。下面我们来具体了解一下每个边缘应用。

1）SIMATIC Trace Buffer：SIMATIC Trace Buffer 配置并从 SIMATIC PLC 中获取变量数组，以提供给其他边缘应用做后续处理。作为 SIMATIC PLC 和边缘设备间的沟通桥梁，SIMATIC Trace Buffer 包含两个部分：

①TIA Portal 标准应用库 SIMATIC LEdgeBuffer：作为一个在 SIMATIC PLC 端运行的 TIA Portal 标准应用库，LEdgeBuffer 允许从用户的 PLC 程序中采样并记录信号，即来自 PLC 的数据，并在程序运行期间更改记录任务配置。记录的数据可以在任何 PLC 周期内被采样，这意味着即使是高达 1kHz 的高频率数据也可以被追踪，如速度和转矩值。所记录的信号和变量被储存在预定义的 TIA Portal 数据块（DB）中，这些数据块将作为接口，可由任何 OPC UA 客户端（边缘或云）访问。

②基于边缘应用 Flow Creator 的 Edge Buffer Connector：在与 SIMATIC PLC 对应的边缘侧，西门子提供基于低代码编程工具 Flow Creator 创建的 Edge Buffer Connector 作为边缘端的数据接口，通过 OPC UA 协议从 SIMATIC PLC 获取数据，并发布至工业边缘数据总线 MQTT 话题以供其他边缘应用使用。

SIMATIC Trace Buffer 两部分的部署方式如图 3-26 所示。

2）SIMOTION Trace Connector：SIMOTION Trace Connector 将高频率的数据从 SIMOTION 控制器带到边缘系统，并在边缘端评估数据。针对 SIMOTION 控制器，西门子工业边缘同样提供了对应的数据采集边缘应用 SIMOTION Trace Connector。借助该边缘应用，用户可以将边缘设

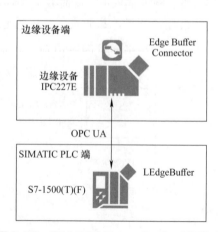

图 3-26　SIMATIC Trace Buffer 部署架构

备通过 OPC UA 连接多个 SIMOTION 控制器并采集数据，具体过程如下：

①选定要采集的数据并指定单次数据采集的时长。

②配置数据跟踪任务，在自动模式下，支持配置自动数据采集的触发条件和频率，如当输送带张力大于 15N 时自动采集数据、每周采集一次等。

③启动数据跟踪任务后，SIMOTION Trace Connector 将会按配置要求自动采集数据，并根据用户需求将跟踪采集的数据储存在数据库中。

④可视化每次的追踪数据并支持多个数据的对比，如图 3-27 所示的多条设备数据随时间变化的曲线，此外还可导出数据并保存至计算机中。

⑤将追踪到的数据发布到工业边缘数据总线的指定 MQTT 话题中，以供其他边缘应用访问并使用。

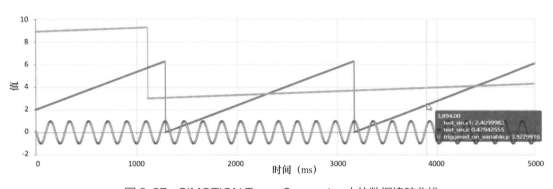

图 3-27　SIMOTION Trace Connector 中的数据追踪曲线

（2）**设备数据分析**　拿到来自机器的数据后，如何使用才是重点要考虑的。作为机械设备预测性维护的重要环节，数据分析的结果影响了预测性维护的实施决断。那么应该怎么去分析这些数据呢？

整体而言，有两种方法可以分析来自机械设备的数据，进而分析设备状态。第一种是通过极限监测进行分析，此时我们关注的是数据的大小和范围，比如监测电流及电压的最大值、最小值，或者监控压力数据是否在设定范围内，又或者监测产品合格率等。

第二种方法是通过图谱识别。此时我们阶段性追踪来自设备的数据。当设备设置保持不变，比如设备运行速度、使用的加工材料、生产的产品均相同时，在设备使用的前期阶段和后期阶段分别追踪相同时长的机器数据，就会得到不同时期的机器图谱，进而进行比较。比如图 3-28 中所示的情况，左侧是过去设备正常运行时的三个设备参数的理想图谱，右侧是现在采集的相同设备参数的图谱。我们将两个阶段的图谱进行比较，当图谱中在某频段出现新的数值（见图 3-28 设备参数 A 的图谱）、曲线趋势发生改变（见图 3-28 设备参数 B 的图谱），或出现移位（见图 3-28 设备参数 C 的图谱）等情况，代表设备发生了改变。这个改变可能是由于机器零件长期磨损导致的设备老化，或更换后的零件没有正确的安装等。从机械设备获取的数据图谱就如同机械设备的指纹一样，通过"指纹"的识别，我们就能判断此时设备的工作状态。

那么针对设备数据分析，西门子提供了什么边缘应用呢？

1）Data Explorer：一个基于 PLC 工艺参数的机器工艺质量评估边缘应用，它不仅支持连接层的数据采集功能，还可对提取的数据进行对比评估。它可以从 PLC 读取基于 OPC UA 的多种数据类型，如整数型、浮点型、数组和其他用户自定义的数据类型等。数据可以通过在用户界面设置多种仪表盘，以折线图、条形图等形式进行可视化，且几个数据集可在一个图表中对比显示，以快速捕捉工艺过程的异常情况。例如图 3-29，我们可以通过比较注塑机螺杆位置对应的注射速度的实际值和设定值，将偏差可视化（横轴为位置，纵轴为注射速度），

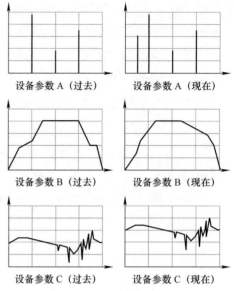

图 3-28　数据的图谱识别

来验证注塑工艺的质量是否在良好的范围内。除此以外，Data Explorer 还可将数据发布到 MQTT 话题供其他边缘应用使用。

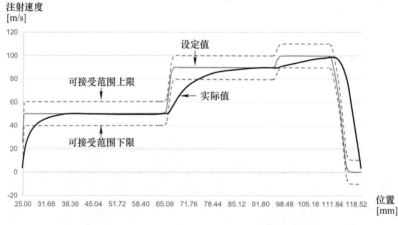

图 3-29　Data Explorer 中的工艺参数可视化对比

2）Frequency Analyzer：Frequency Analyzer 是机器数据的频域图谱分析边缘应用。它采用快速傅里叶变换（Fast Fourier Transform，FFT）算法，将数据在频域进行分析。快速傅里叶变换是一种高效的算法，用于计算离散傅里叶变换（Discrete Fourier Transform，DFT），它可以将一组时间域上的离散信号转换为频域上的信号，从而分析信号中包含的频率成分。

使用 Frequency Analyzer，我们将不便于从时域上分析的数据转至频域，通过将各个频段的信号与机械设备的部件相对应，即可分析设备部件的运行稳定性与老化状态等。比如在一个卷绕的设备中，我们对采集到的输送带张力进行频域分析。在固定的带速下，每个轴的频率也是固定的，因此，不同的轴可以分别对应各自的固定频率。Frequency Analyzer 可将

长期监测到的输送带张力数据的频域图谱在本地进行保存，并支持多个图谱间的对比分析。例如当机器运行半年后，我们可以将当下的输送带张力数据图谱与半年前机器刚建好时进行对比，如果某些频段的幅值发生显著增长，则代表此频段对应的轴承发生了问题，如因为长时间运行造成的老化松动等。

图 3-30 展示了 Frequency Analyzer 中两次采集的相同变量参数的二维频域图谱对比，横轴为频率，纵轴为幅值。对比第一次采集的数据（FFT-1），我们可以看到第二次采集数据（FFT-2）低频率段的幅值有所增加，特别是 5Hz 附近有一个极大的幅值，这表示对应的设备部件发生了改变。

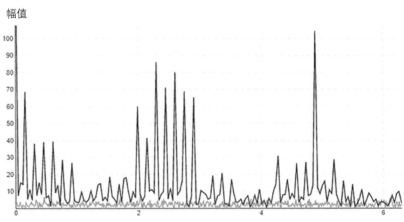

图 3-30　Frequency Analyzer 中的二维频域图谱

除了由频率和幅值组成的二维图谱，Frequency Analyzer 还支持多条频域图谱的三维展示。图 3-31 所示为针对同一个设备参数在不同时间采集的多条频域图谱，X 轴为频率，Y 轴为数据采集的时间，Z 轴为幅值，并且幅值大小以色阶体现。

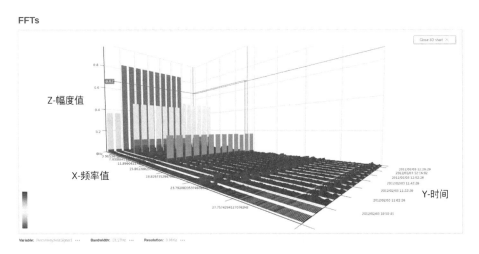

图 3-31　Frequency Analyzer 中的三维频域图谱

3）Machine Analyzer：Machine Analyzer 是针对机械传动系统进行状态监测分析的边缘应用。机械传动系统的磨损是一个在运行的机器上不断进行的过程，比如齿轮的间隙增大或联轴器的刚度变弱。我们怎样才能在机械设备对产品质量产生负面影响，甚至导致意外停机之前发现机械装置的变化？而当改变传动系统的机械装置，例如替换安装一个新的印刷滚筒时，我们该如何验证它是正确安装的，并实现良好的生产质量呢？

此时 Machine Analyzer 就派上了用场，它使用了西门子 SINAMICS S120 驱动器的集成驱动功能，对机械的传动系统输入白噪声信号并记录频率响应，如保存相位和振幅响应等重要参数。该记录将作为机械传动系统的运行条件状态，有利于工程师对驱动器的后期调试以及长期观察机器在生产中的表现。

在 Machine Analyzer 边缘应用中，用户除了记录来自驱动器的白噪声信号的响应特性，还可在自带的伯德图中可视化频率响应曲线（见图 3-32），横轴为频率，纵轴为幅值（上方）和相角（下方）。借助伯德图，我们可以进一步对传递函数的极点和零点进行分析。

此外该应用支持记录多条数据，并进行集中管理。通过叠加多个数据记录，或导入理想的（如理论计算的）伯德图作为参考，进行直观的数据比较，从而发现并分析问题。如此一来，我们可将更换传动系统机械装置零件后的频率响应曲线，与机器运行正常时的频率响应曲线进行对比，基于驱动数据对机器进行深度分析。

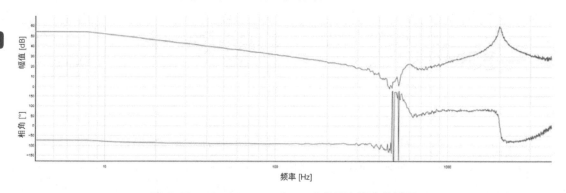

图 3-32　Machine Analyzer 中的频率响应伯德图

Machine Analyzer 所带来的价值包括：

①验证机械传动系统的变化结果是否符合设想。

②在机械传动系统的变化导致质量问题或意外停机之前，及早捕获这些变化。

③通过综合管理功能，轻松处理多个驱动轴的记录和导入的伯德图。

④通过自动输出到工业边缘数据总线 MQTT 话题，可与其他边缘应用进行高度扩展，使数据进一步得到使用。

（3）**设备服务**　拿到分析结果后，就要进行相应的机械设备维护，而如何进行高效的设备维护呢？对于原始设备制造商而言，他们需要为购买自己设备的产品生产商提供预测性机器维护服务，但当购买设备的产品生产商数量很多时，如何有计划地进行管理？如果机械设备卖到了海外，又该怎样优化世界各地的维护服务，有效地利用现有资源？而对于产品生产商，他们也会关心提高机械设备持续可用性的方法，在优化维护成本的前提下实现机械设备的最大利用率。

针对以上需求，西门子提供了边缘应用 Machine Monitor，该应用有助于原始设备制造商和产品生产商更好地计划、安排和执行预测性维护服务。通过 Machine Monitor，我们可以实现以下功能：

1）支持用户为任何类型的机械设备自由配置维护规则。

2）按设定的维护间隔轻松跟踪机械设备数据。

3）在维护日志中跟踪机器的服务历史。

4）根据以前的机器使用情况进行趋势预测和到期日计算。

5）根据机器的实际使用情况，有效地评估机器的维护需求。

6）通过 Notifier 边缘应用或电子邮件提前通知即将进行的维护，优化服务人员的工作安排。

7）专用访问权限的用户管理。

图 3-33 所示为 Machine Monitor 的界面，用户可以左侧导航栏选择需要查看的生产线及机械设备，有关设备的维护信息显示在右侧界面中。图中展示了某机器中机械手单元的维护情况。我们以机械手单元两个驱动轴的转动里程数和日期为监控对象，并设置当两个驱动轴的转动里程数分别达到特定数值或到设定的维护日期时，对设备进行维护。图中的进度条表明，虽然还未到预先设定的维护日期，但两个驱动轴的转动里程数均已超过触发维护任务的数值，所以 Machine Monitor 给出了报警提醒。此时维护人员可以参考右侧的维护指导和附加参考文件进行维护操作，并在维护操作完成后通过链接填写维护报告。

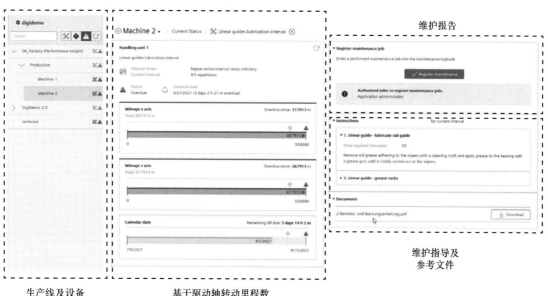

图 3-33　Machine Monitor 界面

借助 Machine Monitor，原始设备制造商能从更有效的维护计划和服务安排中受益，而产品生产商的机械设备可用性也会得到提升。

在了解了以上几个工业边缘应用后，我们可以看到，依托工业边缘计算，通过设备数据获取、设备数据分析、设备服务，企业可以利用来自机械设备的关键性能指标数据，对机械设备进行预测性维护，在对生产质量发生影响甚至停机之前，及时发现机械设备存在的问题，在合适的时机备件，实现高效、低成本的设备维护。

3.5.2　SIMICAS® 智维宝

除了工业边缘计算，西门子为机械设备使用环节提供预测性维护功能的产品还有SIMICAS® 智维宝。那么它为企业带来了哪些价值呢？

在市场竞争不断加剧的大环境下，更高的效率和更低的成本一直是各行业都在不断追求的目标。特别是在制造业领域，原始设备制造商面临着越来越激烈的竞争，如何提升自身的核心竞争力一直是设备制造商关注的内容。除了机械设备本身的技术质量，与其配套的服务也很重要，更好的售后服务可以提高客户满意度并增加客户黏性，进而提高设备制造商自身的核心竞争力。传统的设备运维需要大量的人力和物力，运维人员有时需到现场才可了解设备的故障状态和原因，对于那些分布在全球各地的设备，运维更是存在巨大的困难。设备制造商如何快速掌握设备在最终用户现场的运行情况？现场设备采集的数据如何发挥价值？又该如何将预测性维护包含在售后服务中，为设备使用者提供及时的服务保障？

西门子 SIMICAS® 智维宝对此给出了解决方案。作为面向设备制造商的设备智慧运维套件，它能够对售出设备进行远程管理和智慧运维。一方面，智维宝可以通过物联网技术，远程监控调试设备，并记录故障信息，便于维护工程师追溯查询历史参数，从而实现设备的高效远程运维。另一方面，智维宝借助数字化技术，帮助设备制造商实现线上售后流程闭环，从而带来整体售后环节的降本增效。

那么智维宝如何帮助设备制造商进行设备的预测性维护呢？与之前利用工业边缘进行预测性维护的过程相同，智维宝所提供的预测性维护也包含数据获取、数据分析、设备服务三个部分。下面我们结合智维宝的三层架构（见图 3-34），来看看每一步都是如何进行的。

智维宝采用三层架构的形式，从下到上依次是设备层、平台层、应用层。来自工厂设备的数据在设备层通过边缘设备、物联网关或集控系统进行采集，通过安全协议上传到平台层的公有云或私有云，在应用层转化为业务数据，进行如设备数据分析、预测性维护、远程运维管理等过程。其中设备层所实现的功能就是预测性维护的第一步，即设备数据获取。对于其中的物联网关，西门子推出连接工业物联网和云端的智能网关 SIMATIC IOT2050。它可直接在生产设施现场采集、处理、协调和保存来自多个来源的机器和生产数据，并将其传送到架构中的第二层平台层。

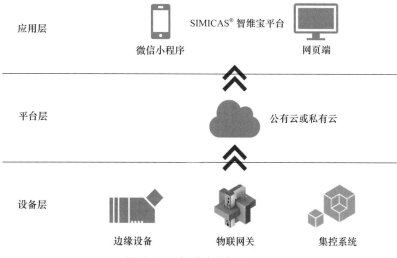

图 3-34　智维宝的架构图

作为中间层的平台层提供了构建、部署和管理应用程序所需的基础设施和工具。它提供了虚拟化资源、存储、网络、数据库管理系统、开发工具和应用程序接口等服务，使开发人员能够快速构建和部署应用程序。平台层包括云服务提供商所提供的云计算平台，如公有云和私有云。公有云是指由第三方云服务提供商管理和提供的云计算服务，这些服务是通过公共网络（通常是互联网）向广大用户提供的。公有云的基础设施、平台和应用程序都是由云服务提供商进行管理和维护。用户可以根据自身需求按需购买和使用这些云服务，而无须关注底层的基础设施和维护工作。公有云的优势包括灵活性、高可用性和经济性。而私有云是指在企业内部搭建和管理的云计算基础设施，用于支持特定企业的需求和应用。私有云可以部署在企业自己的数据中心或托管在第三方数据中心，但仅对特定的组织或用户开放。私有云通常提供更高的安全性和定制化能力，因为它们受到企业的严格控制和监管。但私有云的建设和维护成本较高，需要企业投入较多的资源和技术。公有云和私有云是平台层的两种主要部署模式，它们在基础设施、安全性、定制化和成本等方面有所不同，企业可以根据自身需求选择适合的部署模式。公有云或私有云的使用是远程访问智维宝的基础，也为设备数据远程监控、设备远程运维带来可能性。

在最上层的应用层是供设备制造商、设备服务商和最终用户使用的智维宝平台，该平台分为微信小程序和网页端两个版本，可供使用者根据需求灵活选择。以网页端为例，图 3-35 所示为该平台的用户界面，左侧为功能导航栏，包括项目地图、项目管理、标准参数、售后维保、设备资料、指标配置、标签定义、保养标准、系统日志等功能模块；右侧为每个模块具体显示的内容。智维宝平台的主界面为项目地图，设备制造商所售出的设备以项目形式在世界地图中真实呈现，便于进行日常管理。通过单击地图上的项目，可进入项目概览并访问项目的设备数据、维保数据等。

获取到工厂设备的数据后便可对设备数据的呈现与分析。智维宝平台将设备的数据可视化（见图 3-35 右侧），设备制造商可以通过已上线天数、最近一次的连续无故障运行时长、不同设备状态的占比、正常运行时长趋势图等了解设备的整体健康表现，亦可查看设备的实时数据，远程监视设备的运行状态，如转速、电流、电压、温度、运行功率等。同设备参数条件下，将实时设备数据与往期设备正常运行状态下的数据做对比，是一个评估设备状态和性能的重要手段，也是智维宝分析设备数据的方式之一。通过比对，我们可以确认设备是否健康、性能是否正常，分析是哪些因素导致的设备健康程度降低。此外，借助大数据分析的人工智能建模，智维宝还可以提前预测设备可能发生的故障及发生的概率，并估算故障发生的时间。

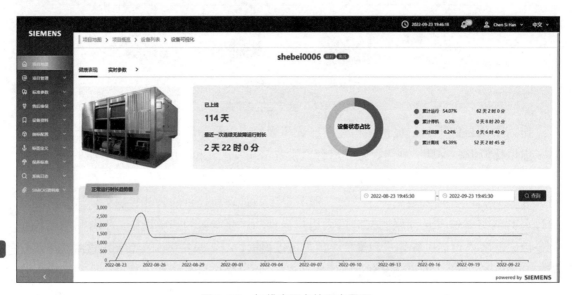

图 3-35　智维宝平台的用户界面

在得到设备数据分析的结果后，设备制造商如何能迅速做出反应？如果仅以人为方式监控分析结果会消耗大量资源，为此设备制造商可以为设备关键参数设定阈值，当实时数据超出阈值时，系统可以通过邮件、短信、微信等渠道自动发出报警到指定人员。此外对某些设备故障也可以设置重点关注。

至于预测性维护的第三部分设备服务方面，智维宝提供基于工单管理的售后维保和借助物联网关的远程调试，并可将工单经验沉淀为设备售后知识库。在售后维保方面，最终用户可以在智维宝平台提交维护需求并上传设备现场的视频及图片，也可由设备制造商创建工单。工程师可在设备数据的云端备份中查询并调取故障发生前 48h 的参数数据，以快速定位设备问题，找出故障原因。而在维护保养的执行阶段，除了运维工程师到客户现场进行维修的方式外，他们还可通过安全数据通道及设备层的物联网关与设备建立连接，下载新的 PLC 程序到设备中，进行远程调试。此功能对将设备销往海外的设备制造商大有益处，可以帮助他们以更低的成本快速解决设备的问题。

整体而言，智维宝这一设备智慧运维套件，借助物联网技术，可帮助设备制造商实时掌握设备状态，以人工智能建模和设备远程运维等功能提升服务品质。

3.6　生产过程中的虚拟革新

正如前文所提到的，数字孪生技术已成为设备制造和工业生产的重要趋势，但要想进一步提升其可视化方式，扩展现实技术是一个引人注目的选择。扩展现实技术允许制造业重新思考和塑造生产方式，将物理世界与数字虚拟世界融合，创造全新的生产体验。其应用不仅限于培训和指导，还延伸至产品设计、设备维护等多个领域，为制造业带来了前所未有的创新和提升机会。

3.6.1　扩展现实技术

扩展现实技术，通常缩写为 XR（Extended Reality），如今已不再是只存在于科幻电影中的虚拟世界，它已成为当今热门话题中的焦点之一，与元宇宙等概念紧密相关。XR 是一个广义的术语，涵盖了虚拟现实（VR）、增强现实（AR）和混合现实（MR）等多种交互式虚拟体验技术。

虚拟现实简称 VR（Virtual Reality），通过计算机技术模拟构建三维环境，让用户置身于一个虚拟的世界中，并以画面结合声音的方式给用户一种封闭式、沉浸式的体验。目前，标准的虚拟现实系统多使用头戴式显示器来实现，当用户戴上头戴式显示器后，可以在眼前的小屏幕中看到一个立体的、全景的虚拟世界。虚拟现实通常包含听觉和视觉的反馈，但也可通过触觉技术提供其他类型的感官反馈，并且用户可使用手柄或语音与之交互。VR 技术最常用于娱乐应用，如视频游戏、3D 电影等，亦可用于工业设计、房地产等其他领域，如大家熟知的 VR 看房。

增强现实简称 AR（Augmented Reality），与 VR 的封闭式虚拟世界交互不同，AR 是一种在真实世界中增加虚拟世界元素的体验。它通过智能手机、平板计算机、AR 眼镜等智能设备的摄像头和传感器捕捉现实世界的场景，然后将数字信息、图像、3D 模型等虚拟元素根据现实世界的位置和角度，实时叠加到用户的视野中，创造出一个增强的视觉体验。也正是由于此特性，在某些领域 AR 技术具有比 VR 更显著的优势，比如线上购物时的 AR 试戴墨镜、AR 试妆等。但要注意的是，在增强现实中，虽然虚拟元素与现实世界叠加显示，但它们还是保持分离状态。用户可以看到现实环境和叠加在其上的虚拟物体，但虚拟物体不会与现实物体交互或融合。如果想要进一步的虚实结合，则需要借助混合现实技术。

混合现实简称 MR（Mixed Reality），是一种将 VR 和 AR 结合的综合体验技术，也被称为"混合虚拟现实"。MR 技术将虚拟和实际元素更紧密地融合，使它们能够在同一空间中相互交互和共存。MR 系统具备感知和理解现实世界的能力，从而能够将虚拟物体与实际环境巧妙地融合并支持用户在现实世界中与虚拟物体进行互动，比如我们从真实的桌子上拿起一个虚拟的盒子并打开它。这种技术是通过智能设备（如 MR 眼镜）来实现的，这些设备通常包含传感器、摄像头和投影技术，以便将虚拟图像投射到用户的视野中。用户可以与虚拟对象互动，并且这些虚拟对象可以感知和响应用户的动作。此外，MR 设备通常具有实时跟踪功能，可以精确追踪用户的头部、手势和位置，以确保虚拟元素与用户的视野和环境保持一致。MR 的交互性和对环境的理解使其在处理更复杂任务和应用方面具有巨大的潜力，如医疗、教育、生产、社交等领域的多种场景。比如在医疗教育中使用 MR 技术，学生可以对虚拟患者进行手术缝合操作训练。

扩展现实技术（XR）通过虚拟技术创造全新的用户体验，为我们的生活和工作带来了革命性的创新和便捷。它不仅扩展了我们对现实世界的感知，还为模拟培训、虚拟旅游、医疗保健、教育和工业生产等多个领域提供了前所未有的机会。这种技术的不断进步将继续推动我们朝着更加数字化、互动化的未来前进，为我们的日常生活和职业带来更多的可能性和便利。

3.6.2　典型应用场景

多年来，扩展现实技术在娱乐、游戏、营销和房地产等领域得到广泛应用。然而，随着制造业竞争的加剧和市场需求的增长，扩展现实技术正迅速进入制造和生产领域，并在工厂生产过程中取得了显著的进展。

制造业一直致力于提高生产率，降低成本，提高质量控制。但这些目标通常伴随着一系列挑战，包括昂贵的培训费用、复杂的设备操作，以及维护保养等难题。正是在这些问题上，XR 技术发挥了关键作用。XR 技术不仅为制造业引入了新的工具和方法，还为员工和管理人员提供了前所未有的实时支持和智能协作机会。以下内容将介绍 XR 技术在工厂生产过程中的核心应用，以及它如何提升传统的制造方式，为制造业带来新的前景和可能性。

1. 虚拟培训

在当今工业生产领域，生产线设备众多且操作复杂，尤其是在产品或生产流程变更之后，针对员工工作步骤的专项培训就变得越来越重要。而员工的技能水平却参差不齐，培训周期也相对较长。传统的理论培训虽然有一定效果，但因缺少实践，一旦员工上手操作，可能会出现机器损坏或人身安全等严重问题。然而，使用真实设备进行培训存在障碍：一种方式是使用现有设备，但会中断生产，严重影响生产率；另一种方式是采购额外的培训设备，但会增加培训成本。随着技术的不断发展，虚拟现实和增强现实等扩展现实技术已经为工业生产领域提供了一种创新的培训解决方案，使培训过程更具效率和可行性。

（1）**培训场景**　虚拟培训的核心思想是以虚拟设备作为教具，让员工进行实操体验，以实现如下列几种培训场景：

1）设备操作培训：员工可以通过 VR 技术模拟操作复杂的机械设备，包括开关、按钮、人机界面、控制杆等，而无须实际接触真实设备。如图 3-36 展示的基于 VR 的设备操作培训，员工可以按照界面上的操作指导，通过 VR 手柄操控旋钮开启设备，并按指导步骤进行后续操作。这种虚拟体验允许员工在无风险的情况下熟悉设备的功能和操作流程，并且可以随时重复练习，直到他们熟练掌握。这不仅提高了操作的准确性，还降低了设备损坏的风险，从而为生产过程带来了更高的效率和可靠性。

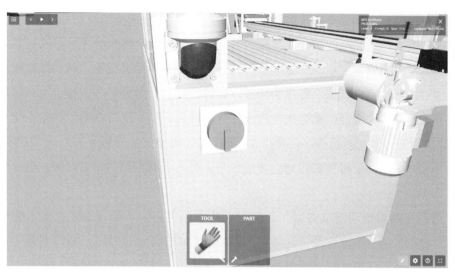

图 3-36　基于 VR 的设备操作培训

2）复杂装配培训：在制造业中，特别是在汽车制造等领域，复杂装配任务对员工的技能要求极高。这种培训领域是虚拟培训技术蓬勃发展的典型案例。例如在图 3-37 所示的发动机装配培训中，通过头戴设备，员工可以参与基于 VR 的虚拟复杂装配过程，无需真实零件和设备。他们可参考屏幕右上方的操作指导，选取适当的工具和零件进行操作，按步骤安装空气压缩机。这种虚拟体验使员工能够深入了解装配流程的细节，从而更好地理解工作要求。虚拟培训系统通常提供实时反馈，指导员工改进他们的操作技巧。这有助于迅速纠正错误，提高工作质量，使员工在实际生产中表现出更高的精度和效率。

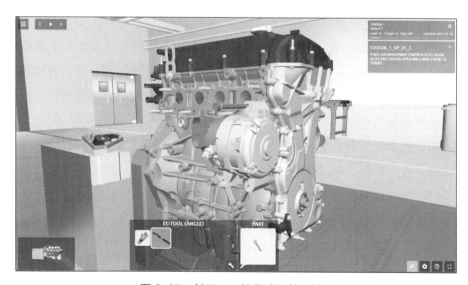

图 3-37　基于 VR 的发动机装配培训

3）维护和保养培训：维护工程师的角色至关重要，他们负责确保设备持续运行，并在需要时进行维修。然而，在实际情况下，很难出现多种或全面的故障场景，因此接受培训的工程师难以利用实际设备来学习各种故障的维护过程。不过，虚拟培训却能够满足这一需求。比如通过 VR 技术，我们可以在一个沉浸式的虚拟工厂环境中模拟尽可能多的设备故障和问题，让工程师学习如何使用正确的工具或方法有效地检修和维护设备。例如在焊接机器维护的虚拟培训中，我们可以模拟例行维护任务，如清洁焊枪、更换焊芯、检查电线连接等。员工可以打开虚拟机器的外壳，模拟执行这些任务。此外，员工还可以学习如何识别焊接机器的故障。虚拟培训可以包括模拟不同类型的故障，员工需要找出问题并采取适当的修复措施。这种培训方式大大提高了维护工程师的技能水平，有助于减少设备停机时间，进而提高了生产线的生产率。

（2）**西门子虚拟培训解决方案**　西门子在此方面也提供了结合数字化技术的虚拟培训解决方案。虚拟培训解决方案基于计算机操作的交互式虚拟培训技术，通过对复杂产品在研发过程中生成的数字资源进行二次加工，在虚拟环境中搭建出真实的机械工作状态和生产环境，并通过科学互动的训练方法让学习者逐步提升对产品的操作、装配或维修等方面的认知和操作能力。生产线设备的 3D 模型可在台式计算机、平板计算机和智能手机上运行，并显示培训的真实操控对象的所有相关信息。企业可以根据需求或培训对象定制化显示内容，以清楚地解释组装步骤或维修说明。此外，凭借 VR 或 AR 技术，用户可以在虚拟培训设备周围自由地移动，就像处理真实设备一样。

西门子虚拟培训解决方案提供包括培训评估、方案创建、虚拟培训实施在内的全部过程。西门子的服务团队会首先同企业共同进行评估，重点是开发和定义需求，以及评估对培训所涉及的相应产品及其所有型号的现有数据。根据现有数字资产的评估结果，如产品结构、3D CAD 数据和过程数据，确定后续方案的范围和目标。之后，服务团队使用创作工具 Creator 创建个性化培训材料。通过预定义的操作创建有效的培训情景和变更管理。每门培训课程都可针对企业的具体需求专门定制。大型数据集的处理和多变量管理实现了培训方案的可扩展性和效率。最后，定制的培训材料将以需要的方式提供，如移动设备或头戴式显示器等。凭借增强现实和虚拟现实技术，培训课程可以在逼真的虚拟环境中进行，从而帮助企业更快地达到预期的学习效果。此外，企业还可以跟踪培训进度，并通过统计确定培训是否合格的情况。在之后的日常培训中，虚拟培训材料可根据需求定期更新。

图 3-38 为一个发动机装配的虚拟培训界面。用户可以根据操作说明，选择合适的工具和零件对界面中间的虚拟发动机进行装配操作。

西门子虚拟培训解决方案为企业提供高效的人员培训，可定制不同难度和学习水平的培训方案，在实际应用中，培训时间平均可缩短 50%，人为错误平均可减少 40%。该解决方案减少了对昂贵的生产前产品和实物原型的培训需求。在流程和产品发生变更后，员工也可以通过虚拟培训迅速适应，更快地掌握新的操作方式。借助可验证和灵活的培训方法，分布在世界各地的员工均能快速地达到相同的知识水平。

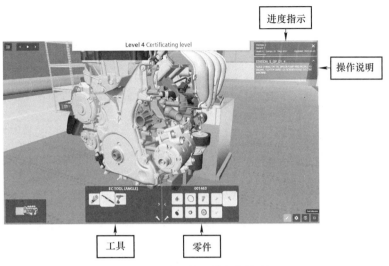

图 3-38　发动机装配的虚拟培训界面

2. 过程改进和效率提升

在现代制造业中，生产线的复杂性和快节奏要求使得过程改进和效率提升变得至关重要。XR 技术让生产线员工能够在复杂的生产环境中获取实施任务所需的指导和数据。比如通过 AR 或 MR 设备，工程师和技术人员可以轻松查看设备的关键数据，实现了设备数据可视化，例如图 3-39 所示为工程师借助 MR 眼镜查看设备数据。通过智能设备或头戴式设备，他们可以直接在视野中获取必要的信息，从而快速识别和解决潜在的问题。

图 3-39　借助 MR 眼镜查看设备数据（图片来自微软网站）

另一个应用是将操作手册和操作视频以电子版的形式虚拟显示在真实设备旁边，提供必要的指导，例如图 3-40 所示的场景。这种虚拟指导内容可以根据员工的需要随时呈现，使员工能够更好地理解和执行任务。在操作过程中，员工无须翻阅笨重的纸质手册，而是可以通过 AR 或 MR 设备获得直观的指导。这不仅提高了设备的操作效率，还有助于减少错误和提高工作的质量。

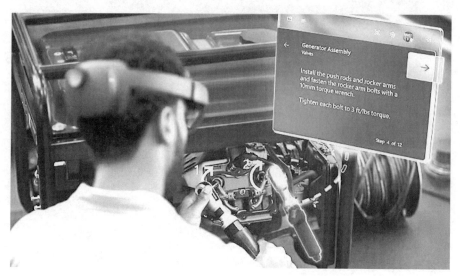

图 3-40　基于 MR 的操作指导（图片来自微软网站）

3. 远程调试

质量控制和设备维护对于保持生产率至关重要，设备故障或生产事故可能对生产流程造成严重干扰。因此，迅速纠正问题是维护正常生产的关键。然而，传统的维修方式通常需要专家前往现场进行调试，这不仅增加了成本，还受制于各种条件。为了解决这一挑战，远程调试成了一项关键的技术需求。如果只是采用电话的方式，远程专家和现场维护人员容易存在沟通误解，即使是视频电话也难以保证双方完全理解彼此的意思。但 XR 技术可以为远程调试提供前所未有的支持。

XR 技术以其强大的虚拟能力，为远程调试提供了新的可能性。将 XR 与远程视频结合，专家可以实时看到现场的物理设备，并在自己的屏幕上进行标记和图形添加。这些标记和图形可以远程传输到现场维护人员的视野中，以虚拟方式添加到真实设备之上，作为操作指导。

这种实时交互让远程专家和现场维护人员能够更清晰地理解彼此的意图，减少了误解和沟通障碍。此外，远程专家还可以远程发送设备传输原理图或文件，以数字化方式呈现在现场维护人员的视野中。这种数字化的信息传递方式极大地提高了信息的传递速度和准确性，使现场维护人员能够更快速地理解问题，并迅速采取行动。

随着物联网软硬件和 5G 技术的不断发展，XR 技术将有更多的机会和潜力在远程调试领域发挥作用。物联网设备可以实时监测设备状态，提供有关设备性能和故障的数据，从而帮助专家更准确地分析和诊断问题。而 5G 技术则提供了更快的数据传输速度，使远程交互更加流畅。

总之，XR 技术已经成为制造业远程调试的强大工具。它不仅提高了维护效率，还降低了成本，使制造业能够更灵活地应对挑战，保持生产的稳定性和可靠性。随着技术的不断演进，我们可以期待看到 XR 技术在未来的工业环境中发挥越来越重要的作用。

4. 远程协作

在传统制造流程中，协作可能需要涉及处于不同地理位置的团队成员。XR 技术为这一挑战提供了解决方案。工程师和专家可以在虚拟工作环境中与多个团队成员协作，共同设计、测试和输出产品原型。这意味着团队可以更高效地协同工作，无论他们身处何地，都能够在同一虚拟环境中共享数据和想法。

通过将数字孪生与 XR 技术融合，团队成员能够在 XR 环境中与可视化数据进行互动，讨论新技术新方案。这种融合为团队提供了更高的灵活性和创造性，同时也减少了物理空间的依赖，使远程协作变得更加便捷。与此同时，团队成员可以共同参与项目，通过虚拟环境中的互动和实时交流，更好地理解彼此的工作。这有助于减少错误，提高工作效率，加快产品上市时间。

随着 XR 技术的不断发展和普及，我们可以期待看到更多制造企业将其应用于远程协作，以加速创新过程。未来，XR 技术也将继续推动制造业朝着数字化、智能化的方向发展，为行业带来更多的机会和挑战。

第4章

数据共享、操作协同及工业云的应用

　　根据第 2 和第 3 章中的介绍，机械设备制造企业的产品全生命周期涵盖机器概念、机器工程、机器调试、机器运行、机器服务等诸多阶段，上述各阶段的工作不仅涉及多学科的技术领域，而且涉及企业内外的多个不同部门，如图 4-1 所示。如果缺乏科学有效的数据共享和操作协同管理手段，研发设计阶段所产生的产品数据与信息就无法让生产规划、生产执行等后续阶段所共享，反之亦然。在这种情况下，只能依靠不同工作环节人员的经验来安排设计、工程、调试、生产等工作。这样的工作方式不仅会严重影响企业的工作效率，还会给企业带来额外的成本损失。

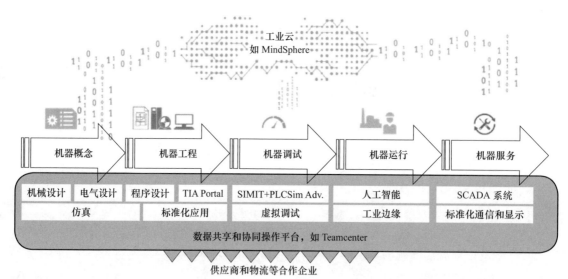

图 4-1　机械设备制造企业的数字化需要多学科和多部门协同工作

　　机械设备制造企业需要一个以企业产品为中心，支持机器设计开发、制造和维护等全过程的信息管理平台。该平台不仅要支持其使用者共同进行机器的设计、制造和维护等工作，还要能够与企业使用的 MES、ERP 等其他系统相配合，形成一个功能齐全的完整系统。该系统不仅可以协调企业内的不同部门，还可将与企业有关的上游产品供应商、物流公司、下游产品使用企业等合作伙伴纳入其中，在机器研发、制造、销售和售后服务等全过程范围内实现数据共享和操作协同。这样的信息管理系统被称为产品生命周期管理（Product Lifecycle Management，PLM）系统，它打破了机器设计者、制造者、销售者和使用者之间的界限，利用互联网和软件等技术手段，为不同团队提供高度交互的、灵活的协作环境，为实现良好的团队协作提供了必要条件，使得产品开发周期缩短、工作效率提升、产品成本降低。本章将以西门子公司的数据共享和操作协同平台 Teamcenter 为例，简要介绍其在机械设备制造企业数字化中的应用。

处于运行和服务阶段的机器可能位于世界各地，这就使得这些机器与其制造企业的位置相距遥远。因此人们通常会将位于世界各地机器的实际运行和性能等数据送到工业云，数据在那里经过分析和处理，产生对物理机器的洞察。利用该洞察可对机器的虚体进行修正或优化，优化后的虚体模型数据再用于对机器实体的优化。经过如此不断的迭代，达到提高机器质量和生产率、降低成本、减少能耗等目的。本章还将以西门子公司的工业云 MindSphere 为例，简要介绍工业云在机械设备制造企业数字化中的应用。

4.1　产品全生命周期的数据共享和操作协同及 Teamcenter 软件的应用

在我们的日常生活或工作中，有许多事情不是一个人能够完成的，需要多人或多个部门各负其责且相互配合才行，而这些不同的人或部门通常又不一定处于相同的物理位置。为了能够顺利、高效、成功地完成任务，相关的人或部门之间通常需要共享必要的信息、相互沟通和相互协调各自的行动。在信息技术如此发达的今天，可以借助先进的网络和软件等技术手段来更好、更方便地进行相互沟通，实现信息共享和工作协同。以几个人共同编写一本技术图书为例，为了使不同作者编写的内容相互衔接和呼应，使书中所用的专业术语、字体、段落格式、插图风格相互一致，作者们通常会借助文字编辑软件、图像或视频处理软件、计算机网络、视频会议等技术手段对图书大纲、各作者的编写内容及进度等信息进行共享和讨论，达到及时协调和优化各作者的编写内容和进度等目标。对于机械设备制造企业而言，同样会涉及类似的问题，只是机械设备制造涉及的问题有其自身的特点，比几个作者共同编写一本书所遇到的问题更多、更复杂，且会用到更多的技术手段来实现信息共享和行动协调。下面将简要介绍机械设备制造企业的产品全生命周期内数据共享和操作协同的必要性、PLM 系统如何帮助企业实现数据共享和操作协同、PLM 系统可以给企业带来哪些好处，并给出一个西门子公司 PLM 软件 Teamcenter 的应用案例。

4.1.1　为什么机器制造企业的数字化需要 PLM

如前所述，机械设备制造企业的产品全生命周期涵盖机器概念、机器工程、机器调试、机器运行、机器服务等诸多阶段，且涉及多学科的技术领域和企业内外的不同部门。这些不同领域、部门之间如果不能共享信息和协同工作，就不能顺利且高效地共同完成企业的任务。例如在某机器的开发过程中，机械设计工程师根据实际需要修改了某个机械部件，如果

197

这个修改不能及时地在电气设计工程师的工作系统中反映出来，该电气设计工程师就可能参照原机械部件做出错误的电气设计。在传统的工作方式下，与工作有关的数据往往存在于工程师自己或其所在部门的计算机内，如果遇到员工离职或工作调整，即使履行了复杂且费时的人员交接手续，企业仍有可能丢失某些重要数据，对后续工作造成不利影响。

基于上述原因，机器制造企业需要一个以企业产品为中心的，可支持机器设计开发、制造、运行和维护全过程的信息管理平台。仍以上述机械设计工程师修改了某个机械部件为例，企业需要一个完整的信息管理平台，它能将这个修改信息在电气和程序设计、制造过程所需的部件清单（Bill of Material，BOM）、产品手册编写等所有相关工作系统中及时地反映出来。这样就能防止上述错误的发生。该平台不仅要支持其使用者共同进行机器的设计、制造、运行和维护，还应能够与企业使用的 MES、ERP 等其他系统相配合，形成一个功能齐全的完整系统，以协调机器研发、制造、销售和售后服务的全过程，达到缩短机器的研发周期、促进机器的灵活性制造、降低机器成本、提升企业市场竞争力的目标。例如西门子公司的 Teamcenter 就是一个在世界上广泛使用的 PLM 软件，它能给企业带来的主要变化如图 4-2 所示。

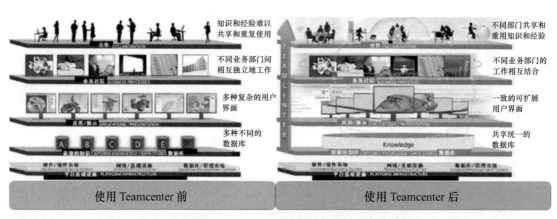

图 4-2　Teamcenter 提供方便灵活的团队协作环境

在传统企业中，不同业务部门（如设计、工程、制造、运行、服务等）通常在各自的数据库中保存本部门的知识和数据，而 Teamcenter 可将这些分离的数据库整合到一个统一的数据库中，使不同的业务部门共享这些数据。企业中不同的部门会用到与其业务有关的各种软件工具，这些软件工具通常会生成不同格式的数据且具有不同的用户界面，Teamcenter 可将它们整合成通用、一致、可扩展的可视化信息（如三维模型都将转化为轻量化 JT 格式），使产品全生命周期内的所有参与者都可方便地在该周期内的各阶段了解产品的当前情况，参与到产品的研发和制造等过程中。传统企业不同的业务过程之间通常是离散的，Teamcenter 将离散的设计、制造、维护等功能结合在一起，使得某一部门对产品或生产过程的修改，都可及时地反映到受其影响的其他部门，使这些部门对其有关业务过程进行相应的调整。传统企业的多个部门间由于没有共享数据，企业各团队在业务过程中积累的知识和经验难以被其他团队获取和重复利用，Teamcenter 能让企业各部门共享单一数据源，共享并使用不同部门或团队累积的知识和数据，使企业各项业务过程中涉及的建议、操作、经验、知识等可在其后的工作中得以不断进化、沉淀和重复使用，使企业能够在前人工作的基础之上进一步创新。由此看出，数据源共享不仅有利于提高工作效率、缩短产品上市时间，还可避免企业的知识和经验随人员流动而流失的现象。

Teamcenter 不仅能使企业内部的不同人员和部门之间共享数据并实现协同操作，它还能将数据共享和操作协同功能扩展到企业的合作伙伴，如上游的部件供应商、下游的产品使用企业、物流合作企业等。

4.1.2　西门子 PLM 软件 Teamcenter 功能简介

本书第 2 章已经简要地介绍了西门子支持从概念设计到工程和制造环节的产品开发软件 NX，第 3 章简要地介绍了可在虚拟环境下对生产线或车间的布局、生产物流、产能等进行仿真、验证和优化的软件 Tecnomatix Plant Simulation。下面将以西门子公司的 Teamcenter 软件为例，简要介绍在机械设备制造企业产品全生命周期各阶段的数字化过程中，如何借助其实现数据共享和操作协同。如图 4-3 所示，Teamcenter 与 NX 和 Tecnomatix 一样，同属于西门子公司的 PLM 产品。Tecnomatix 主要用于数字化制造，NX 主要用于计算机辅助设计与工程，Teamcenter 主要用于数据共享与协同操作管理，且 Teamcenter 的功能作用于产品全生命周期的所有阶段。通过整合这些 PLM 软件并将其各自的功能进行互补，便可使它们成为在机器全生命周期内实施数字化的有效工具。

图 4-3　Teamcenter 在机器全生命周期内实现数据共享和操作协同

为实现数据共享和操作协同，Teamcenter 包括若干主要应用程序或称为功能模块，如图 4-4 所示。

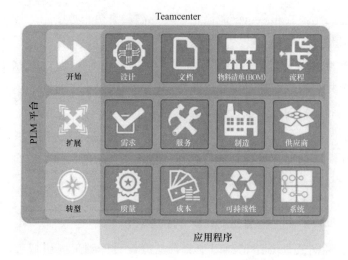

图 4-4　Teamcenter 的主要功能模块

下面简要介绍图 4-4 中几个较常用的功能模块。读者若要深入了解 Teamcenter 各个模块的功能，请参考相关的专业书籍。

（1）**设计管理**　设计管理可获取多种不同 MCAD、ECAD 工具产生的机械和电气设计数据、软件管理工具（如 Polarion）产生的设计数据和仿真工具产生的仿真数据，定义这些数据之间的相互关系，并在统一的环境中对这些数据进行管理，包括查找和共享。它能通过数据间的相互依赖关系来评估数据更改对不同领域的影响，还能够利用协同、验证、仿真和分析得到并发布准确的产品数据。

（2）**文档管理**　在统一的环境中管理来自多种数据源（如 NX、XML、JT、Word 等）的文档和产品信息，包括产品规格书、手册和合同等，确保它们之间的同步。这样的管理方式可避免文档、产品数据与产品开发过程相分离，有利于降低文档成本和提高文档质量。

（3）**物料清单（BOM）管理**　它能提供共享的结构化产品与过程信息源、清晰和准确的产品 BOM 定义和配置。它能有效地管理产品全生命周期中 BOM 的变化历史及其在不同阶段的有效性，并可实现可重复的数字化验证。它所具有的开放和专业化的 BOM 管理功能，使企业的 PLM 系统和其他管理系统能共享产品信息，获得包括企业自身、合作伙伴及供应商在内的更大范围的信息同步，可更好地满足设计、采购、制造、发货、维修和报废等工作的需求，帮助企业达到提高产品质量、缩短上市时间、降低开发成本等目标。

（4）**流程管理**　流程管理包括工作流程管理、计划和项目管理及变更管理。工作流程管理可确保数据及其发布时间的正确性。计划和项目管理帮助用户在每天使用的工具中创建计划和时间表，使相关工作可按照计划落实。变更管理帮助用户了解部件变更的精准数值、该变更对其他有关工作过程造成的影响，并确保变更的可追溯性。

（5）**制造管理**　在统一的环境中集成产品设计、制造及其过程，可生成制造工艺规划、工艺变更及其相关文档，使工程和制造团队能够在该环境中协同工作。利用数据管理和三维可视化及分析工具，可评估和优化制造方案。借助统一的产品和流程知识源，可有效地管理全球化产品设计和生产活动，缩短产品上市时间。

根据前面的介绍，读者已经了解了现代机器制造企业中不同技术领域和部门之间相互交流和协同工作的必要性，这样做的目的是缩短机器开发周期、提升生产率、提高机器性能和质量、降低机器成本等。前面对 Teamcenter 主要功能模块的介绍中，并未涉及具体细节。为帮助读者更直观易懂地了解在机器全生产周期内实现数据共享和操作协同的好处，下面仍以西门子公司的 Teamcenter 为例，简要且具体地列出其能给企业带来的部分好处，供大家参考。

1）在 Teamcenter 环境下，可将以各种 CAD（如 Solid Edge、CATIA 等）软件设计出的零件装配起来，而无须先将它们转换成统一的格式。

2）在 Teamcenter 环境下允许多个设计师同时设计一个产品或部件，缩短了产品的设计周期。

3）利用 Teamcenter 可灵活地根据作者、发布日期、物料名称等属性搜索到有关设计数据；设计者可根据当前设计要求对原设计进行适应性的修改或升级，即可完成新的设计，极大地提高了工作效率。

4）Teamcenter 允许用户实时参考和使用他人正在设计的模型，当他人的模型变更后，用户所使用的模型会自动更新。

5）利用 Teamcenter 可将经简单处理后的物料结构及属性导出到企业的 ERP 系统，无需大量的手工录入操作，避免了手工操作可能出现的录入错误。

6）利用 Teamcenter 可对图样和三维模型进行签审，签审时间以服务器时间为准，无法伪造。

7）在 Teamcenter 中，每个零部件都具有唯一的编码，将该编码用于 ERP 系统，可确保三维模型、图样、工艺文件等与物料之间的正确对应关系。

8）企业网络中的不同计算机上可能装有各种不同的 CAD/CAE/CAM 软件，Teamcenter 将三维数据模型自动转化为统一的轻量化的 JT 格式，使得工艺、制造、销售等部门可方便地在产品全生命周期内各阶段实时查看三维产品模型，了解产品的当前情况，及时地对产品的设计和开发提出意见及优化建议，使所有与产品相关的人都可参与到产品的研发和制造等过程。

9）Teamcenter 利用 AWC（Active Workspace）技术，可以在保证原始设计数据安全的条件下，使企业员工在台式计算机、平板计算机或智能手机上查看产品的相关数据，极大地提高了工作效率。

10）所有设计数据都保存于企业的服务器上，且当数据发布并用于生产后，设计师本人也无权删除或修改数据，确保了数据的完整性和安全性。

11）Teamcenter 的版本功能可将生产过的每个产品的历史数据保存起来。虽然产品在不断地更新，企业仍可方便地找到老产品的数据，为老产品的售后服务提供保障。

4.1.3　Teamcenter 在数字化工厂中的应用案例

东风柳州汽车有限公司生产各种商用车，包括拖拉机、自卸货车、电动物流车、轿车和电动汽车等。该公司原有的数字模型只能用于生成 2D 计算机辅助设计（CAD）图样，并且这些模型和图样不能得到系统性的管理。当公司开始生产混合动力汽车、电动汽车等新型车辆后，进一步增加了设计类型，因此该公司的设计部门需要更紧密的协作，但这一需求在原有软件系统中是不可能实现的。因车辆模型需要越来越多的数据，由无效数据使用和管理所引起的诸多问题，便很快地暴露出来。例如缺乏完整的模型配置管理和完全配置的物料清单（BOM），导致单台车辆的 BOM 数量不断增加，从而形成了一个耗时且成本高昂的系统。

为了应对这一挑战，该公司引入了 Teamcenter 软件，这一工具有利于改善该公司的研发管理和结构流程管理，从而可显著地提高效率和准确性。

1. 原有问题是：落后的数据管理导致项目周期过长

该公司原有的数据管理工具无法满足设计需求，因为它既不够快，也无法处理车辆设计所需要的细节深度。由于 CAD 和 BOM 数据管理的每个部分都在单独的流程中，设计需求不得不连续地进行处理，这也影响了将它们从一个团队传递到另一个团队的准确性。

尽管该公司的建模工程师能够管理数字模型，但他们只能在个人计算机上随时处理部分检查，这意味着团队无法将整个设计作为一个整体进行检查。建模工程师无法同时检查系统和子系统，导致了项目周期长和成本显著增加，而这些问题仅在生产阶段才能暴露出来。

由于各部门在设计过程中无法协作，同事间不得不依靠电子表格来共享信息和跟踪进度，这增加了人为错误的风险，同时不利于工程师尝试对管理系统进行有意义的改进。

2. 量身定制解决方案

为解决上述问题，东风柳州汽车有限公司与西门子及其合作伙伴共同组建了联合项目组，以确保项目上线后该公司的工程师能够自行管理系统并实现基本的系统运行和维护。

通过与西门子及其合作伙伴的紧密合作，东风柳州汽车有限公司建立了系统和基础数据库信息，包括材料主数据、3D 数字模型、2D 图样、BOM、文档、变更数据等。基础数据作为结构化库存储在 Teamcenter 中，实现有效的数据共享和权限分配，同时提高设计复用率。准确的数字模型数据和精确的产品数据结构为该公司所有的生产和制造部门提供准确、实时的数据支持。

因为 Teamcenter 支持对模型数据的实时管理，引入 Teamcenter 后，东风柳州汽车有限公司不仅能够更好地管理零件、3D 设计协作、图样和文档库、标准零件分类和完全配置的BOM，而且包括流程、权限、组织和变更管理以及办公室集成。

利用 Teamcenter 可对该公司现有的历史数据进行规范化管理和应用，并对现有研发车型数据进行实时管理和验证。

3. 引入 Teamcenter 后产生的良好效果

东风柳州汽车有限公司利用 Teamcenter 为其商用车和乘用车部门进行研发管理和结构流程管理。借助 Teamcenter，该公司将建模工程师的人工成本降低了 30%，其中 50% 用于模型查询，并将报告输出所花费的时间减少了 90%。同时，数据准确性提高了 95%。

通过使用数字化样机，该公司能够更早地发现设计和制造问题，从而减少了设计和制造整改的机会，缩短了产品开发周期。该公司使用 Teamcenter，消除了原有的数据不一致问题，并缩短了产品交付时间。

此外，东风柳州汽车有限公司还构建了标准元器件库和图表文档知识库，以提高设计复用率，逐步减少了离线流程和设计数据传输，提高了无纸化办公水平，因此增强了企业的绿色和可持续发展能力。

4.2　工业云在数字化工厂的应用

本书第 2 章介绍了机械设备制造企业的产品全生命周期包括机器概念、机器工程、机器调试、机器运行和机器服务五个阶段，如图 4-5 所示。从图 4-5 中还可看出机器全生命周期的数字化会用到数据共享和协同操作平台 Teamcenter 及工业云。本章的 4.1 节已经对 Teamcenter 在数字化工厂中的作用做了简要介绍。下面我们简要介绍工业云在数字化工厂中的作用。

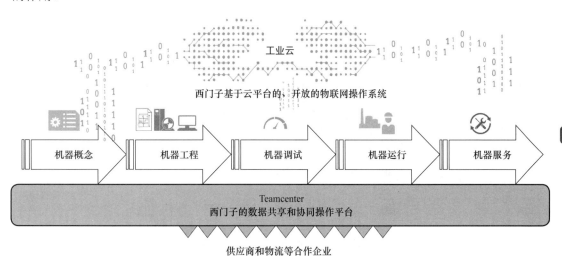

图 4-5　将工业云用于数字化工厂

4.2.1　工业云的基本概念、架构及功能

工业云是一种公共服务，与日常生活中的出租车、共享单车等公共服务的概念类似。工业云的提供商为其用户准备好网络、服务器、存储装置、各种应用软件，以及使用户现场

设备可接入网络和工业云的有关部件。工业云的用户只需按照约定的费率缴费，就可方便地使用工业云所提供的应用程序来满足其业务需要。因为工业云是一个供许多用户分享的公共系统，这样就降低了单个用户享受服务的成本。工业云的提供商要保证用户的私有信息不被泄露，要解决具有多种不同通信协议的各种用户设备接入网络和工业云的相关问题。工业云的提供商还应为软件开发者提供一个开放的平台，提供多种常用功能的软件模块（或称为微服务组件）和 API（Application Program Interface，应用程序接口），使得软件开发者能更快、更方便地开发出适合不同行业用户需求的各种应用程序。

由于工业云是为众多用户提供服务的公共资源，其物理位置通常与服务需求方不在一起甚至相距遥远，需要利用网络与服务的需求方进行通信。如果用户对其需求响应的及时性要求很高，由于用户众多，而云的资源有限，可能使用户的需求不能得到及时响应；另一种可能的情况是，由于网络通信的延时使用户需求得不到及时响应。为避免上述情况发生，可将某些具有计算能力的设施（硬件或软件）部署在用户方，使其所需的服务能在本地及时完成，以实现对用户需求的快速响应。这种部署在用户一侧的计算装置被称为边缘计算装置，其所完成的计算被称为"边缘计算"。在实际应用中，企业可根据自身的实际需要，安排好哪些工作由工业云完成，哪些工作由边缘计算完成。

下面我们以西门子公司的工业云为例，更具体地介绍一下工业云的构成和功能。如图4-6所示，工业云包括连接层、平台层和应用层。

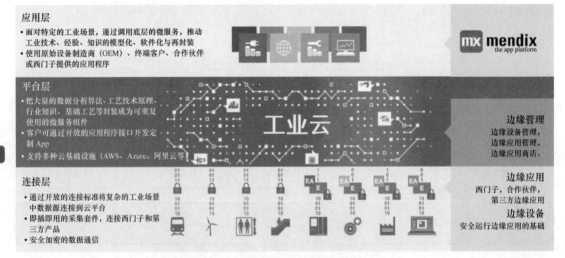

图 4-6　西门子工业云构成和主要功能

连接层提供连接套件 MindConnect，其作用是将用户的各种物理设备和软件系统连接到工业云。套件中的硬件连接网关 MindConnect Nano 和 MindConnect IoT 2040 用于将各种机械设备连接到工业云；套件中的软件连接方案 MindConnect IoT Extension 用于支持 OPC UA、S7、ModBus、TCP、MQTT 等常用通信协议与工业云实现通信；套件中的 MindConnect Intergration 用于支持将企业软件系统如 ERP、MES、SCADA 等纳入工业云的环境中。如上所述，利用连接层，不仅可将企业物理设备连接到云，还可将已有自动化系统、边缘系统和企业软件系统连接到工业云，如图 4-7 所示。

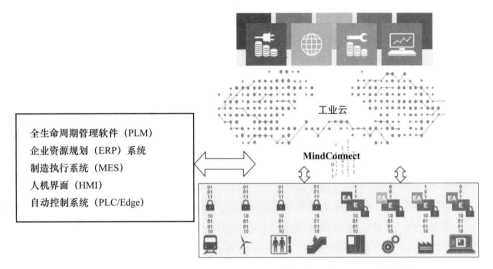

图 4-7　MindConnect 将物理设备和软件系统与工业云相连接

平台层提供大量的微服务组件（Microservices），用户或软件开发者可利用微服务组件和 API 开发适用于自己或行业特性的应用软件。什么是微服务组件呢？一个应用程序的整体功能可以由多个松散耦合的（二者之间通过消息传递来交换信息）、可独立部署的、具有简单且特定功能（或称为服务）的软件模块来实现。按照这个思路，可以将一个大型且复杂的应用程序，分解成多个功能相对单一的软件模块，由多个软件开发人员或小组分别开发，使大型应用程序的开发过程和日后的维护更加方便灵活。每个特定的功能由一个规模较小的软件模块来实现，该模块通过明确定义的 API 与外界通信。这样的一个软件模块被称为一个微服务或微服务组件。以上只是对微服务的简要介绍，有兴趣的读者可参考相关专业书籍来进一步深入地了解有关微服务的知识。工业云的用户可根据成本、可配置性、可扩展性、安全性等因素来选择适合自身需求的工业云部署策略。在这个开放的环境下，软件开发者和用户可以利用该平台开发、部署和销售自己的应用软件。

应用层为不同行业的用户提供符合其业务需求的各种应用程序。用户可直接利用这些应用程序以获得相应的服务，如可即时获取并直观地显示实时数据和分析结果，无须进行任何软件开发工作。为了快速开发、测试和运营更具有针对性的行业应用程序，软件开发人员可以访问工业云中的专用开发空间，并将开发好的应用程序通过工业云商店提供给用户和合作伙伴使用。

从图 4-6 和图 4-7 还可以看到，工业云不仅支持边缘设备接入，还支持来自西门子、第三方供应商或用户自己的边缘应用程序的上云服务。

图 4-6 中的 mx mendix 表示低代码开发平台。利用该平台，用户无须编写代码或只需编写少量代码就可以快速生成应用程序。它可帮助工业云的用户更快地开发、部署和执行应用程序。

4.2.2　工业云与数字孪生使机器的设计、制造和运行不断优化

以上介绍了工业云的概念、基本结构和功能。下面介绍一下工业云在数字化工厂中的重要作用，并说明通过工业云与数字孪生之间的相互配合，还能够不断地优化企业产品及其生产过程。

在机器运行阶段和机器服务阶段，机械设备制造企业生产出来的机器已被销售并安装到产品生产企业，为了进行产品生产，机器需在那里运行并获得必要服务。在当前国际合作非常广泛的大背景下，许多机器可能被安装到世界各地的产品生产厂。如何确保这些机器可稳定、高效地运行并获得必要的服务？如何减少因设备故障造成的非计划停机？如何监测这些机器的报警信息？如何查看企业的关键绩效指标（KPI）是否在正常范围内？这些都是企业非常关心的重要问题。为实现上述对企业设备的监测和管理目标，一个切实可行的办法是引入工业云，读取安装在世界各地现场机械设备上的大量传感器数据和机器的实时工作参数，利用工业云提供的 App 对采集到的机器数据进行处理和分析。根据对这些数据的分析结果，可及时向操作人员发出设备异常信号，并尽可能地在故障发生前就采取适当措施防止故障的发生；还可以利用分析结果对机器进行优化，如图 4-8 所示。

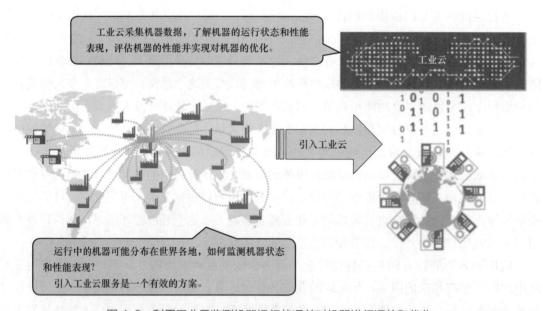

图 4-8　利用工业云监测机器运行状况并对机器进行评估和优化

企业的现有设备可能使用非标准的通信协议和硬件。为实现企业现场设备的数据采集和分析处理，就需要解决通信协议和相关硬件的相互兼容问题。如果这些工作完全由企业自己解决，企业则需要投入大量的人力、资金和时间。为更好地服务用户，工业云平台提供商通常会在这方面为用户提供帮助，例如企业可利用西门子工业云平台的 MindConnect 套件，以各种安全的连接方法将企业现有的设备连接到工业云，实现对现场设备的数据采集和分析处理的目的。

　　从产品生产开始，企业设备的现场数据就与产品一起生成，这些有价值的数据被安全地传输并收集到工业云中。工业云具有强大且丰富的工业应用程序、先进的分析和数据服务功能，可对来自现场的数据进行分析和处理，对机器的性能状态进行评估。根据对数据的处理、分析和评估结果，可为企业提出切实可行的优化措施。例如可根据机器数据所反映出的实际情况，有针对性地制定机器的维护方案，而不是采用固定时间间隔的传统维护方法。这种方式有助于企业进一步提高生产力和工作效率。

　　机器制造商可以使用工业云提供的各种服务包，以提高生产力，如可利用 OEE 分析服务包来发现生产率较低的区域并采取相应措施来提高生产率。利用这些服务包还可以增加数据和过程的透明度，保护企业和机械设备在其整个生命周期内免受网络攻击等。

　　利用工业云与数字孪生的相互配合，可在虚拟世界与物理世界之间形成闭环连接，从而实现在机器全生命周期范围内不断地优化机器设计、机器工程、机器调试、机器运行和机器服务等各阶段的工作，如图 4-9 所示。

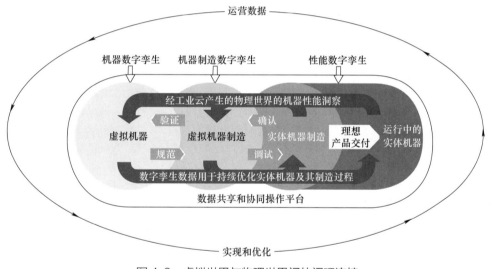

图 4-9　虚拟世界与物理世界间的闭环连接

　　对图 4-9 中出现的部分词汇做一个简要解释。

　　1）验证（Verification）：通过提供客观证据来认定事物满足了规定的要求。一般来说，"验证"是要认定设计的产品或工作过程是否满足规定的要求。

　　2）确认（Validation）：通过提供客观证据来认定事物满足了预期用途或应用的要求。一般来说，"确认"就是要认定设计的产品或工作过程是否满足顾客实际使用的要求。

　　如图 4-9 所示，利用工业云平台收集的现场数据，可以获得在物理世界中运营的机器的性能洞察。通过揭示洞察力，帮助企业了解为什么会发生某些事情。我们可将这些获取到的洞察信息连接到数字孪生模型，对其进行调整和优化，以加快开发速度，优化制造流程，即利用对物理世界的实时洞察来优化虚拟世界的数字孪生。我们还能借助工业云与 Teamcenter 工具，在机器全生命周期范围内，使数字孪生不断地随着其所对应物理实体的变化而更新，使这对数字虚体和物理实体始终保持高度的一致。

另一方面，用户可以利用数字孪生低成本地进行多方面的仿真和实验，在虚拟世界中进行各种假设（What If）分析，预测机器及其制造过程的性能特征，更快地做出符合未来要求的生产决策，优化物理世界中的机器制造、机器运行、机器服务等过程。

综上所述，在数字化工厂中，工业云用于采集物理世界中机器运行和机器服务阶段所产生的机器数据，并对这些数据进行处理、分析、评估并产生洞察；根据产生的洞察可优化机器概念、机器工程和机器调试等虚拟环节；而虚拟环节的仿真结果将用于优化物理世界的机器运行和机器服务环节。

第5章

如何精准和有效地实施数字化转型

自 2015 年"中国制造 2025"强国战略提出以来，国内已有许多企业陆续开始了数字化转型。但根据有关报道，时至今日只有部分企业认为自己的数字化转型是有成效的，还有不少企业认为其数字化转型的投入产出比欠佳，没有取得实际成效或效果不明显。面对现实，我们一定要保持头脑清醒。在如今这个信息爆炸的时代，各种新概念、新技术层出不穷。如果对制造企业的数字化转型没有清醒的认知，就如同陷入了各种新名词、新概念构成的迷魂阵，难以明智地做出企业的数字化转型目标和实施规划，甚至可能因盲目投资而使企业蒙受损失。对于任何制造企业而言，一定要根据自己的实际情况来决定如何进行数字化转型。在做出数字化转型决定之前，一定要进行充分的调研和分析，厘清数字化转型能否解决企业现存的具体问题，提升企业进一步发展的潜力。总之，企业应根据自身的实际情况和需求来确定数字化转型方案，千万不要为了赶时髦而盲目地搞表面的数字化。

在本书前 4 章对机械设备制造企业数字化概念、实施工具和操作方法进行介绍的基础上，本章将介绍如下内容：

1）企业应从自身的实际需求出发，逐步完成数字化转型。

2）西门子方案的兼容性和可扩充性有利于企业从其具体业务痛点开始逐步转型。

3）西门子生产机械工艺与应用技术中心可在企业数字化转型中提供技术支持。

5.1 从企业的实际需要出发，逐步完成数字化转型

提到企业的数字化转型，仍有许多人的脑海中会浮现出建设更多、更高级的计算机网络，购买和安装更多、更高级的软件，在办公室或车间内增加一些操作终端或大型显示屏幕，增加或扩大企业的 IT 部门及人员等。有上述想法的人只是简单地将数字化转型等同于企业计算机网络及软件系统的扩充或升级，而没有认识到数字化转型的真正含义。他们并未认真地考虑过数字化转型究竟要解决企业现有的什么问题，能够给企业带来什么好处。还有一些人只是从概念上知道数字化转型的重要性，但并没有搞清楚本企业数字化转型的准确定位和长期战略，没有结合本企业的实际需求，而只是受到了上级管理部门或媒体与舆论的鼓动和影响而盲目地跟风。上述想法及做法都很难让企业的数字化转型产生实际效果。

根据本书前面几章的介绍，我们知道企业数字化的一个重要特点是对大量的现场数据

进行分析和评估，并将其结论作为企业制定决策的辅助工具。如果空有大量数据，而不对其进行深入的分析与评估并用于企业决策，就不是真正意义上的数字化。还有的企业在没有深入研究本企业现有工作流程的情况下，就引进 ERP 或 CRM 等规划及管理系统。这种做法也难以实现对企业工作流程进行深层次的优化。

1. 从企业最亟须解决的问题入手

本书的前面几章介绍了数字化工厂的典型架构和虚实结合的完整闭环系统。现实中，大多数企业的预算、设备和人力资源是有限的，很难或没有必要一次性地在企业产品全生命周期的所有环节实现数字化。因此企业不必追求"大而全"，而应从实际出发，将有限的资源投入到最亟须改进的核心业务上。这就是说，企业的数字化转型应该是一个以实际需求为导向的循序渐进的过程，要避免脱离现有业务，为了数字化之名而实施数字化的做法。企业数字化转型要在充分调研的基础上做出总体规划，并在此基础上以当前最主要的业务痛点作为切入点，在企业亟须解决的核心问题上寻求突破，成功之后再推广到其他业务领域中，不要追求一步到位、一劳永逸。为降低投资风险，还可以在已经选择出的亟须解决问题的基础上，再选择某个业务流程清晰、易于实施且容易见效的子项目作为数字化转型的起始点。这样做的好处是：如果该子项目能够成功实施数字化，不仅会使企业加深对数字化转型的理解并积累实施经验，还会进一步增强企业继续完成数字化转型的信心。

为便于理解，现以一个大家都熟悉的情况为例，来说明上述观点。目前有不少关于智慧家庭及其相关产品的宣传，我们可从中了解到智慧家庭即利用计算机、网络、自动控制等技术去实现类似于如下的场景：你下班回家前，晚饭和热水已经烧好，空调或暖气已打开；下雨时窗户会自动关闭；可用手机查看冰箱里面有什么菜并随时监控家里的情况等。上述功能是否有用？答案是肯定的。但我们每个人都会考虑投入产出比，希望以最小的成本获得对自己而言最实用的功能。上述哪些功能是必需的或是当前最需要的呢？其答案一定会因每个家庭情况的不同而异。对于大多数家庭来说，搭建上网用的 WiFi 通常是必要的；如果某家庭的房屋长时间无人居住，该家庭除需要 WiFi 外，通常还会需要远程视频监控功能；对于房屋墙壁保温不好且追求到家后就能享受舒适温度的人而言，可能对空调的自动开启功能更感兴趣。与上述生活实例类似，工业生产企业无论其规模大小、技术和资金实力是否雄厚，如何进行数字化转型，完全取决于其自身的实际情况与需求。

2. 具有不同痛点企业的数字化转型举例

如某企业的特点是其产品种类众多，且需经常根据客户要求来开发新产品或对老产品进行改进。对于这样的企业，不仅要能够提供符合客户最新需求的产品，还要保证产品可快速上市，否则企业就难以生存。若企业仍采用传统的 2D 设计方法，随着产品数据的不断增加，就会形成许多信息孤岛。在这样的情况下，当设计人员开发新产品或对现有产品进行改进时，很难有效或准确地利用原有经验，而需要反复地输入数据，不仅生产率低，还容易出现输入错误。对于这种类型的企业而言，需要首先引进能够缩短新产品交付周期的解决方案，如利用 NX、Tecnomatix、Teamcenter 等 PLM 软件，将设计数据、分析数据、测试数据、材料数据等组成知识数据库，并将产品的关键零部件标准化；企业还可为多种通用部件建立参数化的模型库，在此基础上通过修改参数就可以创建新的 3D 模型，利用模块化的方法加快新产品的设计和制造速度，以满足各种客户的不同需求，缩短新产品上市时间。

又例如风力发电机的运营维护成本很高，尤其对于海上风力发电企业来说，后期运营维护成本远远超过机组设备的成本。这类企业则可首先考虑将风力发电厂的每台风力发电机都接入工业云，并根据监测、分析和维护的具体需要，在每台风机上安装相应的传感器，利用工业云平台提供的远程监控和预测性分析等技术手段对风机的关键部件进行实时监测，例如可利用不直接接触叶片的声音传感器并结合智能算法实时监测风机的叶片是否存在异常，实现风机核心部件的预测性维护；通过数据采集和分析，实现故障预警、故障识别、寿命预测等功能，从而对核心部件、子系统到整个机组进行健康状态的监测、预诊和诊断；通过建立预测性维护机制，进一步建立优化运维策略，减少运营和维护费用并提升发电效率。对于风力发电机制造企业而言，也可以利用上述状态监测数据及其分析结果，改进风机设计和制造流程，实现风力发电机产品的持续迭代，以达到更好地满足客户需求、不断地提高风机质量、降低生产成本的目的。

3. 制定数字化转型方案时应考虑的几个因素

综上所述，在数字化转型的过程中，每个企业的痛点不同，工艺流程不同，设备也不一样，所以每个企业的数字化转型方案和路径是高度个性化的。我们还应注意到，对于某些企业而言，有可能首先要做的是改善落后的工艺，完善现有的自动化，搭建或完善现场数据采集和生产管理等企业信息化系统。建设高楼大厦首先需要良好的根基，企业要实现数字化和智能化，首先要有自动化和信息化的良好基础。

因为机械制造企业的数字化转型是一项严谨的工程，我们应充分考虑以下几个方面：

1）数字化转型不仅仅是企业 IT 部门的事情，它关系到企业业务及其他领域，因此要让企业管理层、企业各个不同部门的专业人员参与进来。这样做的好处是能及时地获得企业多方面的、全面的反馈和想法，使数字化转型方案更加切合企业的实际需要且易于实施。特别是企业管理层的参与将有助于调动企业资源，制定项目预算和实施时间表。

2）企业制定的数字化转型方案要具有前瞻性，要根据企业的实际需要制定总体规划，分步实施。

3）企业制定的数字化转型方案要具有可扩展性，即数字化转型方案所采用的软硬件系统要有灵活性和扩展性。制定方案时不仅要考虑到企业的当前需要，还要考虑到企业未来的发展，并尽可能地降低未来发展所需成本。

4）企业制定的数字化转型方案要具有良好的兼容性，便于企业设备选型及联网，便于与不同品牌产品的协同运行。

4. 确定数字化转型的合作伙伴

当前国内外的经济发展形势仍存在不确定性，全球的通胀、供应链短缺等问题在短期内仍难以完全解决。在这样的大背景下，企业的数字化转型更是提高企业竞争力的重要手段。同时我们也应认识到，大多数机械制造企业对自身的业务特点和工艺流程比较熟悉，但往往缺乏对企业数字化的深刻理解，对众多的技术概念以及如何构建数字化企业往往仍然感到陌生和力不从心。如果企业管理者不能对企业自身的数字化需求进行深入调研和分析，就会使本企业的数字化转型面临极大风险，使转型结果具有极大的不确定性。为解决上述问题，企业可以与具有深厚的行业专业知识、对数字化及其所需先进技术有深刻理解、具有数字化转型实施经验并拥有数字化转型所需软硬件产品的伙伴进行合作，双方相互取长补短，共同梳理和分析企业现状和数字化转型目标，根据企业的特定情况来定制本企业的数字化转型策略和实施方案，并共同完成企业的数字化转型工程。这种取长补短的合作方式会极大地降低企业风险，且易于获得最佳的转型效果。通过实施为企业量身定制的数字化转型方案，使企业能够透过大量现场数据的表面现象而洞察其本质，挖掘隐藏在数据背后的潜力，为企业持续优化做出正确的决策，达到提高企业竞争力和盈利能力的目标。

5.2 西门子数字化工厂方案的兼容性和可扩充性

从本书前面几章的介绍中，我们已经了解到完整的数字化工厂不仅需要计算机及其网络、数字孪生、虚拟仿真、PLM、工业云等技术的支持，还需要集成自动化（如西门子的 TIA）、MES/MOM、ERP 等系统，使 IT 信息网络与现场物理设备的 OT 网络相融合，才能形成虚拟世界和物理世界之间的闭环系统。这样的闭环系统能够利用大量的现场数据来揭示洞察力，充分挖掘隐藏在数据背后的潜力，帮助企业更快地做出符合客户要求的产品设计或生产决策，并持续优化物理世界中的机器制造、机器运行、机器服务等过程，达到提高企业竞争力和盈利能力的目标。

机械制造企业的数字化涵盖整个机器生命周期的各个阶段，是一个完整的闭环系统，涉及许多种不同的软硬件产品，图 5-1 以西门子的数字化工厂解决方案为例，给出了建设数字化工厂所需的典型配套产品。

图 5-1 建设数字化工厂所需的典型配套产品

读者可能会注意到，图 5-1 中用到了制造运营管理（MOM）一词。在描述类似场景的其他资料中，有时会用 MES 一词替代 MOM。读者可能会问，难道 MES 与 MOM 是同义词吗？通俗地说，MES 主要针对的是制造执行环节，而对制造执行以外其他环节的管理功能相对较弱；而 MOM 不仅针对制造执行，还对制造执行过程中涉及的人员、设备、原料、方法、环境等多方面具有优化和管理功能。现实的情况是，有些软件公司为适应企业数字化的要求，在其早期 MES 的基础上逐步添加了其他管理功能，使其软件已类似于 MOM 系统，但软件的使用者仍然习惯地称其为 MES。笔者认为这是造成目前 MES 和 MOM 两个词混用的主要原因之一。如西门子公司早已将其软件 SIMATIC IT 从 MES 向 MOM 进行了扩展，增加了安全管理、能源管理、环境管理、质量管理等一系列功能模块，使其成为制造企业整体管理体系的综合解决方案平台和数字化企业的重要组成部分。

1. 利用模块化和标准化实现解决方案的兼容性和扩展性，保护企业投资

在本章 5.1 节中已经讲过，企业的数字化转型不应追求"大而全"式的一步到位，而应以企业当前最主要的业务痛点作为切入点来寻求突破，成功之后再逐步向其他领域拓展。这就要求数字化转型解决方案要具有良好的兼容性和扩展性。这样的解决方案可使企业原有的自动化、网络和软件继续发挥作用，且能够方便地将它们与新添加的软硬件系统连接起来；这样的解决方案还可以随着企业数字化转型的发展而逐步扩充其功能，更好地保护企业的原有投资，降低新投资的风险。

实现系统可扩展性的重要手段是模块化和标准化。模块化就是将一个复杂的系统分解为多个部分，每个部分可相对独立地工作，实现相对简单的特定功能。我们将每个具有特定功能的部分称为模块。这些模块需要相互配合来完成系统的整体功能，因此它们之间需要传递必要的信息以实现相互协同。如果不同模块采用不同的接收和发送信息协议，它们之间或者无法交流信息，或者需要经过协议转换才能交流信息。因此，为了更加方便地实现模块间的信息交互，各个模块都应采用标准化的协议来交换信息。模块化的概念类似于儿童的积木玩具，利用不同的模块可以组合成功能相对复杂的大系统；也可以在一个小系统的基础上，按照功能需要逐步添加模块，使小系统逐步成为具有更多功能的大系统。模块化系统还具有许多其他的优点，如系统架构灵活，可方便地进行模块间的组合与分解；可方便地对单个模块功能进行调试或升级；可独立地对模块进行功能测试和维护等。

2. 西门子方案的兼容性和扩展性简介

如上所述，标准化和模块化是实现系统兼容性和扩展性的重要手段。下面简单介绍一下西门子数字化企业解决方案的兼容性和扩展性。西门子数字化工厂的完整解决方案需要用到 TIA、MOM、PLM 和工业云 MindSphere，如图 5-1 所示。

TIA 是由一个统一的系统来完成过去由多种系统搭配起来才能完成的所有功能的解决方案。这样的方案可以简化系统的结构，减少接口部件数量；可以消除诸如上位机和工业控制器之间、连续控制和逻辑控制之间的界限；可采用统一的组态和编程、统一的数据库管理和

统一的通信，是集统一性和开放性于一身的自动化技术。全集成自动化支持大多数国际标准的定义，提供全面、高度灵活、可扩展、模块化的产品和系统，其高度的开放性支持第三方产品的集成。本书在第 3 章中已经介绍了模块化编程和标准化接口在设备控制程序中的具体应用，这里不再赘述。随着企业的不断发展壮大，其所需添加的机械设备、控制和管理系统均可方便地融入全集成自动化系统中，可大大缩短新产品上市和系统投入运行的时间，并可显著降低系统扩充所需的成本。

前面已经提到，西门子公司的 MOM 系统是在其制造执行系统 SIMATIC IT 基础上经过扩充功能而成的。现在西门子 MOM 系统的名称为 Opcenter，而 SIMATIC IT 是 Opcenter 的一部分，即 Opcenter Execution 部分。除 MES 功能外，Opcenter 还包括高级排程排产、质量管理、企业制造智能等模块。SIMATIC IT 所实施的项目采用 ISA-95 国际标准进行整体流程的搭建，对外接口采用标准化的通信协议，如用 OPC UA 与底层控制系统通信，利用 B2MML 协议与上层 ERP 或 PLM 等其他业务系统通信。SIMATIC IT 平台是一个框架，这个框架能支持足够大的数据采集量，具有足够多的接口。在此基础上，可以添加很多具有特定功能的模块，例如工单管理、物流跟踪、设备综合效率（OEE）、质量管理等。客户可以根据自身需求来采购这些模块，然后将它们嵌入 SIMATIC IT 平台上运行。对于客户来说，只要有了西门子 SIMATIC IT 平台，随着企业对 MES 业务要求的逐渐增长，便可方便地扩充相应的模块来满足要求。这种方式的好处是能以量体裁衣的形式为客户精准地确定解决方案，而平台所提供功能的多寡完全由客户根据实际需要自行选择。

西门子的 PLM 系统包括用于计算机辅助设计与工程的 NX、用于共享与协同管理的 Teamcenter 和用于数字化制造的 Tecnomatix，为机器制造企业在产品全生命周期内提供完善和有效的数字化工具。这些工具都是模块化的产品组合，每个模块有其特定的功能。例如，本书 4.1.2 节中对 Teamcenter 做了简要介绍，它包括设计管理、文档管理、物料清单管理、流程管理、制造管理等多种模块，用户可根据实际需求选择自己需要的模块，并通过适当的模块组合得到良好的投资回报。NX 可以帮助用户构建模块化的产品模型，随着客户对实体产品认识程度的逐步提高，其对应的数字孪生模型可以随之升级，以反映出物理实体更详尽的特征；还可以实现产品模型的可扩展性，即随着客户所研究物理产品内容的增加而增加模型的数量。这种开放式的 PLM 架构和灵活的可扩展性，不仅适用于大型企业，对于中小型企业而言，也可以从基本的 PLM 模块开始实施，然后沿着数字化工厂的建设路径，根据自身的需求逐步添加更多的模块，直至实现企业自身价值的最大化。例如在某个项目开始时，客户可根据自身的特点和需求来选择需要的模块，以解决当前最亟须解决的问题；随着业务的不断发展，客户可方便地增加更多 PLM 功能模块，来满足企业不断发展的数字化需求。对于机械设备制造企业而言，可以从机械设计到工程组态、调试、设备运行与服务这一价值链上的任意环节开始实施数字化，并随着企业的发展逐步扩展其数字化规模。采用这样的方式，可为处于不同发展阶段的企业量身定制地打造数字化转型方案，使企业切实地获得数字化带来的红利。

本书 4.2.1 节中已经对西门子工业云 MindSphere 做了简要介绍，它利用支持众多国际标准通信协议的 MindConnect 方案连接各种新老现场设备、数据采集和企业运行及管理系统。MindSphere 平台提供用于各种不同行业且功能强大的应用程序（App），用户可针对自己的实际需求从中选择，借助这些应用程序，用户可快速地做出明智的业务决策。在某些情况下，现成的 App 应用到最终用户时，仍然需要做一些适应性的修改，而这个适应性的变化需要由软件开发商或企业的技术人员来完成。因此 MindSphere 还提供多种微服务组件及 API，使软件开发商或企业技术人员能够更快、更方便地开发出针对客户实际问题的应用软件，并可不断地增加 MindSphere 平台的 App 种类，为最终用户提供更丰富的选择以应对其实际需求。这些特征充分体现了 MindSphere 的兼容性和扩展性。

如上所述，西门子数字化企业解决方案的模块化和标准化特征，使其具有良好的兼容性和扩展性，使用户能够针对不同行业、不同规模、不同发展阶段的客户量身定制数字化转型方案。

5.3　西门子生产机械工艺与应用技术中心助力企业数字化转型

随着科技的迅猛发展和全球经济的竞争不断升级，企业数字化转型已经成为维持市场竞争力的必然趋势。然而，这一转型并非一帆风顺，企业在此过程中不断面临各种挑战。其中，涉及设备与数字化结合、技术研发与升级，以及人才培养等问题是企业数字化转型的难题。

首先，设备与数字化的结合是企业数字化转型的一个关键环节。企业需要认真考虑一系列问题，例如：对于企业自身，哪些数字化场景是必需的？应该如何将数字化技术应用于生产制造？数字化技术的实施是需要投入资源的，如果未经慎重考虑就采用了不适当的数字化技术，那么后期的修改成本将会相当高昂。因此，在企业具体实施数字化转型之前，最好进行小规模、低成本的实验，这样即使做出错误决策，也不会带来过大的成本损失。

其次，随着技术的持续进步，企业必须不断地更新和升级其数字化解决方案，以应对市场变化和竞争压力。然而，新技术的应用需要实验场景，尤其是与实际工艺相结合的实际环境，以验证新技术的可行性。这种方法可以避免不成熟的技术直接投入工厂现场运行，从而避免设备损坏的风险。

最后，人才培养也是数字化转型中的一个重要需求。现代数字化技术需要具备特定技能和知识的人才来支持和维护，然而这类人才在市场上非常稀缺，企业需要投入时间和资源来培养自己的数字化人才队伍。如何能够迅速培养这方面的人才，尤其是在与实际生产场景和真实机器进行互动的情况下，是一个值得深思熟虑的问题。

在面对数字化转型的这些痛点时，建设智能工厂的企业可以考虑依托创新中心的模式来解决这些问题。创新中心是一个为技术研发与创新提供实验设备和支持的场所，不仅有助于企业迅速验证数字化解决方案的可行性，还能提升人员的技能水平。此外，创新中心还可以与高校和研究机构建立合作关系，共享人才培养和研发资源，加速数字化转型的进程。

在创新中心方面，西门子致力于构建以满足生产机械客户数字化转型需求为导向的高度先进的生产机械工艺与技术应用中心，集机械设备创新研发、解决方案验证、数字化场景融合和人才培养为一体，为广大机械制造企业提供全新的一站式平台。该中心不仅是技术开发与能力提升的实验室，也是西门子创新产品及前沿应用技术的展示平台。

在生产机械工艺与技术应用中心，企业将能够通过西门子不断更新的机电模型，验证机电一体化与数字化实践中所遇到的棘手问题，并研发出创新性的解决方案。这个平台还将有助于客户的工程师快速熟悉和掌握西门子数字化解决方案套件，从而助力企业将数字化创新快速付诸实践。无论是设备工艺控制技术还是数字化技术的研发与革新，都可以结合机械手、印刷、包装、塑料等行业的实际设备进行实践验证。即使没有实际设备，企业也可以使用虚拟设备来降低场地空间和成本的压力。在研发与革新的过程中，寻找各种工艺场景的最佳数字化技术实践也将成为重要目标。

西门子生产机械工艺技术应用中心以"矢志创新，技精于用"的理念为指导原则，将不断与机械制造业企业展开合作，成为西门子与企业的工程技术人员共同开发高级数字化解决方案的核心工作站，为工业生产机械赋智，为企业数字化转型赋能。

那么，数字化技术是如何在生产机械工艺与应用技术中心付诸实践的呢？接下来的部分将向读者展示一些融合数字化技术的卓越设备。

1. 结合机电一体化技术的振动抑制测试台

机电一体化是综合性的工程领域，其核心思想是将机械系统和电气控制系统整合在一起，使它们协同工作，以提高设备的精度、可靠性和生产率。那么机电一体化技术具体是如何提升设备的稳定性，进而提高设备性能的呢？西门子生产机械工艺与应用技术中心的振动抑制测试台给出了一个案例，该测试设备如图5-2所示。

图5-2　振动抑制测试台

如图5-2所示，这个设备包含电气和机械结构完全相同的两套单元。每个单元都包括一个滑轨，其上方安装了一个滑块，由电机驱动滑动。每个滑块上都连接一根弹簧杆，而弹簧杆的顶端分别装有两个质量相同的乒乓球，标记为 A 和 B。在电机的作用下，滑块在轨道上来回运动，由于弹簧杆的存在，顶端的乒乓球在运行过程中会有明显晃动。实际上，这是对真实工业场景的一种模拟，例如立体仓库中的堆垛机。在高速运行时，堆垛机的顶部会产生振动，而这种振动将显著影响堆垛机的运行稳定性和效率。

借助机电一体化技术，我们能够显著改进这一问题。西门子的振动抑制软件功能包充分利用机电一体化技术，有效地降低了运行机构的振动幅度，从而实现了无故障运行和更高的加工循环速率。该软件包可基于 SIMATIC、SIMOTION 控制器，以及 SINAMICS 驱动器，它可以轻松地与现有应用集成，无须对机械结构进行改动，也无须额外添加传感器或执行器。此外，用户可以通过 TIA Portal 工程配置系统方便地追踪和检测主要的固有振动频率。

通过在 B 球的控制系统中应用振动抑制软件功能包，其摆动得以成功抑制，在相同的运动设置条件下，B 球始终保持平稳，不再晃动，与未使用振动抑制软件功能包的 A 球单元形成明显的对比。

这种机电一体化技术不仅适用于堆垛机，还可用于多种其他机型，包括港口吊装、机械臂等，同时还有助于减轻运输时液体在容器中的晃动问题。

2. 结合机器视觉技术的 Delta 并联机械手设备

机械手是工业生产线上常见的设备，它们涵盖了从抓取、分拣、码放，到涂胶工艺和质量监测等多种任务。但如何智能地完成这些任务呢？此时，机器视觉技术发挥了关键作用。机器视觉利用计算机和摄像头等设备，使设备能够模仿人眼的功能，自动地获取、处理、理解图像和视频数据，从而为提高工作效率和精确性提供了强大的工具。生产机械工艺与技术应用中心的 Delta 并联机械手设备正是展示了机器视觉技术带来的价值。

图 5-3　Delta 并联机械手

Delta 并联机械手，也被称为 Delta 机器人或蜘蛛手，通常由三个杆臂组成，各杆臂间的夹角为 120°，三个杆臂的末端连接到一起，如图 5-3 所示。机械手底部带有吸盘，用来吸取物品。Delta 并联机械手以高运行速度、高精度、轻负载的优势，广泛应用于食品和饮料生产、电子制造、药品生产、轻型装配和包装等行业。

图 5-4 展示了生产机械工艺与技术应用中心 Delta 并联机械手设备的结构，它包含机械手、相机、输送带，以及用于摆放物品的目标放置平台这四个重要组成部分。

该 Delta 并联机械手在基本结构上添加了中央旋转轴，用于控制底端吸盘的转动，进而控制物品的旋转角度。机械手抓取的物品如图 5-5 所示，为表面带数字的直径约 5cm 的圆形铁盒。

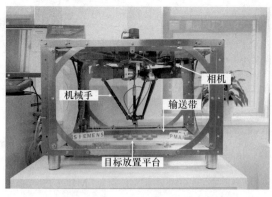

图 5-4　Delta 并联机械手设备　　　　　　　　　　图 5-5　物品样式

当设备运行时，铁盒随着输送带移动，输送带上方的相机通过机器视觉技术识别铁盒所在位置及其表面的数字标记。机械手通过最佳路径依次抓取铁盒，以确保在输送带不停止的情况下，能够抓取所有的铁盒并放置到预定的位置，即按照数字 1 ～ 5 的顺序排列的目标位。该装置还可识别带有多种图案、文字的物品，实现智能抓取。

借助机器视觉技术，机械手可以轻松实现智能分拣、缺陷检测等工业场景，适用于光伏、电子、食品饮料等多个行业。

3. 结合工业边缘计算的智能料带分析设备

在 3.5.1 节中我们已经了解到，工业边缘计算可提升生产线设备的能力，让设备在边缘侧得以快速地完成大数据量存储和分析处理等任务，特别是生产线设备的预测性维护。配备工业边缘技术的智能料带分析设备（见图 5-6）展示了预测性维护的场景。

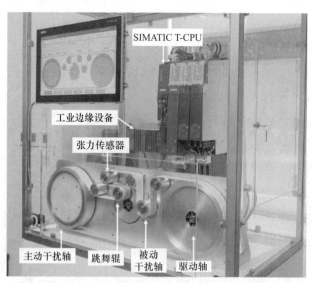

图 5-6　智能料带分析设备

智能料带分析设备的设计理念是模拟连续物料加工过程中机械设备中某些部件的老化情况。如图 5-6 所示，右侧为驱动轴，带动整个皮带的转动。被动干扰轴是一个偏心辊，无电机驱动,持续给皮带张力带来扰动。左侧为电机驱动的主动干扰轴,其干扰频率和幅度可控制,为皮带张力带来主动干扰。跳舞辊调节皮带张力。

在运行时,两个干扰轴模拟机械设备轴承部件的老化松动。此时可借助 SIMATIC T-CPU 工艺型控制器采集张力传感器数据,并对检测到的实际张力值和设定张力值的差值数据进行快速傅里叶变换(FFT),将时域数据转换到频域进行分析。在固定的输送带速度下,每个轴的转速也是固定的,因此,不同的轴可以分别对应各自的固定频率。

当主动干扰轴的驱动电机未开启时,张力差值的频谱图如图 5-7 所示,5Hz 附近的高幅值是被动干扰轴造成的干扰。

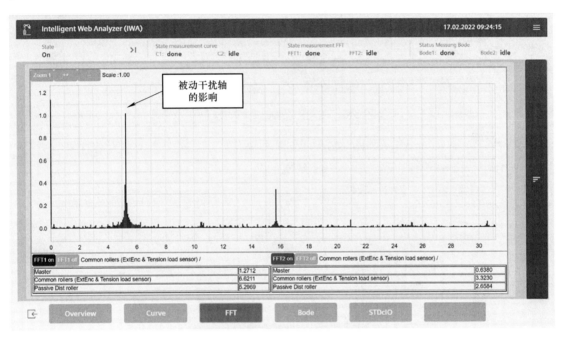

图 5-7　仅有被动干扰时的频谱图

注:频域图横轴为频率值,纵轴为幅度值。

在输送带速度和张力设定条件不变时,通过调节主动干扰轴的幅度和速度,输送带的实际张力数据发生改变。图 5-8 展示了此时的张力差值频域图,0.5Hz 处为主动干扰轴带来的影响。

类比真实场景,如果设备在相同工艺参数下的频谱图发生改变,比如某频率位置的幅值增大,代表对应的轴承可能发生了老化。如此一来,我们就可以在老化对生产造成影响之前及早发现问题,进行预测性维护。

然而,这样的频域转化及分析在控制器中是临时的,因为控制器的数据存储空间有限,无法进行长期的观测分析。此时就可以使用工业边缘计算,将长时间(如一年)采集的数据存入工业边缘设备,并利用预测性维护等工业边缘应用实现长期分析、实时大屏展示、预警提醒之类的功能,在整个机器生命周期内,预测分析机器的老化状态。

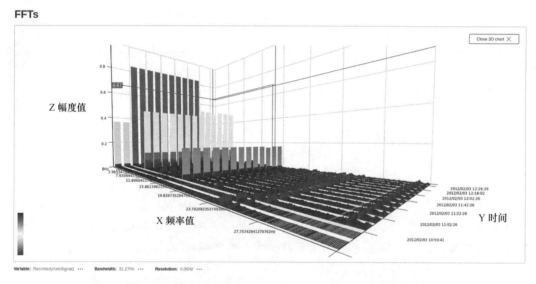

图 5-8　主动干扰轴开启时的频谱图

图 5-9 为工业边缘应用 Frequency Analyzer 的运行截图，图中为多次测量分析的结果，以三维频谱图展示，Z 轴为幅度值，X 轴为频率值，Y 轴为时间。

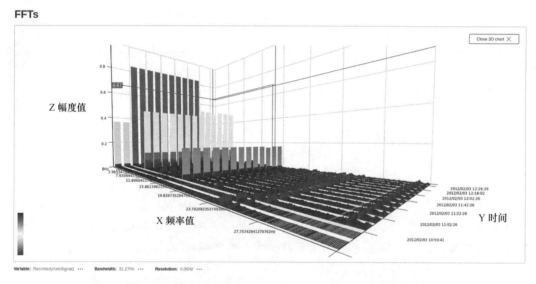

图 5-9　工业边缘应用 Frequency Analyzer 的多次测量分析结果

4. 结合机械设备虚拟调试的伺服压力机生产线

依托测试样机是进行技术研发与升级革新的极佳方式，但是在实际建设创新中心时，企业需要考虑场地空间的问题。许多真实的机械设备体积很大，把大型真实生产线设备放入创新中心的想法显然是不现实的。这种情况下，企业就可以借助数字孪生的手段实现其目的。

西门子生产机械工艺与应用技术中心借助机械设备虚拟调试解决方案，构建用于汽车外部件制造的虚拟伺服压力机生产线，以实现对控制逻辑、机械设计等方面的优化。图 5-10

展示了设备的整体方案。

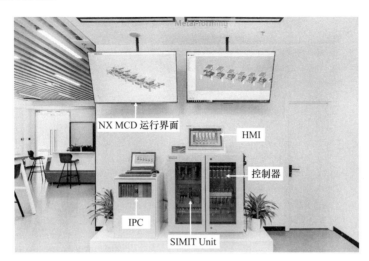

图 5-10　结合机械设备虚拟调试的伺服压力机生产线

设备采用硬件在环的方式，即使用真实控制器控制虚拟伺服压力机生产线。生产线中的伺服压力机和送料机械手的物理和运动学模型采用 NX MCD 机电一体化概念设计软件（NX Mechatronics Concept Designer）进行仿真，效果如图 5-11 所示。结合 SIMIT 仿真平台软件及 SIMIT Unit 硬件，我们可以仿真电气和行为模型，模拟设备的电气系统，以及设备的部件逻辑行为特征。NX MCD 软件和 SIMIT 仿真平台软件均运行在工业计算机（IPC）中。通过硬件在环的仿真方式，可以实现在人机界面（HMI）中对虚拟伺服压力机生产线进行启动、加速、停止等控制操作。

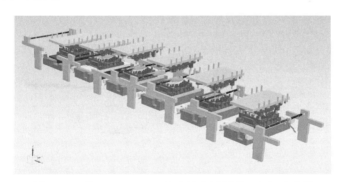

图 5-11　使用 NX MCD 仿真的虚拟伺服压力机生产线

由于篇幅原因，这里仅向读者介绍部分测试设备。西门子生产机械工艺与应用技术中心通过数字化与生产工艺场景相结合的方式，已帮助许多工程师完成前期方案的测试验证、技术优化等工作，也使得他们在一步步的实践中提升了各自的技术能力。

创新中心为企业提供了一个有力的支持平台。通过引入先进的技术和设备，创新中心帮助企业克服了数字化转型的障碍，使企业能够更好地应对数字化时代的挑战，实现可持续的成功和增长。